中国特色高水平高职学校项目建设成果

智能制造基础及应用

姜东全◎主编 李 敏◎主审

ZHINENG ZHIZAO JICHU JI YINGYONG

中国铁道出版社有限公司
CHINA RAILWAY PUBLISHING HOUSE CO., LTD.

内 容 简 介

本教材为中国特色高水平高职学校项目建设成果之一，为满足制造业转型升级大背景下企业对技术人才的需求，面向智能产品设计及制造，数控机床和工业机器人安装、调试和维修，智能化工厂系统集成，智能生产线操作与运维等工作岗位要求，以截止阀自动化生产线为载体，学生能力培养为核心，智能制造技术为主线，精心科学合理设计教学情境和工作任务。

本书以智能制造为研究和探索对象，结合校企共建的截止阀智能化生产线，通过制造过程数字化、网络化、智能化的相关性研究分析，系统地介绍了智能制造所涉及的基本概念、基础理论、核心知识、关键技术、应用案例及未来发展等内容，按照智能制造发展的特点和认知规律编写而成。

本书适合作为高等职业教育机电类专业的教材，也可供相关教师、企业工程技术人员参考、借鉴。

图书在版编目（CIP）数据

智能制造基础及应用 / 姜东全主编. -- 北京 ：中国铁道出版社有限公司，2025. 1. -- ISBN 978-7-113-31704-1

Ⅰ. TH166

中国国家版本馆 CIP 数据核字第 2024ZB6413 号

书　　名：智能制造基础及应用
作　　者：姜东全

策　　划：祁　云　　　　**编辑部电话：**（010）63551006
责任编辑：祁　云　包　宁
编辑助理：郭馨宇
封面设计：刘　莎
责任校对：苗　丹
责任印制：赵星辰

出版发行：中国铁道出版社有限公司（100054，北京市西城区右安门西街 8 号）
网　　址：https://www.tdpress.com/51eds
印　　刷：河北宝昌佳彩印刷有限公司
版　　次：2025 年 1 月第 1 版　2025 年 1 月第 1 次印刷
开　　本：850 mm×1 168 mm　1/16　**印张：**13　**字数：**328 千
书　　号：ISBN 978-7-113-31704-1
定　　价：42.00 元

编审委员会

编写说明

实施中国特色高水平高职学校和专业建设计划（简称“双高计划”）是教育部、财政部为建设一批引领改革、支撑发展、中国特色、世界水平的高等职业学校和骨干专业（群）而做出的重大决策。哈尔滨职业技术大学（原哈尔滨职业技术学院）入选“双高计划”建设单位，学校对中国特色高水平学校建设进行顶层设计，编制了站位高端、理念领先的建设方案和任务书，并扎实开展了人才培养高地、特色专业群、高水平师资队伍与校企合作等项目建设，借鉴国际先进的教育教学理念，开发中国特色、国际水准的专业标准与规范，深入推动“三教改革”，组建模块化教学创新团队，实施“课程思政”，开展“课堂革命”，校企双元开发活页式、工作手册式、新形态教材。为适应智能时代先进教学手段应用，学校加大优质在线资源的建设，丰富教材的信息化载体，为开发工作过程为导向的优质特色教材奠定基础。

按照教育部印发的《职业院校教材管理办法》要求，教材编写总体思路是：依据学校双高建设方案中教材建设规划、国家相关专业教学标准、专业相关职业标准及职业技能等级标准，服务学生成长成才和就业创业，以立德树人为根本任务，融入课程思政，对接相关产业发展需求，将企业应用的新技术、新工艺和新规范融入教材之中。教材编写遵循技术技能人才成长规律和学生认知特点，适应相关专业人才培养模式创新和课程体系优化的需要，注重以真实生产项目、典型工作任务及典型工作案例等为载体开发教材内容体系，实现理论与实践有机融合，满足“做中学、做中教”的需要。

本系列教材是哈尔滨职业技术大学中国特色高水平高职学校项目建设的重要成果之一，也是哈尔滨职业技术大学教材建设和教法改革成效的集中体现。教材体例新颖，具有以下特色：

第一，教材研发团队组建创新。按照学校教材建设统一要求，遴选教学经验丰富、课程改革成效突出的专业教师担任主编，邀请相关企业作为联合建设单位，形成了一支学校、行业、企业高水平专业人才参与的开发团队，共同参与教材编写。

第二，教材内容整体构建创新。精准对接国家专业教学标准、职业标准、职业技能等级标准确定教材内容体系，参照行业企业标准，有机融入新技术、新工艺、新规范，构建基于职业岗位工作需要的体现真实工作任务、流程的内容体系。

第三，教材编写模式形式创新。与课程改革相配套，按照“工作过程系统化”“项目+任务式”“任务驱动式”“CDIO式”四类课程改革需要设计四大教材编写模式，创新新形态、活页式及工作手册式教材三大编写形式。

第四，教材编写实施载体创新。依据本专业教学标准和人才培养方案要求，在深入企业调研、岗位工作任务和职业能力分析基础上，按照“做中学、做中教”的编写思路，以企业典型工作任务为载体进行教学内容设计，将企业真实工作任务、真实业务流程、真实生产过程纳入教材之中。开发了教学内容配套的教学资源①，满足教师线上线下混合式教学的需要，本教材配套资源同时在相关平台上线，可随时下载相应资源，满足学生在线自主学习课程的需要。

第五，教材评价体系构建创新。从培养学生良好的职业道德、综合职业能力与创新创业能力出发，设计并构建评价体系，注重过程考核和学生、教师、企业等参与的多元评价，在学生技能评价上借助社会评价组织的“1+X”考核评价标准和成绩认定结果进行学分认定，每部教材均根据专业特点设计了综合评价标准。

为确保教材质量，哈尔滨职业技术大学组建了中国特色高水平高职学校项目建设系列教材编审委员会，教材编审委员会由职业教育专家和企业技术专家组成。学校组织了专业与课程专题研究组，对教材持续进行培训、指导、回访等跟踪服务，有常态化质量监控机制，能够为修订完善教材提供稳定支持，确保教材的质量。

本系列教材是在学校骨干院校教材建设的基础上，经过几轮修订，融入课程思政内容和课堂革命理念，既具积累之深厚，又具改革之创新，凝聚了校企合作编写团队的集体智慧。本系列教材的出版，充分展示了课程改革成果，为更好地推进中国特色高水平高职学校项目建设做出积极贡献！

哈尔滨职业技术大学中国特色高水平高职
学校项目建设系列教材编审委员会
2024年7月

---

① 2024年6月，教育部批复同意以哈尔滨职业技术学院为基础设立哈尔滨职业技术大学（教发函〔2024〕119号）。本书配套教学资源均是在此之前开发的，故署名均为“哈尔滨职业技术学院”。

前　言

本教材为中国特色高水平高职学校项目建设成果之一，是高职机电类专业智能制造课程的配套教材。本教材根据高职院校的培养目标，按照高职院校教学改革和课程改革的要求，以企业调研为基础，确定工作任务，明确课程目标，制定课程设计的标准，以学生的能力培养为主线，与企业合作，共同进行课程的开发和设计。

本教材从职业岗位（数控机床和工业机器人安装工、智能生产线操作与运维工、智能化工厂系统集成工程师等）出发，根据所需工作任务及工作能力，选定所学课程理论知识。以校企共建的截止阀自动化生产线为载体，学生能力培养为核心，智能制造技术为主线，精心科学合理设计教学情境和工作任务。

本教材的特色与创新体现在以下几个方面。

1. 采用“项目＋任务”式的新结构形式

本教材完全打破了传统知识体系章节的结构形式，校企合作开发了全新的以任务为载体的结构形式；教材设计的教学模式对接岗位工作模式，融知识点、技能点和思政点于学习目标、任务解析、知识链接、任务实施、实训评价等部分中，实现教材教学功能的有机拆分与实时聚合。

2. 全面融入行业技术标准、素质教育与能力培养

将智能制造技术标准和学生就业岗位的智能制造生产线操作与运维员职业资格标准融入教材中，突出了职业道德和职业能力培养。通过学生自主学习，在完成学习性工作任务的同时，训练学生对于知识、技能、思政、劳动教育和职业素养方面的综合职业能力，锻炼学生分析问题、解决问题的能力，注重多种教学方法和学习方法的组合使用，将学生的素质教育与能力培养融入教材。

3. 配套教学资源丰富，支撑线上精品在线课程

本教材配套教学资源丰富，同时选择精品资源在教材中相应部分设计链

接二维码，读者扫码即可观看，保障读者实时自学自测的需要。读者可登录中国铁道出版社教育资源数字化平台（https://www.tdpress.com/51eds）下载具体配套资源。

本教材共设四个学习项目，包括智能制造认知、智能制造工业软件配置与应用、智能制造关键装备部署与使用、智能制造控制系统造型与应用，分为13个工作任务，参考教学时数为40~50学时。

本教材由哈尔滨职业技术大学姜东全任主编，陈秀、林凯、史锐参编。编写分工如下：姜东全负责确定教材体例和统稿工作，并负责编写项目一和项目二；哈尔滨职业技术大学陈秀负责编写项目三任务1和任务2；哈尔滨职业技术大学林凯负责编写项目三任务3和任务4；哈尔滨信息工程学院史锐负责编写项目四；哈尔滨汽轮机厂有限责任公司杨庆仁负责本教材图表的审阅。本教材由哈尔滨职业技术大学李敏任主审，李敏向编者提出了很多专业技术性修改建议。

由于编写人员的业务水平和经验有限，书中难免有不妥之处，敬请读者批评指正。

编　者

2024年8月

目 录

项目一 智能制造认知

项目导入

小王同学是一名机电一体化专业的学生，被学校安排参观德国西门子安贝格工厂成都分厂，该厂的自动化运作程度已经达到80%，经过西门子现场工程师的详细介绍，小王受益良多，对于自动化生产线、智慧工厂有了更加深入的了解。回到学校后，小王结合学校现有的自动化生产线，分析了生产线设备情况及生产流程，总结了自动化生产线的操作方法。

学习目标

知识目标

1. 掌握制造业的概念、分类及各发展阶段；
2. 掌握智能制造的概念及描述方法；
3. 掌握生产线的定义、分类及面临的瓶颈问题；
4. 掌握自动化生产线的定义、类型与组成；
5. 掌握智慧工厂的概念、特征及发展前景；
6. 掌握智慧工厂的体系结构。

能力目标

1. 了解智能制造的发展现状与未来发展趋势；
2. 能够通过分析自动化生产线的设备应用情况，合理安排生产流程节奏；
3. 掌握自动化设备的操作方法，完成自动化生产线的启动操作；
4. 能够根据自动化生产线的操作流程，完成自动化生产线的关机操作。

素质目标

1. 培养学生精益求精的工匠精神，能够感受科技发展，树立积极的学习态度；
2. 培养学生树立民族自尊心、自信心、自豪感。

项目实施

任务1 智能制造概述

任务解析

本任务从智能制造的发展现状和基础着手，依次介绍了制造业的概念及分类、智能制造的概念及描述方法、制造业的发展现状与未来发展趋势等相关知识。在此基础上，以校企共建的智能制造生产线为例，使学生了解智能生产单元的组成及工作流程。

知识链接

一、制造业的概念及分类

制造业是指对原材料（采掘业的产品和农产品）进行加工或再加工，以及对零部件进行装配的工业的总称。

制造业直接体现了一个国家的生产力水平，是区别发展中国家和发达国家的重要因素之一，制造业在世界发达国家的国民经济中占有重要份额，其组成如图1-1-1所示。

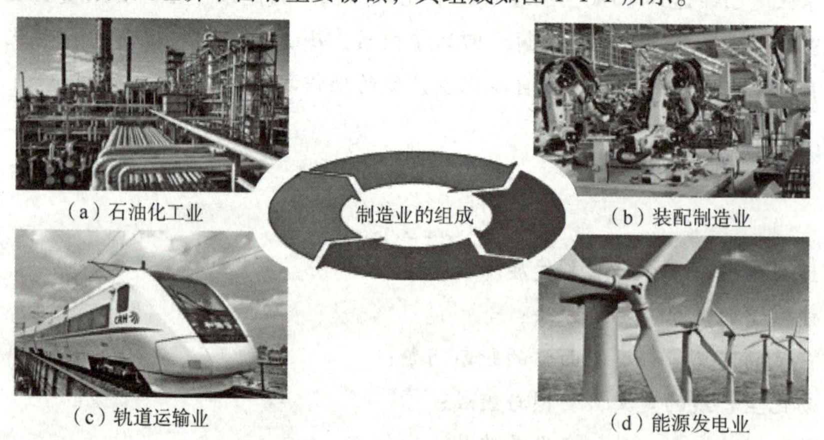

图1-1-1 制造业的组成

制造业包含的行业覆盖了国家经济建设以及人民文化生活的方方面面，根据现行国家标准《国民经济行业分类》（GB/T 4754—2017）划分，制造业包括31个行业，具体分类见表1-1-1。

表1-1-1 制造业分类

食品工业	农副食品加工业；食品制造业；烟草制品业等
纺织服装工业	纺织服装、鞋、帽等制造业；皮革、毛皮、羽毛（绒）及其制品业等
造纸印刷业	造纸和纸制品业；印刷和记录媒介复制业等
石油和化学工业	石油加工业；化学原料和化学制品制造业；化学纤维、橡胶、塑料制品业等
冶金工业	黑色金属冶炼和压延加工业；有色金属冶炼和压延加工业

续表

非金属制品业	水泥、玻璃制品、砖瓦石材、陶瓷制品等
金属制品业	集装箱、金属容器、金属工具制造；金属表面处理及热处理加工等
机械制造业	通用设备制造业（锅炉、内燃机、机床、泵阀、轴承、齿轮、通用零部件）；专用设备制造业（拖拉机、医疗设备、邮政信件分拣）
运输设备	交通运输设备制造业（汽车、摩托车、船舶、航空航天器、铁路机车）
电气设备	电气机械及器材制造业（电动机、发动机、微电机、无线电缆、家用电器）
电子设备	通信设备、计算机及其他电子设备制造业
仪器仪表	仪器仪表及文化、办公用机械制造业
其他制造	家具制造业；木材加工及制品业；文教体育用品制造业；工艺品及其他制造业

注：共 31 个大类，178 个中类，608 个小类。

制造业包括的行业范围很广，按产品类型一般可分为生产资料制造业、装备制造业和消费资料制造业三种，如图 1-1-2 所示。

（a）生产资料制造业

（b）装配制造业

（c）消费资料制造业

图 1-1-2　制造业按产品类型分类

（1）生产资料制造业。如石油加工业、金属冶炼加工业等。

（2）装备制造业。如机械制造业、仪器仪表制造业等，是为我国国民经济和国防建设提供装备的企业的总称。

（3）消费资料制造业。如家电制造业、纺织服装制造业等。

制造业按制造过程一般可分为离散制造业、流程制造业和混合型制造业三种，如图 1-1-3 所示。

（a）离散制造业

（b）流程制造业

图 1-1-3　制造业按制造过程分类

（1）离散制造业。如机械、汽车等行业。其制造过程不连续，各工序之间存在明显的停顿和等待时间；产品的生产过程通常被分解成很多加工任务，且具有加工-装配性质。

（2）流程制造业。如石油、化工、冶金等行业。通常对原材料采用混合、分离、粉碎、加热等物理、化学、生物方法使原材料增值；采用大规模生产方式，工艺流程固定，生产线一般不能停。

（3）混合型制造业。既有离散制造业的特点又有流程制造业的特点。

二、智能制造的概念

智能制造已成为德国工业4.0战略、美国工业互联网计划、中国两化深度融合概念背后的“最大公约数”。那么，什么是智能制造呢？

1. 智能制造的定义

智能制造是基于新一代信息通信技术与先进制造技术深度融合，贯穿于设计、生产、管理、服务等制造活动的各个环节，具有自感知、自学习、自决策、自执行、自适应等功能的新型生产方式。

智能制造可有效缩短产品的研制周期、降低运营成本、提高生产效率、提升产品质量、降低资源及能源消耗。

2. 智能制造的描述

1）智能制造=制造的数字化+网络化+智能化

数字化是基础：将工厂里所有设备、材料、资料、产线、车间等转化为计算机可以识别的0和1进行重新表达和组合，是在虚拟的数字世界中重新架构物理世界的过程，这就是数字化制造，建模即为数字化处理。

网络化是关键：在数字化主体之后，借助网络的力量，把数字化的实体连接起来，建立人与人、物与物、人与物之间无处不在的连接，从而使得蕴藏在数据背后的信息能够实现广泛实时的共享，打破生产过程中的信息孤岛，扩大数字化的边界和纵深，在一定程度上解决生产过程中信息不对称的矛盾。

智能化是方向：通过对数字化的实体，以及网络化的整个生产加工系统进行深度分析、判断和优化，形成人、机、物的深度交互与融合，实现整个生产向更加自动化、更加自主、更加自制的方向发展，从而使生产效率、效能和质量迈向新的发展阶段。

2）信息物理系统（CPS）

信息物理系统（cyber physical systems，CPS）作为计算进程和物理进程的统一体，是集成计算、通信与控制于一体的下一代智能系统。

信息物理系统包含了将来无处不在的环境感知、嵌入式计算、网络通信和网络控制等系统工程，使物理系统具有计算、通信、精确控制、远程协作和自治功能，它注重计算资源与物理资源的紧密结合与协调，主要用于一些智能系统，如设备互联、物联传感、智能家居、机器人、智能导航等。

通过信息系统与物理系统的融合，赋予冰冷的物理系统感知能力、自主控制能力、交流能力和思考能力，即赋予物理系统生命和智慧，如图1-1-4所示。

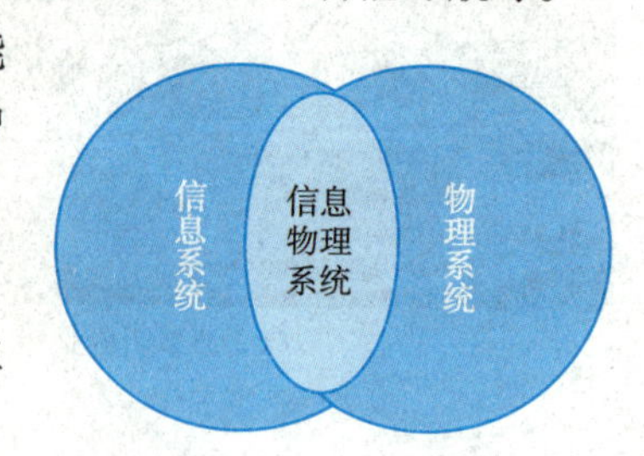

图1-1-4　信息物理系统

3）智能制造五维度

对于智能制造这个大系统，可以从智能产品、智能装备、智能生产、智能管理和智能服务五个维度进行认识和理解。

（1）智能产品。与传统产品不同，智能产品将传感器、处理器、存储器、通信模块、传输系统融入产品，使产品具备动态存储、感知和通信的能力，进而实现产品的可追溯、可识别、可定位功能。例如，计算机、智能手机、智能电视、智能机器人、智能穿戴是物联网的“老居民”，这些产品自诞生起便是网络终端；而传统的空调、冰箱、汽车、机床、风机等则是物联网的“新移民”，它们正排着队等待联入网络世界。

（2）智能装备。通过先进制造、信息处理、人工智能等技术的集成与融合，可以形成具有感知、分析、推理、决策、执行、自主学习及维护等自组织、自适应功能的智能生产系统以及网络化、协同化的生产设施，这些都属于智能装备。在工业 4.0 时代，装备智能化的进程可以在两个维度上进行：单机智能化，以及由单机设备的互联而形成的智能生产线、智能车间、智能工厂。这一进程将伴随信息通信技术方面的不断创新与应用而不断深化，至少将耗费几十年的时间。

（3）智能生产。这是一种理想的生产系统，能够智能地编辑产品特性、成本、物流管理、安全性、生产时间等要素，从而实现为不同客户进行最优化的产品制造。当生产过程中的每一个环节都实现了传感无所不在、连接无所不在、数据无所不在、计算无所不在、服务无所不在的时候，就意味着生产组织方式全面变革时代的来临。

（4）智能管理。随着企业内部所有生产、运营环节信息的纵向集成，企业之间通过价值链以及信息网络所实现的资源的横向集成，以及围绕产品全生命周期价值链端到端集成的不断深入，企业数据的及时性、完整性、准确性将不断提高，必然使整个生产制作过程以及产品全生命周期的管理更加精准、更加高效、更加科学。

（5）智能服务。智能服务企业可以通过捕捉客户的原始信息，在后台积累丰富的数据，然后构建需求结构模型，并进行数据挖掘和商业智能分析，除了可以分析客户的习惯、喜好等显性需求外，还可以进一步挖掘与时空、身份、工作生活状态相关联的隐性需求，从而主动为客户提供精准、高效的服务。

三、制造业发展动向

1. 工业革命的发展历史

工业革命的历史可以追溯到 18 世纪的英国，这一时期以蒸汽机的广泛应用为主要特征，标志着人类社会由传统农业向现代工业社会的转变，工业革命的发展历程见表 1-1-2。

表 1-1-2　工业革命的发展历程

发展阶段	大体进程	主要标志	主要成果
工业 1.0	1760—1860 年	水力和蒸汽机	实现机械化：机械生产代替了手工劳动，经济社会从以农业、手工业为基础转型到了以工业以及机械制造带动经济发展的模式
工业 2.0	1861—1950 年	电力和电动机	实现电气化：采用电力驱动产品的大规模生产，通过零部件生产与产品装配的分离，开创了产品批量生产的新模式
工业 3.0	1951—2010 年	电子和计算机	实现自动化：电子与信息技术的广泛应用，使得制造过程不断实现自动化，机器能够逐步替代人类作业，不仅接管了相当比例的“体力劳动”，还接管了一些“脑力劳动”
工业 4.0	2011 年至今	网络与智能化	实现智能化和个性化：基于信息物理系统（CPS）的智能化，产品全生命周期和全制造流程的数字化以及基于信息通信技术的模块集成，将形成一个高度灵活、个性化、数字化的产品与服务模式

综上所述，工业革命是一个连续的过程，每一次革命都在前一次的基础上进行了深化和发展，它们不仅改变了当下的生产方式和生活方式，还加速了城市化和全球化的步伐。

2. 工业 4.0 的内容

工业 4.0 的内容可以简述为一个核心、两重战略、三大集成、五个特征和八项措施，如图 1-1-5 所示。

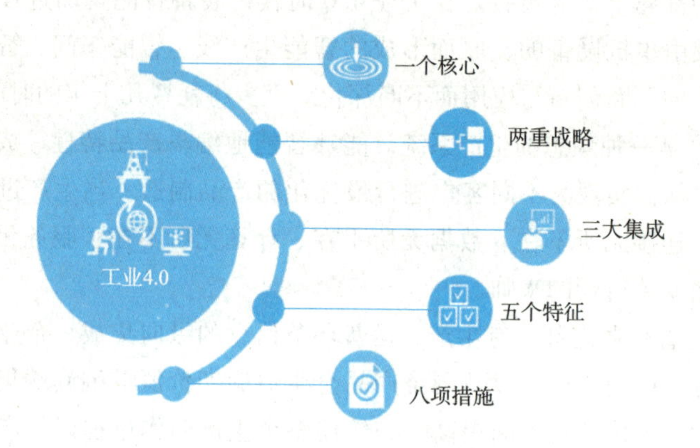

图 1-1-5 工业 4.0 的内容

1）一个核心

工业 4.0 的核心是“智能＋网络化”，即通过信息物理系统（CPS）构建智能工厂，实现智能制造的目的。CPS 建立在信息和通信技术（information and communications technology，ICT）高速发展的基础上。

（1）通过大量部署各类传感元件实现信息的大量采集。

（2）将 IT 控件小型化与自主化，然后将其嵌入各类制造设备中从而实现设备的智能化。

（3）依托日新月异的通信技术达到数据的高速与无差错传输。

（4）无论是后台的控制设备，还是在前端嵌入制造设备的 IT 控件，都可以通过人工开发的软件系统进行数据处理与指令发送，从而达到生产过程的智能化以及方便人工实时控制的目的。

2）两重战略

基于 CPS，工业 4.0 通过采用双重战略增强制造业的竞争力。

第一是“领先的供应商战略”，关注生产领域，要求装备制造商必须遵循工业 4.0 的理念，将先进的技术、完善的解决方案与传统的生产技术相结合，生产出具备“智能”与乐于“交流”的生产设备，为制造业增添活力，实现智能制造质的飞跃。该战略注重吸引中小企业的参与，希望它们不仅成为智能生产的使用者，也能化身为智能生产设备的供应者。

第二是“领先的市场战略”，强调整个国内制造业市场的有效整合。构建遍布不同地区、涉及所有行业、涵盖各类大、中、小企业的高速互联网络是实现这一战略的关键。通过这一网络，各类企业就能实现快速的信息共享、最终达成有效的分工合作。在此基础上，生产工艺可以重新定义并进一步细化，从而实现更为专业化的生产，提高制造业的生产效率。除了生产以外，商业企业也能与生产单位无缝衔接，进一步拉近制造企业与国内市场以及世界市场之间的距离。

3）三大集成

（1）关注产品的生产过程，力求在智能工厂内通过联网建成生产的纵向集成。在生产、自动化工程领域找到一种解决方案，将各种不同层面的 IT 系统集成起来。在 CPS 控制下，智能工厂可以根据需求自助配置资源，实现从订单管理、需求分析、产品设计、工艺设计、生产制造到物料管理、市场营销的全过程，如图 1-1-6 所示。

（2）关注产品整个生命周期的不同阶段，包括设计与开发、安排生产计划、管控生产过程以及产品的售后维护等，实现各个不同阶段之间的信息共享，从而达成工程的数字化集成。

（3）关注全社会价值网络的实现，从产品的研究、开发与应用拓展至建立标准化策略、提高社会分工合作的有效性、探索新的商业模式以及考虑社会的可持续发展等方面入手，达成制造业的横向集成，如图 1-1-7 所示。

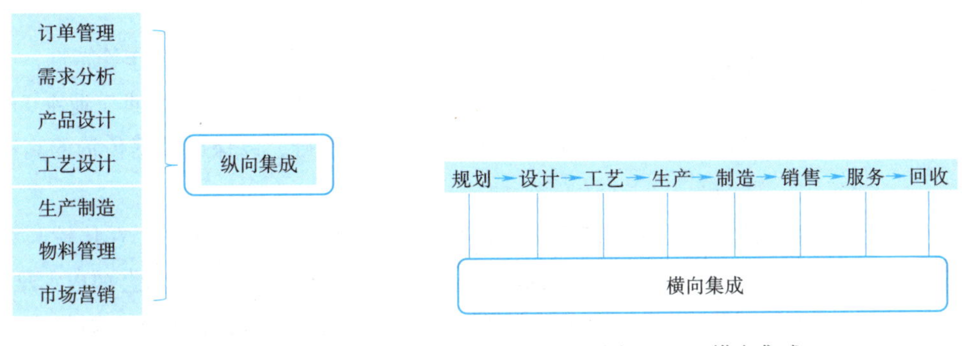

图 1-1-6　纵向集成　　　　图 1-1-7　横向集成

ICT 技术的不断发展，为三大集成的可实现性提供了保证。相关的技术包括：

（1）机器对机器（machine to machine，M2M）技术，用于终端设备之间的数据交换。M2M 技术的发展，使得制造设备之间能够主动（而不是被动）地进行通信，配合预先安装在制造设备内部的嵌入式软硬件系统实现生产过程的智能化。

（2）物联网（internet of things，IoT）技术，其应用范围超越了单纯的机器对机器的互联，而是将整个社会的人与物联接成一个巨大的网络。按照国际电信联盟（ITU）的解释，这是一个无处不在与时刻开启的普适网络社会。截至 2023 年底，加入物联网的终端设备已达到 275 亿台，是 2009 年 9 亿台的约 30 倍。

（3）各类应用软件，包括实现企业系统化管理的企业资源计划系统、产品生命周期管理、供应链管理、系统生命周期管理等。这些系统在工业 4.0 中进一步发挥协同作用，成为企业进行智能化生产和管理的利器。

4）五个特征

（1）互联。工业 4.0 的核心是连接，将设备、生产线、工厂、供应商、产品和客户紧密联系在一起。通过物联网和云计算等技术，实现设备、机器、系统和人员之间的高度互联，生产过程中产生的大量数据可以实时收集、分析和共享，从而实现更高效的生产过程。

（2）数据。工业 4.0 强调数据的价值，将数据视为生产过程中的重要资源。通过对大量数据进行分析和挖掘，企业可以更好地了解市场需求、优化生产流程、降低能耗并提高产品质量。

（3）集成。工业 4.0 通过 CPS 将无处不在的传感器、嵌入式终端系统、智能控制系统和通信设施连接成一个智能网络，实现人与人、人与机器、机器与机器以及服务与服务之间的互联，从而实现横向、纵向和端到端的高度集成。

（4）创新。工业 4.0 是一个制造业创新发展的过程，涉及制造技术、产品、模式、业态和组织等方面的创新。通过技术创新、产品创新、模式创新和业态创新，推动制造业的全面升级和转型。

（5）智能化。工业 4.0 致力于创建智能产品、智能程序和流程、智能工厂和智能服务，最终实现智能产业体系。智能制造的人机一体化协同创造，可提升生产系统的灵活性和效率。

5）八项举措

（1）实现技术标准化和开放标准的参考体系。这主要是出于联网和集成的需要，没有标准显然无法达成信息的互换，而开放标准的参考体系，包括公开完整的技术说明等资料，有助于促进网络的迅速普及与社会各方的参与。

（2）建立模型管理复杂的系统。由于工业 4.0 的跨学科、多企协同和异地合作等特性，必然对整个系统的管理提出了很高的要求，只有事先建立并不断完善管理模型，才能充分发挥工业 4.0 的功效。

（3）提供一套综合的工业宽带基础设施。这是实施联网的基础，以保证数据传输的高速、稳定与可靠。

（4）建立安全保障机制。这是因为：第一，安全生产必须予以保障；第二，在传输与存储过程中需要维护信息安全；第三，整个系统应具有健全的容错机制以确保人为失误不会酿成灾难。

（5）创新工作的组织和设计方式。由于工业 4.0 的高度自动化和分散协同性，对社会生产的组织和设计方式提出了新的要求，需要探索与建立新的生产协作方式，让员工能高效、愉快且安全地进行生产活动。

（6）注重培训和持续的职业发展。在工业 4.0 中，员工需要面对的生产设备和协作伙伴的范围远远超过了传统生产方式的要求，而且工作环境的变化速度也显著加快，面对上述两方面的挑战，员工的持续学习就变得尤为重要。只有全社会拥有大量的合格员工，工业 4.0 的威力才能真正得以体现。

（7）健全规章制度。涉及企业在数据保护、数据交换过程中的安全性，保护个人隐私，协调各国的不同贸易规则等方面。

（8）提升资源效率。工业 4.0 所说的资源，不仅包括原材料与能源，也涉及人力资源和财务资源。此外，建立各类可量化的关键绩效指标体系也是评估企业资源利用效率的可靠工具。

3. 我国制造业发展动向

我国在过去几年中已经开始了智能制造的尝试，涵盖了众多制造业领域，包括石化、钢铁、有色、汽车、制药等传统制造业产业，还涉及航空、航天、高端装备制造、机器人、新能源等产业。此外还将在稀土、纺织、家电、5G、物联网、车联网、智能交通等方面进行大范围的智能制造试点。

（1）一个目标。从制造业大国向制造业强国转变，最终实现制造业强国的一个目标。

（2）两化融合。推动信息化和工业化深度融合，这是我国制造业所要占据的一个发展制高点。

（3）四项基本原则。第一项原则是市场主导、政府引导；第二项原则是既立足当前，又着眼长远；第三项原则是全面推进、重点突破；第四项原则是自主发展和合作共赢。

（4）五大指导方针和工程。五条方针即创新驱动、质量为先、绿色发展、结构优化和人才为本。

实行五大工程，包括制造业创新中心建设的工程、强化基础的工程、智能制造工程、绿色制造工程和高端装备创新工程。

（5）九项战略任务。围绕实现制造强国的战略目标，明确了九项战略任务和重点：一是提高国家制造业的创新能力；二是推进信息化与工业化的深度融合；三是强化工业基础能力；四是加强质量品牌建设；五是全面推行绿色制造；六是大力推动重点领域突破发展，聚焦新一代信息技术产业、高档数控机床和机器人、航空航天装备、海洋工程装备及高技术船舶、先进轨道交通装备、节能与新能源汽车、电力装备、农机装备、新材料、生物医药及高性能医疗器械等十大重点领域；七是深入推进制造业结构调整；八是积极发展服务型制造和生产性服务业；九是提高制造业国际化发展水平。

（6）十大重点发展领域。十个领域包括新一代信息技术产业、高档数控机床和机器人、航空航天装备、海洋工程装备及高技术船舶、先进轨道交通装备、节能与新能源汽车、电力装备、农机装备、新材料、生物医药及高性能医疗器械等十个重点领域。

21世纪是智能制造获得重大发展和广泛应用的时代，智能制造将引发制造业革命，并将重新构筑全球制造业的竞争格局。智能化制造不仅是传统制造业转型升级的必要手段，自动化、数字化工厂还能在劳动能力大幅下降的同时实现个性化需求，大大缩短交货周期，并且将使得传统金字塔式的管理体制被扁平管理体制取代，对市场做出更加快速的反应。

因此，我国不断加强顶层设计，大力推进两化深度融合，把智能制造作为主攻方向和重点内容，推进信息技术综合集成应用和融合创新，促进制造业数字化、智能化、网络化发展，鼓励各地先行先试，调动企业积极性，加快工业转型升级。推进生产制造过程智能化，包括推进制造过程智能化，建设重点领域的智能工厂/数字化车间；实现关键环节集成的智能管控；积极发展服务型制造和生产性服务业；组织实施智能制造工程；推进互联网在制造领域的深化。

任务实施

截止阀自动化生产线设备情况及生产流程。

一、明确产线产品

设计生产性智能制造生产线时，在考虑尽可能包含更多设备和技术的基础上，需要考虑一个合适的产品把生产线所有环节串联起来，可从区域制造业的行业加工特点或学校特色出发选取。

微课

初识智能制造生产线

某学校周边有较多的阀门制造企业，且有企业和学校洽谈了校企共建智能制造生产线的事宜，产品拟定为截止阀。

二、产线工艺分析

截止阀由阀体、填料盒、泄压螺钉、垫片、阀杆、轴承、车轮、链轮、卡簧和底座组成。其中，阀体、填料盒、泄压螺钉、阀杆须自主加工，其他零部件可直接外购。

阀体加工工序可分解为：阀体原材料上料、阀体加工中心加工、阀体第一次翻转、阀体第一次车床加工、阀体第二次翻转、阀体第二次车床加工、托盘输送和阀体第二次加工中心加工。

填料盒加工工序可分解为：填料盒原料上料、填料盒车床加工、填料盒加工中心加工、填料盒翻转、填料盒第二次车床加工和成品输送。

泄压螺钉加工工序为：泄压螺钉原料输送、车床第一次加工、铣床、翻转、车床第二次加工、成品输送。

阀杆加工工序为：阀杆原料输送、车床第一次加工、翻转、铣床、车床第二次加工、成品输送。

零件加工完成后，先后完成泄压螺钉、垫片、螺杆等部分的装配工作。

三、智能产线组成单元设计

根据截止阀的加工和装配特点，该生产线初步设计为五大模块。

1. 协同加工中心

协同加工中心主要由四台加工机床、两个机械手、翻转平台和上下料平台组成，主要完成阀体和填料盒的加工任务，如图 1-1-8 所示。

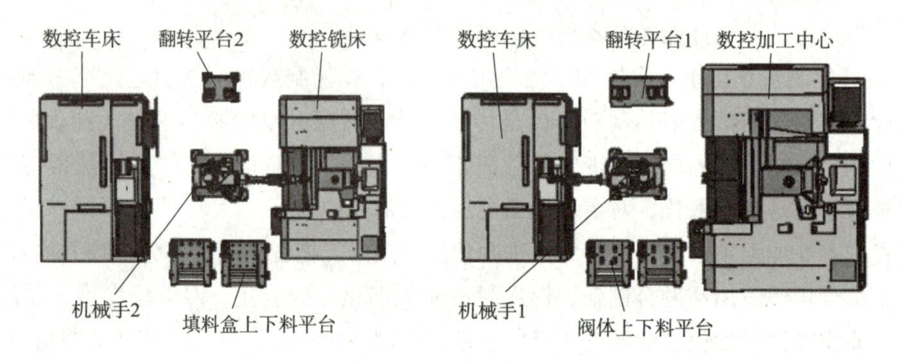

图 1-1-8 协同加工中心

2. 柔性生产线

柔性生产线主要由三台加工机床、两个机械手、快换台和线边库等结构组成，主要完成泄压螺钉和阀杆的加工任务，如图 1-1-9 所示。

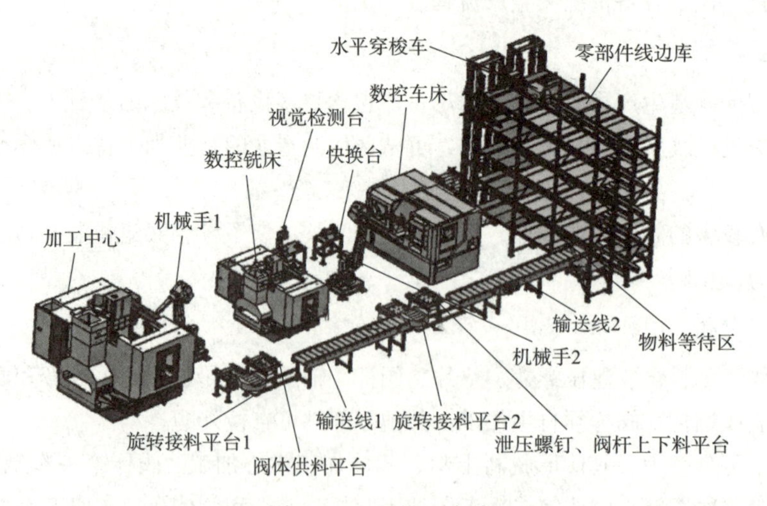

图 1-1-9 柔性生产线

3. 泄压螺钉装配站

泄压螺钉装配站的功能是将泄压螺钉装配进阀体。包含 20、30 泄压螺钉振动盘各一套，20、30 螺丝枪各一套，快换抓手库一套，三轴机械手一套，如图 1-1-10 所示。

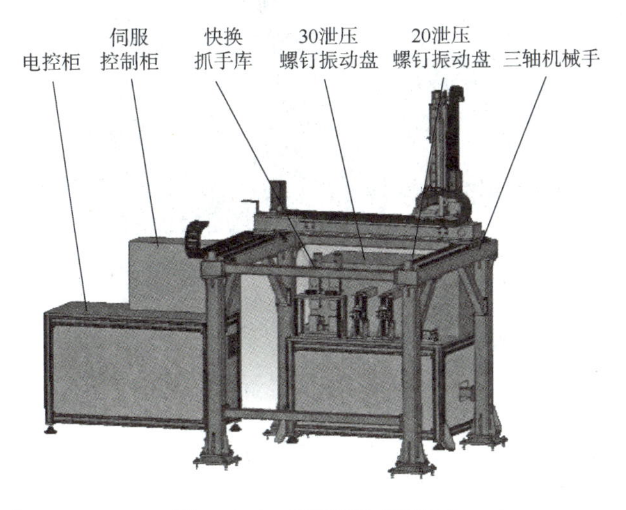

图 1-1-10　泄压螺钉装配站

4. 翻转以及垫片装配站

翻转以及垫片装配站的功能是将垫片装配进阀体。包含 20、30 阀体翻转机各一套，20、30 垫片料库各一套，三轴机械手以及快换库各一套，如图 1-1-11 所示。

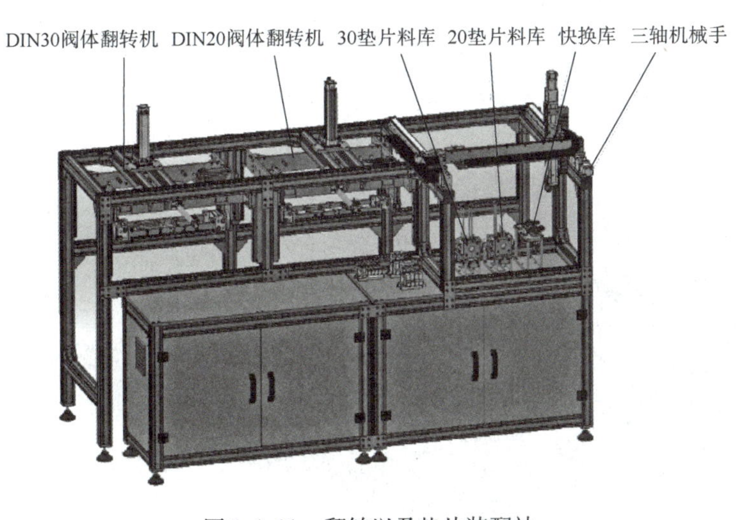

图 1-1-11　翻转以及垫片装配站

5. 手柄组装站

手柄组装站的功能是将上阀体（手柄）装配进阀体。包含 20、30 上阀体安装专机各一套，快换库一套以及六轴机器人一台，如图 1-1-12 所示。

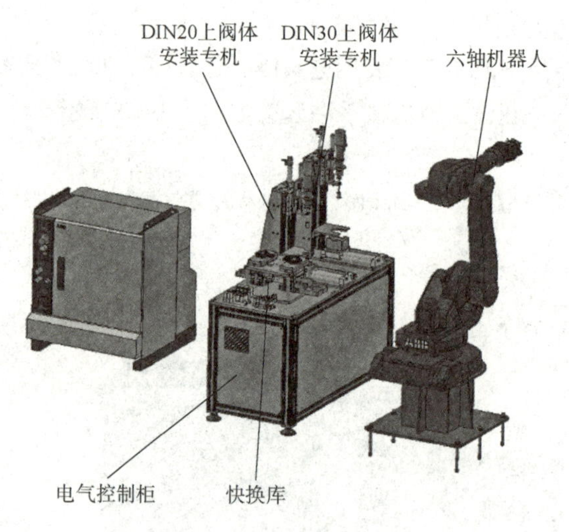

图 1-1-12　手柄组装站

四、产线整体布局设计

设计自动化生产线的平面布局时，一般将设备布置在输送装置运动线路附近，所以首先要确定输送装置的运动线路。输送装置的运动路线主要有一维布局和二维布局两种，个别工艺路线特别长、零件又不太大的系统也可以布置成楼上楼下的三维布局。一维布局零件在运输过程中作直线单向或往复运动，这种布局方式适合工艺路线较短、加工设备不太多的情况；二维布局零件的运输形式很多，包含直角形、U 形、S 形和环形等。本任务生产线设备较多，工艺路线较长，整体布局为 S 形，如图 1-1-13 所示。

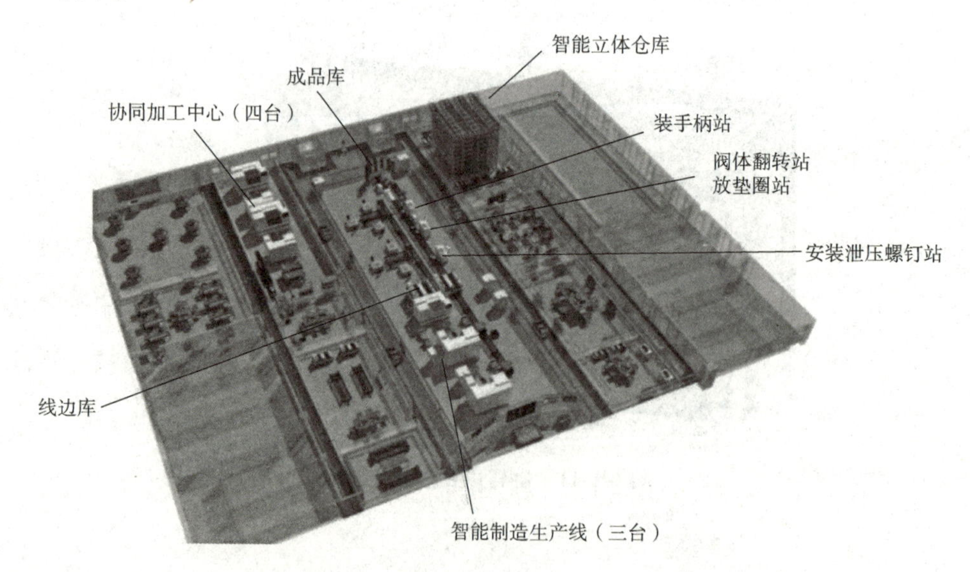

图 1-1-13　截止阀自动化生产线总体布局

任务2　自动化生产线认知

任务解析

本任务介绍自动化生产线的相关内容，自动化生产线将智能设备与信息技术在工厂级完美融合，涵盖企业的生产、质量、物流等环节，是智能制造的典型代表。通过本任务的学习，使学生了解自动化生产线的概念及特征，能够描述自动化生产线的发展前景并掌握智慧工厂的体系架构，在此基础上，以截止阀自动化生产线为例，使学生了解截止阀自动化生产线的操作方法。

知识链接

一、自动化生产线定义及类型

自动化生产线是由工件传送系统和控制系统按照一定的工艺顺序将一组自动机床与辅助设备连接起来，自动完成产品部分或全部制造过程的生产系统，简称自动线。自动线的工件传送系统一般包括机床上下料装置、传送装置和储料装置。自动线的控制系统主要用于保证生产线内的机床、工件传送系统以及辅助设备按照规定的工作循环要求正常工作，并设有故障寻检装置和信号装置。

自动化生产线的应用范围非常广泛，例如，机械制造业中的铸造、冲压、热处理、焊接、切削加工和机械装配等自动线，也包括不同性质的工序，如毛坯制造、加工、装配、检验和包装的综合自动线。根据制造行业及工艺上的区别，自动化生产线具有很多类型，最常见的几种如图1-2-1所示。

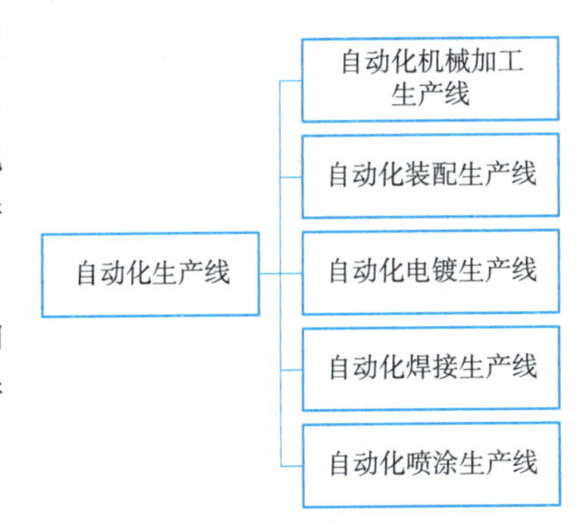

图1-2-1　自动化生产线的分类

其中有两种最典型的自动化生产线：一种是自动化机械加工生产线，用于机械零件加工行业；另一种是自动化装配生产线，用于各种产品的后期装配生产。

1. 自动化机械加工生产线

自动化机械加工生产线有许多不同类型，可按不同的特征进行分类，如图1-2-2所示。

1）按加工设备类型分类

（1）通用机床生产线：主要利用通用机床、半自动通用机床或自动化通用机床连接而成的生产线。这类生产线制造成本低、建造周期短、收效快，适用于简单工件的加工。

（2）专用机床生产线：主要是用专用部件设计制造的机床连接而成的生产线。这类生产线的建造设计周期长、成本高，但生产率高，适合加工结构特殊且复杂的零件。

（3）柔性制造生产线：由高度自动化的多功能加工设备（如数控机床、加工中心等）、物料输送系统和计算机控制系统等组成。此类生产线主要用于批量小、品种多的工件的加工。虽然此类生产线的设备数量较少，但建立这种生产线投资大、技术要求高。

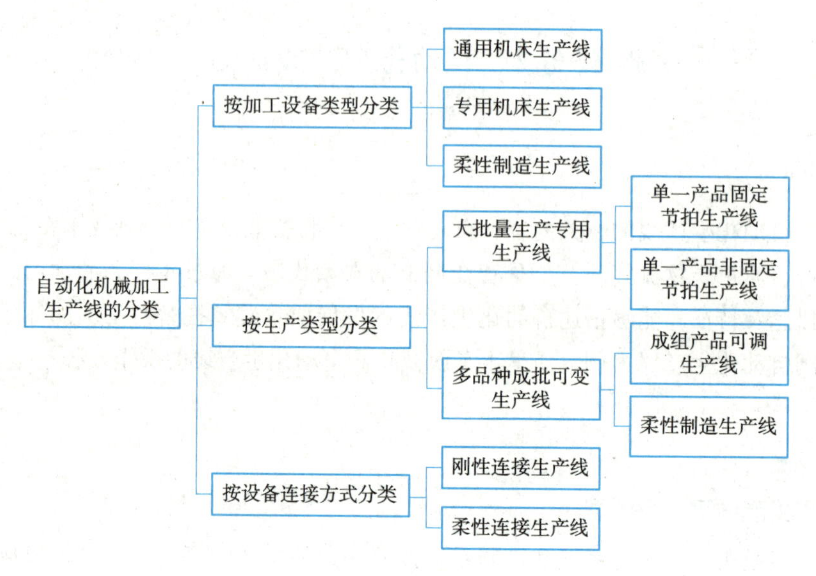

图 1-2-2　自动化机械加工生产线的分类

2）按生产类型分类

（1）大批量生产专用生产线：又可分为单一产品固定节拍生产线和单一产品非固定节拍生产线。

（2）多品种成批可变生产线：又可分为成组产品可调生产线和柔性制造生产线。

3）按设备连接方式分类

（1）刚性连接生产线：生产线中各工位之间没有工件储料装置，因此若一个工位因故停止工作，则全线停止工作。

（2）柔性连接生产线：在生产线中数个工位之间设有工件储料装置，可存储一定数量的工件，如果一个工位因故停止工作，前后工位仍可继续工作一段时间。

2. 自动化装配生产线

自动化装配生产线一般是由输送设备和专业设备构成的有机整体，是基于机电、信息、影像、网络于一体的高度自动化装配生产线。自动化装配生产线依据生产对象的不同可以分为汽车装配线、摩托车装配线、手机装配线、计算机装配线、装配流水线等。

自动化装配生产线的操作对象包括组成产品的各种零件、部件，最后完成的是成品或半成品，适用于产品设计成熟、市场需求量巨大、装配工序多、长期生产的产品，如轴承、齿轮变速器、锁具、食品包装等。并且具有性能稳定、所需人工少、生产效率高、单件产品的制造成本大幅降低、占用场地最少等优越性。

自动化装配生产线的工作可靠性是影响其工作效率的主要因素之一，影响自动化装配生产线工作可靠性的主要因素是加工质量稳定性和设备工作可靠性。

我国自动化生产线的需求主要分布在汽车、工程机械、物流仓储、家电电子、食品、饮料、医药等行业，2023 年我国自动化生产线需求市场分布如图 1-2-3 所示。

未来自动化生产线行业的发展要开发新产品、新市场，扩大内需、培育新的增长点，增强自主创新能力和产业竞争力。自动化生产线的市场还有很大的开发潜力，自动化生产线行业企业应加强技术创新、提高产品高新技术含量、拥有自主知识产权、打造行业品牌，这是自动化生产线行业公司发展壮大的根本。

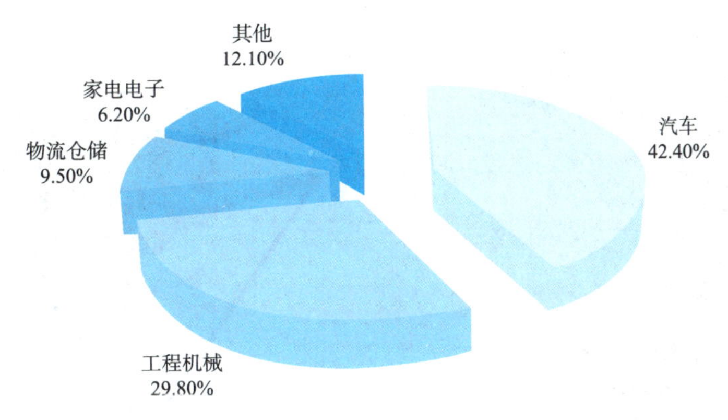

图 1-2-3 2023 年我国自动化生产线需求市场分布

二、自动化生产线的组成

不同类型的自动化生产线其组成结构也有所不同，但自动化生产线基本由以下配置组成。

1. 控制器——自动化生产线的大脑

控制器是按照预定顺序改变主电路或控制电路的接线和改变电路中电阻值控制电动机启动、调速、制动和反向的主令装置，由程序计数器、指令寄存器、指令译码器、时序产生器和操作控制器组成，是发布命令的“决策机构”，即完成协调和指挥整个计算机系统的操作。

可编程逻辑控制器采用一类可编程的存储器，用于其内部存储程序，执行逻辑运算、顺序控制、定时、计数与算术操作等面向用户的指令，并通过数字或模拟式输入/输出控制各种类型的机械或生产过程，自动化工厂中常用的控制器有 PLC（programmable logic controller，可编程逻辑控制器）、工控机等，如图 1-2-4 所示。

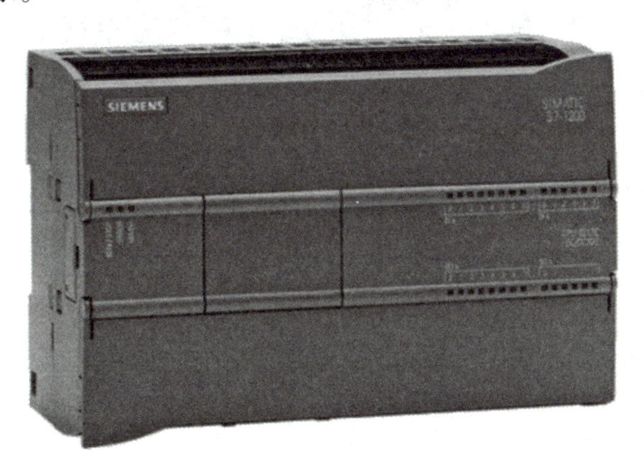

图 1-2-4 可编程控制器（西门子 PLC S7-1200）

2. 工业机器人——自动化生产线的执行者

工业机器人是自动执行工作的机器装置，它既可以接受人类指挥，又可以运行预先编排的程序，也可以根据以人工智能技术制定的原则纲领行动，它的任务是协助或代替人类工作，如生产业、建筑业，或是危险的工作。工业机器人一般由执行机构、驱动装置、检测装置、控制系统和复杂机械等组成，如图 1-2-5 所示。

图 1-2-5　工业机器人

3. 伺服电动机——自动化生产线提供动力的肌肉

伺服电动机（见图 1-2-6）是指在伺服系统中控制机械元件运转的发动机，是一种补助马达间接变速装置。伺服电动机可非常准确地控制速度及位置精度，可以将电压信号转化为转矩和转速以驱动控制对象。

图 1-2-6　伺服电动机

伺服电动机转子转速受输入信号控制，并能快速反应，在自动控制系统中，用作执行元件，且具有机电时间常数小、线性度高、始动电压低等特性，可把收到的电信号转换成电动机轴上的角位移或角速度输出。

伺服电动机分为直流和交流伺服电动机两大类，其主要特点是，当信号电压为零时无自转现象，转速随着转矩的增加而匀速下降。

4. 传感器——自动化生产线的触觉

传感器（见图1-2-7）是一种检测装置，能感受到被测量的信息并将感受到的信息按一定规律变换为电信号或其他所需形式的信息输出，以满足信息的传输、处理、存储、显示、记录和控制等要求，是实现自动检测和自动控制的首要环节。

图1-2-7　传感器

在现代工业生产尤其是自动化生产过程中，需要用各种传感器监视和控制生产过程中的各个参数，使设备工作在正常或最佳状态，并使产品达到最好的质量。

5. 变频器——自动化生产线的交换器

变频器（见图1-2-8）是应用变频技术与微电子技术，通过改变电动机工作电源频率的方式控制交流电动机的电力控制设备。

图1-2-8　变频器

变频器主要由整流（交流变直流）、滤波、逆变（直流变交流）、制动单元、驱动单元、检测单元、微处理单元组成。变频器靠内部绝缘栅双极晶体管（insulate-gate bipolar transistor，IGBT）的开断调整输出电源的电压和频率，根据电动机的实际需要提供其所需要的电源电压，进而达到节能、调速的目的。另外，变频器还有很多保护功能，如过电流、过电压、过载保护等。

6. 电磁阀——自动化生产线的开关

电磁阀（见图1-2-9）是用电磁控制的工业设备，是用于控制流体的自动化基础元件，属于执行器，并不限于液压或气动。可用于在工业控制系统中调整介质的方向、流量、速度和其他参数。电磁阀可以配合不同的电路实现预期的控制，且控制的精度和灵活性都能得到保证。

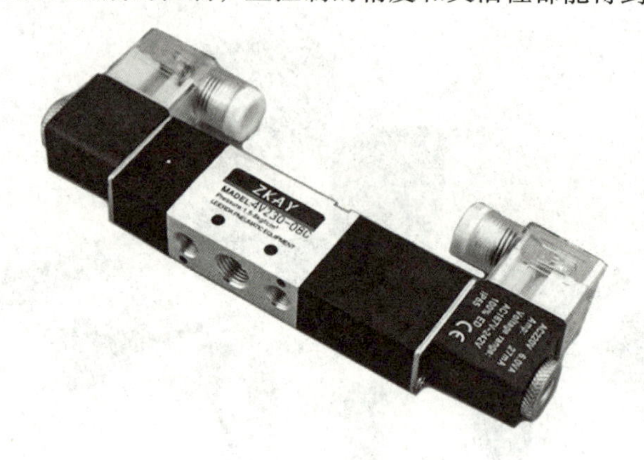

图1-2-9　电磁阀

电磁阀有很多种，不同的电磁阀在控制系统的不同位置发挥作用，最常用的是单向阀、安全阀、方向控制阀、速度调节阀等。

7. 工业相机——自动化生产线的眼睛

工业相机（见图1-2-10）是机器视觉系统中的一个关键组件，其最本质的功能是将光信号转变成具有一定规律的电信号。

图1-2-10　工业相机

工业相机一般安装在机器流水线上代替人眼进行测量和判断，通过数字图像摄取目标转换成图像信号，传送给专用的图像处理系统。图像系统对这些信号进行各种运算抽取目标的特征，进而根据判别的结果控制现场的设备动作。

8. 工业软件——自动化生产线的心脏

常用的工业软件有制造执行系统（MES），这是一套面向制造企业车间执行层的生产信息化管理系统，可以为企业提供包括制造数据管理、计划排产管理、生产调度管理、库存管理、质量管理、人力资源管理、工作中心/设备管理、工具工装管理、采购管理、成本管理、项目看板管理、生产过程控制、底层数据集成分析、上层数据集成分解等管理模块，为企业打造一个扎实、可靠、全面、可行的制造协同管理平台。

9. 控制柜——自动化生产线的中枢系统

控制柜（见图 1-2-11）包括电气控制柜、变频控制柜、低压控制柜、高压控制柜、水泵控制柜、电源控制柜、防爆控制柜、电梯控制柜、PLC 控制柜、消防控制柜、专机控制柜等。

图 1-2-11　控制柜

三、智慧工厂的概念

智慧工厂是现代工厂信息化发展的新阶段，是在数字化工厂的基础上，利用物联网技术和设备加强信息管理和服务，清楚掌握产销流程、提高生产过程的可控性、减少生产线上的人工干预、即时正确地采集生产线数据，以及进行合理的生产计划编排、控制生产进度，并集绿色智能手段和智能系统等新兴技术于一体，构建一个高效节能、绿色环保、环境舒适的人性化工厂。这是 IBM“智慧地球”理念在制造业中实际应用的结果，智慧工厂示意图如图 1-2-12 所示。

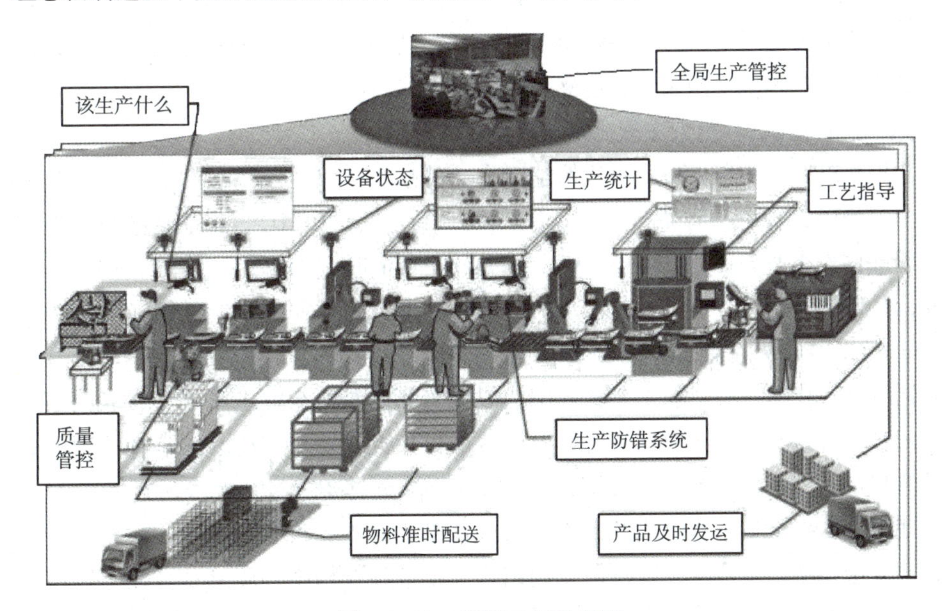

图 1-2-12　智慧工厂示意图

四、智慧工厂的特征

1. 智慧工厂的主要内容体现

智慧工厂可实现整个制造业价值链的智能化和创新，是信息化与工业化深度融合的进一步提升，智慧工厂的五大内容主要有智能产品、智能设备、智能生产、智能管理和智能服务，如图 1-2-13 所示。

图 1-2-13　智慧工厂的五大内容

2. 智慧工厂的特征

智慧工厂的发展是智能工业发展的新方向。离散制造业通过实现生产设备网络化、生产数据可视化、生产文档无纸化、生产过程透明化、生产现场无人化等先进技术应用，做到纵向、横向和端到端的集成，以实现优质、高效、低耗、清洁、灵活的生产，从而建立基于工业大数据和互联网的智能工厂。

1）生产设备网络化，实现车间物联网

工业物联网的提出给工业 4.0 提供了一个新的突破口。物联网是指通过各种信息传感设备，实时采集任何需要监控、连接、互动的物体或过程需要的信息，其目的是实现物与物、物与人、所有物品与网络的连接，方便识别、管理和控制。传统的工业生产采用 M2M 通信模式，实现了设备与设备间的通信，而物联网通过物对物的通信方式实现人、设备和系统三者之间的智能化、交互式无缝衔接。

在离散制造企业车间，数控车、铣、刨、磨、铸、锻、铆、焊、加工中心等是主要的生产资源。在生产过程中，将所有设备及工位统一联网管理，使设备与设备之间、设备与计算机之间能够联网通信，设备与工位人员紧密关联。

例如，数控编程人员可以在自己的计算机上进行编程，将加工程序上传至分布式数控（distributed numerical control，DNC）服务器，设备操作人员可以在生产现场通过设备控制器下载所需要的程序，待加工任务完成后，再通过 DNC 网络将数控程序回传至服务器中，由程序管理员或工艺人员进行比较或归档，整个生产过程实现网络化、追溯化管理。

2）生产数据可视化，利用大数据分析进行生产决策

工业 4.0 提出以后，信息化与工业化快速融合，信息技术渗透了离散制造企业产业链的各个环节，条形码、二维码、射频识别（radio frequency identification，RFID）、工业传感器、工业自动控制系统、工业物联网、企业资源计划（enterprise resource planning，ERP）、计算机辅助设计（computer aided design，CAD）、计算机辅助制造（computer aided manufacturing，CAM）、计算机辅助工程（computer aided engineering，CAE）等技术在离散制造企业中得到广泛应用，尤其是互联网、移动互联网、物联网等新一代信息技术在工业领域中的应用。离散制造企业也进入了互联网工业新的发展阶段，拥有的数据日益丰富。离散制造企业生产线中由生产设备所产生、采集和处理的数据量远大于企业中计算机和人工产生的数据，对数据的实时性要求也更高。

在生产现场，数据采集系统每隔几秒就收集一次数据，包括设备开机率、主轴运转率、主轴负载率、运行率、故障率、生产率、设备综合利用率、零部件合格率、质量百分比等。在生产工艺改进方面，在生产过程中使用这些大数据，就能分析整个生产流程，了解每个环节是如何执行的。

一旦有某个流程偏离了标准工艺，就会产生一个报警信号，以便更快速地发现错误或者瓶颈所在，也就能更容易地解决问题。利用大数据技术，还可以对产品的生产过程建立虚拟模型，仿真并优化生产流程，当所有流程和绩效数据都能在系统中重建时，这种透明度将有助于制造企业改进其生产流程。在能耗分析方面，在设备生产过程中利用传感器集中监控所有生产流程，能够发现能耗的异常或峰值情形，由此便可在生产过程中优化能源的消耗，大大降低能耗。

3）生产文档无纸化，实现高效、绿色制造

构建绿色制造体系，建设绿色工厂，实现生产洁净化、废物资源化、能源低碳化是实现“制造大国”走向“制造强国”的重要战略之一。目前，在离散制造企业中会产生繁多的纸质文件，如工艺过程卡片、零件蓝图、三维数模、刀具清单、质量文件、数控程序等，这些纸质文件大多分散管理，不便于快速查找、集中共享和实时追踪，而且易产生大量的纸张浪费、丢失等。

生产文档进行无纸化管理后，工作人员在生产现场即可快速查询、浏览、下载所需要的生产信息，生产过程中产生的资料能够及时进行归档保存，大幅降低基于纸质文档的人工传递及流转，从而杜绝了文件、数据丢失，进一步提高了生产准备效率和生产作业效率，实现绿色、无纸化生产。

4）生产过程透明化，智能工厂的神经系统

智能制造明确提出推进制造过程智能化，通过建设智能工厂，促进制造工艺的仿真优化、数字化控制、状态信息实时监测和自适应控制，进而实现整个过程的智能管控。在机械、汽车、航空、船舶、轻工、家用电器和电子信息等离散制造行业，企业发展智能制造的核心目的是拓展产品价值空间，侧重从单台设备自动化和产品智能化入手，基于生产效率和产品效能的提升，实现价值增长。因此其智能工厂建设模式为推进生产设备（生产线）智能化，通过引进各类符合生产所需的智能装备，建立基于 MES 的车间级智能生产单元，提高精准制造、敏捷制造、透明制造的能力。

在离散制造企业生产现场，MES 在实现生产过程的自动化、智能化、数字化等方面发挥着巨大作用。首先，MES 借助信息传递对从订单下达到产品完成的整个生产过程进行优化管理，减少企业内部无附加值活动，有效指导工厂生产运作全过程，提高企业及时交货能力。其次，MES 在企业和供应链间以双向交互的形式提供生产活动的基础信息，使计划、生产、资源三者密切配合，从而确保决策者和各级管理者可以在最短的时间内掌握生产现场的变化，做出准确的判断并制定快速的应对措施，保证生产计划得到合理而快速的修正、生产流程畅通、资源充分有效地得到利用，进而最大限度地提高生产效率。

5）生产现场无人化，真正做到“无人”工厂

智能制造推动了工业机器人、机械手臂等智能设备的广泛应用，使工厂无人化制造成为可能。在离散制造企业生产现场，数控加工中心、智能机器人、三坐标测量仪及其他所有柔性化制造单元进行自动化排产调度，工件、物料、刀具进行自动化装卸调度，可以达到无人值守的全自动化生产模式。在不间断单元自动化生产的情况下，管理生产任务优先或暂缓，远程查看管理单元内的生产状态情况，如果生产中遇到问题，一旦解决，立即恢复自动化生产，整个生产过程无须人工参与，真正实现“无人”智能生产。

实现从制造业大国向制造业强国的“升级”，智能制造成为最有力的战略驱动。盖勒普是智能制造的先行探索者和实践者。深度结合当前离散制造业的实际现状，基于全球 25 年领先技术和中国 15

年的本地化经验，盖勒普提出了离散制造业智能工厂的五个方向，旨在借助全球先进智能工厂整体解决方案这一生产力引擎，打破组织边界，将企业整个生产现场都纳入管理网络中，正深刻地改变着制造模式、流程乃至整个制造业的结构，这一具有未来竞争力的创新成果将有力推动整个制造业的转型升级，也让离散制造企业得到了独一无二的新技术体验，并为行业树立成功典范。

五、智慧工厂的发展前景

智能工厂是5G技术的重要应用场景之一。利用5G网络将生产设备无缝连接，并进一步打通设计、采购、仓储、物流等环节，使生产更加扁平化、定制化、智能化，从而构造一个面向未来的智能制造网络。

1. 助推柔性制造，实现个性化生产

当前，全球人口已超过80亿，中产阶层消费群不断扩大，有望形成巨大市场，进而对消费布局产生影响。带有客户需求和产品信息功能的系统成为硬件产品销售新的核心，个性化定制成为潮流。为了满足全球各地不同市场对产品的多样化、个性化需求，生产企业内部需要更新现有的生产模式，基于柔性技术的生产模式成为趋势。国际生产工厂研究协会对柔性制造的定义为：柔性制造系统是一个自动化的生产制造系统，在最少人的干预下，能够生产任何范围的产品族，系统的柔性通常受到系统设计时所考虑的产品族的限制。柔性生产的到来，催生了对新技术的需求。

一方面，在企业工厂内，柔性生产对工业机器人的灵活移动性和差异化业务处理能力有很高要求。5G利用其自身无可比拟的独特优势，助力柔性化生产的大规模普及。5G网络进入工厂，在减少机器与机器之间线缆成本的同时，利用高可靠性网络的连续覆盖，使机器人在移动过程中的活动区域不受限，按需到达各个地点，在各种场景中进行不间断工作以及工作内容的平滑切换。

5G网络也可使能各种具有差异化特征的业务需求。大型工厂中，不同生产场景对网络的服务质量要求不同。精度要求高的工序环节关键在于时延，关键性任务需要保证网络可靠性、大流量数据即时分析和处理的高速率。5G网络以其端到端的切片技术，同一个核心网中具有不同的服务质量，按需灵活调整，如设备状态信息的上报一般被设为最高的业务等级。

另一方面，5G可构建连接工厂内外的以人和机器为中心的全方位信息生态系统，最终使任何人和物在任何时间、任何地点都能实现彼此信息共享。消费者在要求个性化商品和服务的同时，企业和消费者的关系正在发生变化，消费者将参与到企业的生产过程中，可以通过5G网络，跨地域参与产品的设计，并实时查询产品状态信息。

2. 工厂维护模式全面升级

大型企业的生产场景中，经常涉及跨工厂、跨地域设备维护，远程问题定位等场景。5G技术在这些方面的应用，可以提升运行、维护效率，降低成本。5G带来的不仅是万物互联，还有万物信息交互，使得未来智能工厂的维护工作能够突破工厂边界。

工厂维护工作按照复杂程度，可根据实际情况由工业机器人或人与工业机器人协作完成。在未来，工厂中每个物体都是有唯一IP的终端，使生产环节的原材料都具有“信息”属性，原材料会根据“信息”自动生产和维护。人也变成了具有自己IP的终端，人和工业机器人进入整个生产环节中，和带有唯一IP的原料、设备、产品进行信息交互。工业机器人在管理工厂的同时，人在千里之外也可以第一时间接收到实时信息跟进，并进行交互操作。

设想在未来有5G网络覆盖的一家智能工厂中，当某一物体发生故障时，故障被以最高优先级“零”时延上报到工业机器人。一般情况下，工业机器人可以根据自主学习的经验数据库在不经过人的干涉下完成修复工作；另一种情况，由工业机器人判断该故障必须由人进行操作修复。此时，人即使远在地球的另一端，也可通过一台简单的VR（virtual reality，虚拟现实）和远程触觉感知设备，远程控制工厂内的工业机器人到达故障现场进行修复，工业机器人在万里之外实时同步模拟人的动作，人在此时如同亲临现场进行施工。

5G技术使得人和工业机器人在处理较复杂场景时也能游刃有余。如在需要多人协作修复的情况下，即使相隔了几大洲的不同专家也可以各自通过VR和远程触觉感知设备，第一时间“聚集”在故障现场。5G网络的大流量能够满足VR中高清图像的海量数据交互要求，极低时延使得在触觉感知网络中，人在地球另一端也能把自己的动作无误差地传递给工业机器人。同时，借助万物互联，人和工业机器人、产品和原料全都被直接连接到各类相关的知识和经验数据库中，在故障诊断时，人和工业机器人可参考海量的经验和专业知识，提高问题定位的精准度。

3. 工业机器人加入“管理层”

在未来智能工厂生产的环节中涉及物流、上料、仓储等方案判断和决策时，5G技术能够为智能工厂提供全云化网络平台。精密传感技术作用于不计其数的传感器，在极短时间内进行信息状态上报，大量工业级数据通过5G网络收集起来，庞大的数据库开始形成，工业机器人结合云计算的超级计算能力进行自主学习和精确判断，给出最佳解决方案。在一些特定场景下，借助5G下的D2D（device to device，设备到设备）技术，物体与物体之间直接通信，进一步降低了业务端到端的时延，在网络负荷实现分流的同时，反应更为敏捷。生产制造各环节的时间变得更短，解决方案更快更优，生产制造效率得以大幅度提高。

可以想象未来10年内，5G网络覆盖到工厂各个角落。5G技术控制的工业机器人，已经从玻璃柜里走到了玻璃柜外，不分日夜地在车间中自由穿梭，进行设备的巡检和修理、送料、质检或高难度的生产动作。机器人成为中、基层管理人员，通过信息计算和精确判断，进行生产协调和生产决策，只需要少数人承担工厂的运行监测和高级管理工作。机器人成为人的高级助手，替代人完成人难以完成的工作，人和机器人在工厂中得以共生。

4. 按需分配资源

5G网络通过网络切片提供适用于各种制造场景的解决方案，实现实时、高效和低能耗制造，并简化部署，为智能工厂的未来发展奠定坚实基础。

首先，利用网络切片技术保证按需分配网络资源，以满足不同制造场景下对网络的要求。不同应用对时延、移动性、网络覆盖、连接密度和连接成本有不同需求，对5G网络的灵活配置尤其是对网络资源的合理快速分配及再分配提出了更严苛的要求。

作为5G网络最重要的特性，基于多种新技术组合的端到端的网络切片能力，可以将所需的网络资源灵活动态地在全网中面向不同的需求进行分配及能力释放，根据服务管理提供的蓝图和输入参数，创建网络切片，使其提供特定的网络特性，如极低的时延、极高的可靠性、极大的带宽等，以满足不同应用场景对网络的要求。例如，在智能工厂原型中，为满足工厂内的关键事务处理要求，可创建关键事务切片，以提供低时延、高可靠的网络。

在创建网络切片的过程中，需要调度基础设施中的资源，包括接入资源、传输资源和云资源等，各个基础设施资源也都有各自的管理功能。通过网络切片管理，根据客户不同的需求，为客户提供共享或隔离的基础设施资源。由于各种资源的相互独立性，网络切片管理也在不同资源之间进行协同管理。在智能工厂原型中，展示了采用多层级、模块化的管理模式，使整个网络切片的管理和协同更加通用、灵活并且易于扩展。

除了关键事务切片，5G 智能工厂还将额外创建移动宽带切片和大连接切片。不同切片在网络切片管理系统的调度下，共享同一基础设施，但又互不干扰，保持各自业务的独立性。

其次，5G 能够优化网络连接，采取本地流量分流，以满足低延迟的要求。每个切片针对业务需求的优化，不仅体现在网络功能特性的不同，还体现在灵活的部署方案上。切片内部的网络功能模块部署非常灵活，可按照业务需求分别部署在多个分布式数据中心。原型中的关键事务切片为保证事务处理的实时性，对时延要求很高，将用户数据功能模块部署在靠近终端用户的本地数据中心，尽可能地降低时延，保证对生产的实时控制和响应。

此外，采用分布式云计算技术，以灵活的方式在本地数据中心或集中数据中心部署基于 NFV（network function virtualization，网络功能虚拟化）技术的工业应用和关键网络功能。5G 网络的高带宽和低时延特性，使智能处理能力通过迁移到云端而大幅提升，为提升智能化水平铺平了道路。

在 5G 网络的连接下，智能工厂成为各项智能技术的应用平台。除了上述技术的运用，智能工厂有望与未来多项先进科技相结合，实现资源利用、生产效率和经济收益的最大化。例如，借助 5G 高速网络，采集关键装备制造、生产过程、能源供给等环节的能效相关数据，使用能源管理系统对其进行管理和分析，及时发现能效的波动和异常，在保证正常生产的前提下，相应地对生产过程、设备、能源供给及人员安排等进行调整，实现生产过程的能效提高；使用 ERP 进行原材料库存管理，包括各种原材料及供应商信息。当客户订单下达时，ERP 自动计算所需的原材料，并且根据供应商信息即时计算原材料的采购时间，确保在满足交货时间的同时做到库存成本最低甚至为零。

因此，5G 时代的智能工厂将大幅改善劳动条件，减少生产线人工干预，提高生产过程的可控性，最重要的是借助信息化技术打通企业的各个流程，实现从设计、生产到销售各个环节的互联互通，并在此基础上实现资源的整合优化，从而进一步提高企业的生产效率和产品质量。

六、智慧工厂的体系架构

智慧工厂框架 MES 系统在智慧工厂建设中起到枢纽作用。智慧工厂可以分为基础设施层、智能装备层、智能产线层、智能车间层和工厂管控层五个层级，其架构如图 1-2-14 所示。

1. 基础设施层

企业首先应当建立有线或无线的工厂网络，实现生产指令的自动下达和设备与产线信息的自动采集，形成集成化的车间联网环境，解决不同通信协议的设备之间，以及 PLC、CNC（computer numerical control machine tools，数控机床）、机器人、仪表/传感器和工控/IT 系统之间的联网问题；利用视频监控系统对车间的环境、人员行为进行监控、识别与报警；此外，工厂应当在温度、湿度、洁净度的控制和工业安全（包括工业自动化系统的安全、生产环境的安全和人员安全）等方面达到智能化水平。

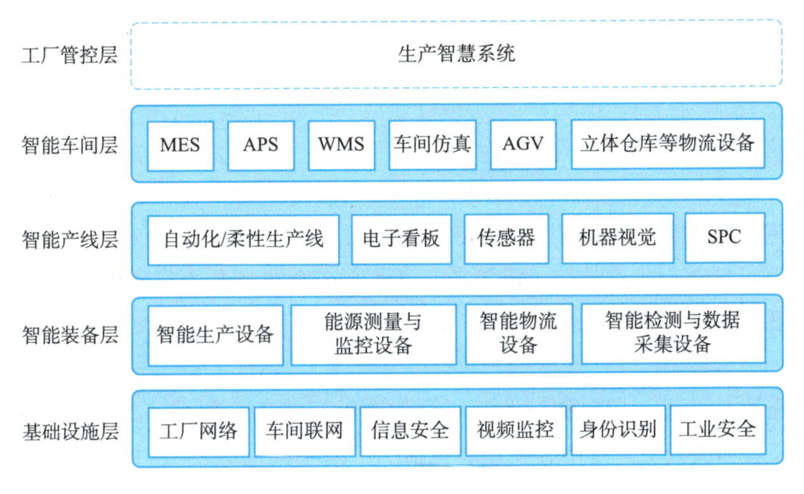

图 1-2-14　智慧工厂体系架构

2. 智能装备层

智能装备是智能工厂运作的重要手段和工具。智能装备主要包含智能生产设备、能源测量与监控设备、智能物流设备、智能检测与数据采集设备。

制造装备在经历了机械装备到数控装备后，目前正在逐步向智能装备发展。智能化的加工中心具有误差补偿、温度补偿等功能，能够实现边检测、边加工。工业机器人通过集成视觉、力觉等传感器，能够准确识别工件，自主进行装配，自动避让人，实现人机协作。金属增材制造设备可以直接制造零件，例如，DMG MORI 公司已开发出能够同时实现增材制造和切削加工的混合制造加工中心。

智能物流设备则包括自动化立体仓库、智能夹具、AGV（automated guided vehicle，自动导引运输车）、格架式机械手、悬挂式输送链等。例如，FANUC 工厂就应用了自动化立体仓库作为智能加工单元之间的物料传递工具。

3. 智能产线层

智能产线的特点是在生产和装配的过程中，能够通过传感器、数控系统或 RFID 自动进行生产、质量、能耗、设备绩效等数据采集，并通过电子看板（SPC）显示实时的生产状态；通过安灯系统实现工序之间的协作；生产线能够实现快速换模，实现柔性自动化；能够支持多种相似产品的混线生产和装配，灵活调整工艺，适应小批量、多品种的生产模式；具有一定冗余，如果生产线上有设备出现故障，能够调整到其他设备生产；针对人工操作的工位，能够给予智能的提示。

4. 智能车间层

要实现对生产过程进行有效管控，需要在设备联网的基础上，利用 MES、APS（高级计划与排程系统）、劳动力管理等软件进行高效的生产排产和合理的人员排班，提高设备利用率，实现生产过程的追溯，减少在制品库存，应用 HMI（人机界面），以及工业平板等移动终端，实现生产过程的无纸化。

另外，还可以利用数字孪生（digital twin）技术将 MES 系统采集到的数据在虚拟的三维车间模型中实时地展现出来，不仅提供车间的 VR 环境，而且还可以显示设备的实际状态，实现虚实融合。

车间物流的智能化对于实现智能工厂至关重要。企业需要充分利用智能物流装备实现生产过程中所需物料的及时配送，企业可以使用 WMS（warehouse management system，仓库管理系统）实现物料拣选的自动化。

5. 工厂管控层

工厂管控层主要实现对生产过程的监控，通过生产指挥系统实时观察工厂的运营，实现多个车间之间的协作和资源的调度。流程制造企业已广泛应用 DCS（distributed control system，分布式控制系统）或 PLC 控制系统进行生产管控。近年来，离散制造企业也开始建立中央控制室，实时显示工厂的运营数据和图表，展示设备的运行状态，并可以通过图像识别技术对视频监控中发现的问题进行自动报警。

智慧工厂系统是企业基于 CPS 和工业互联网构建的智能工厂原型，主要包括物理层、信息层、大数据层、工业云层和决策层。其中，物理层包括工厂内不同层级的硬件设备，从小的嵌入设备和基础元器件开始，到感知设备、制造设备、制造单元和生产线，相互间均实现互联互通。以此为基础，构建了一个“可测可控、可产可管”的纵向集成环境。

微课

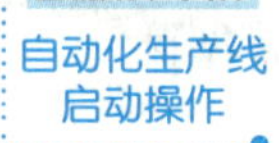

一、截止阀自动化生产线启动操作

截止阀自动化生产线的启动分为三个阶段，启动各工作站电气控制柜电源、启动各工作站设备、启动各工作站触摸屏，具体操作如下：

1. 启动各工作站电气控制柜电源

依次启动截止阀自动化生产线协同加工中心、智能制造生产线、线边库、泄压螺钉组装站、阀体翻转站、垫圈组装站、手柄组装站、成品库工作站的电源开关，具体操作见表 1-2-1。

表 1-2-1　工作站电气控制柜电源启动操作

序号	操作步骤	图片说明
1	协同加工中心、智能制造生产线、线边库电气控制柜的电源旋钮如右图所示，旋转至开机上电档位即可完成电气柜的开机	

续表

序号	操作步骤	图片说明
2	泄压螺钉组装站、阀体翻转站、垫圈组装站、手柄组装站四个工作站的电源开关位于泄压螺钉组装站旁的电气柜中，将断路器接通即可完成四个工作站的开机	
3	成品库工作站的开机旋钮位于触摸屏控制器的左侧，将其旋转至开机上电档位即可完成成品库的开机	

2. 启动各工作站设备

各工作站电气控制柜电源启动完成后，需要依次启动各个工作站内的设备，需要启动的设备有工业机器人、数控加工中心、AGV，具体操作见表 1-2-2、表 1-2-3 和表 1-2-4。

表 1-2-2　工业机器人启动操作

序号	操作步骤	图片说明
1	旋转机器人控制柜的开机旋钮，将其旋至开机挡位	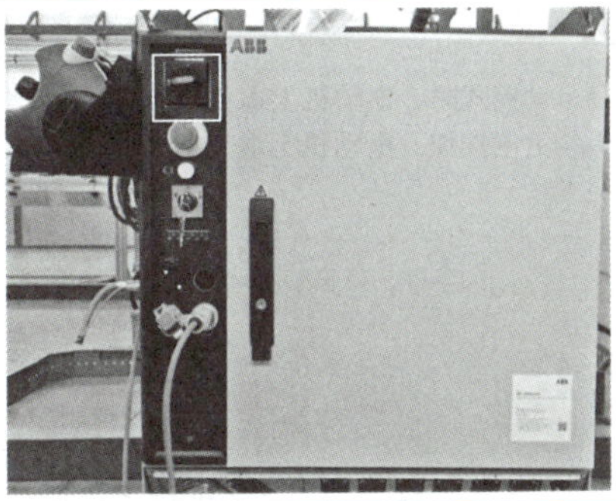
2	等待机器人开机完成后，旋转急停旋钮，解除急停	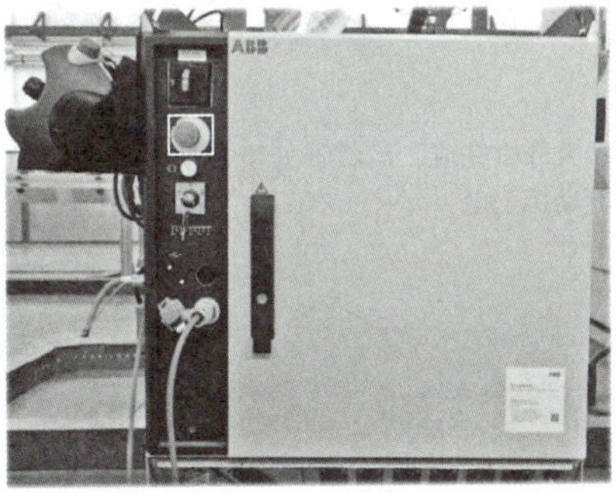

续表

序号	操作步骤	图片说明
3	旋转模式切换钥匙，由手动模式切换为自动模式	ABB
4	在示教器上确认切换至自动模式	已停止（速度 100%） 已选择自动模式。 点击“确定”确认操作模式的更改。 要取消，切换回手动。 确定
5	开启自动模式时，电动机上电指示灯长灭，按上电按钮，电动机上电，指示灯长亮	ABB
6	机器人开机完成，示教器处于自动模式且电动机上电	已停止（速度 100%） NewProgramName - T_ROB1/MainModule/main !Waitting Cyclic Start; WaitDI input00, 1; IF inword01 = 8610 THEN !8610=16#21A2; !Feed A-01; WaitTime 0.5; !Move to Home_A; MoveJ Home_A, v1000, z50, tool0; WaitTime 0.5; MoveJ Pos_A101, v1000, fine, tool0; WaitTime 0.5; MoveL Pos_A102, v1000, fine, tool0; WaitTime 0.5; MoveL Pos_A103, v100, fine, tool0; WaitTime 2.0; 加载程序... PP 移至 Main

表 1-2-3　数控加工中心启动操作

序号	操作步骤	图片说明
1	旋转数控加工中心侧面的旋钮，将其旋至开机挡位	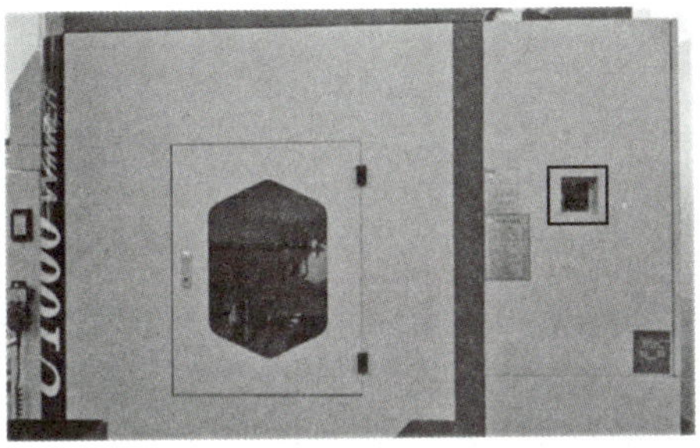
2	按数控加工中心操作界面的绿色开机按钮，开启数控系统	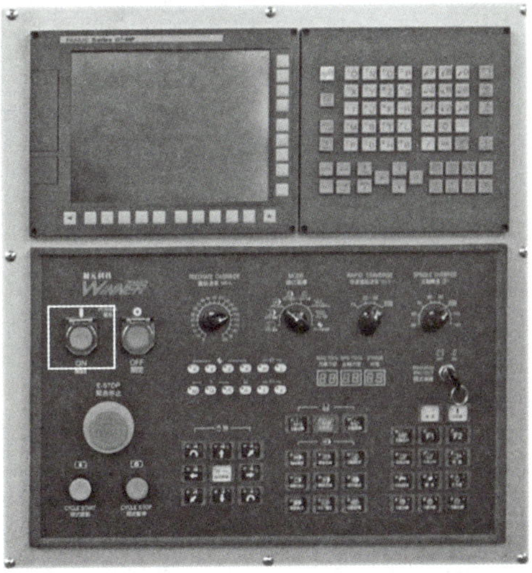
3	等待数控系统开机完成，并旋转急停旋钮，解除急停	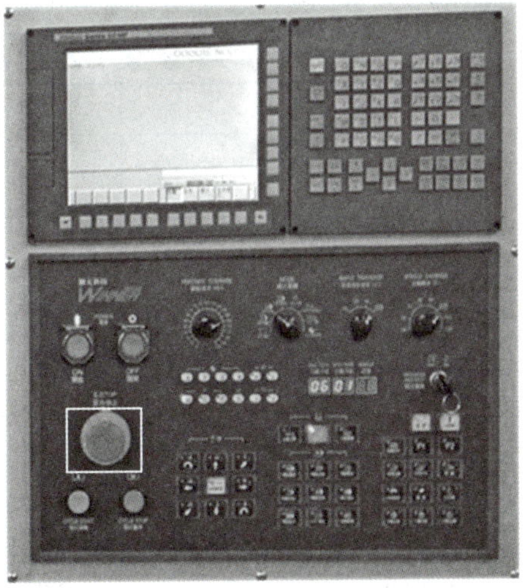

续表

序号	操作步骤	图片说明
4	按程序按钮，检查基础程序是否正确	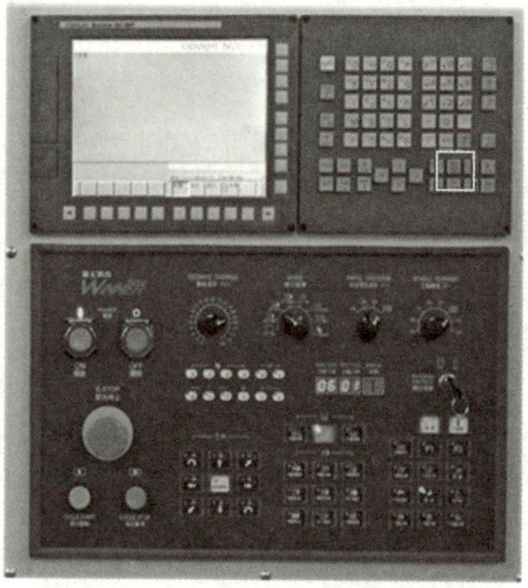
5	如程序正确，按程序启动按钮，完成数控加工中心的开机	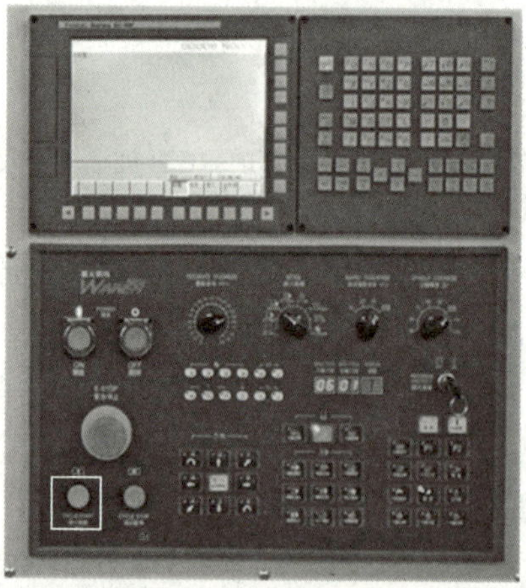

表 1-2-4　AGV 启动操作

序号	操作步骤	图片说明
1	旋转 AGV 小车前部的电源钥匙，将其旋至开机挡位	

续表

序号	操作步骤	图片说明
2	等待 AGV 小车开机完成后，旋转急停旋钮，解除急停	
3	等待 AGV 小车完全启动后，点击 AGV 触摸屏上的“初始化 AGV”按钮，此时，AGV 小车将自动初始化，并自动寻轨至最近的轨迹点	

3. 启动各工作站触摸屏

各个工作站的设备开机完成后，需要在工作站触摸屏上进行设置，如切换至自动运行模式等。

阀体翻转站、垫圈组装站、手柄组装站的开机方法与泄压螺钉组装站的开机方法一致，首先需要切换至自动模式，然后长按启动按钮进行初始化，最后按开始按钮完成开机，具体操作见表 1-2-5。

表 1-2-5　泄压螺钉组装站触摸屏启动操作

序号	操作步骤	图片说明
1	泄压螺钉组装站上电后，设备处于未初始化状态，首先需要将模式旋钮旋转至自动模式	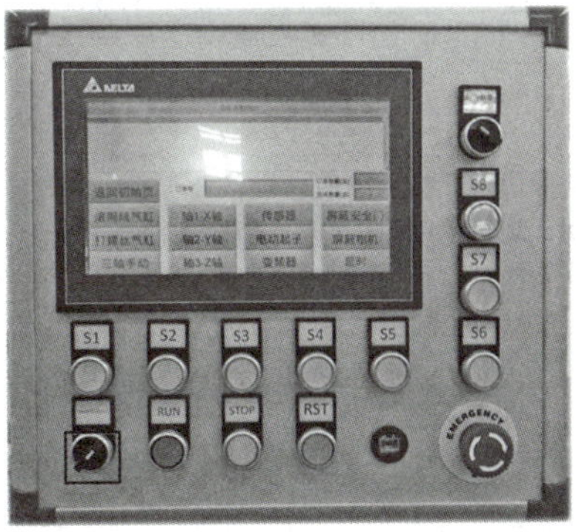

续表

序号	操作步骤	图片说明
2	切换至自动模式后，设备处于未初始化状态，长按启动按钮，工作站即可完成初始化	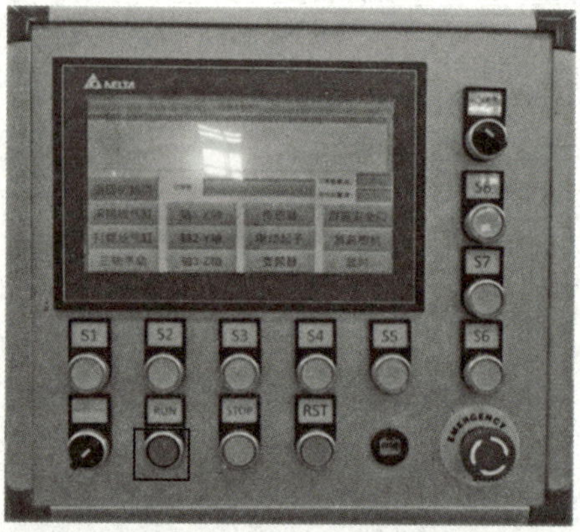
3	初始化后，设备处于停止状态，按开始按钮，泄压螺钉组装站即完成开机	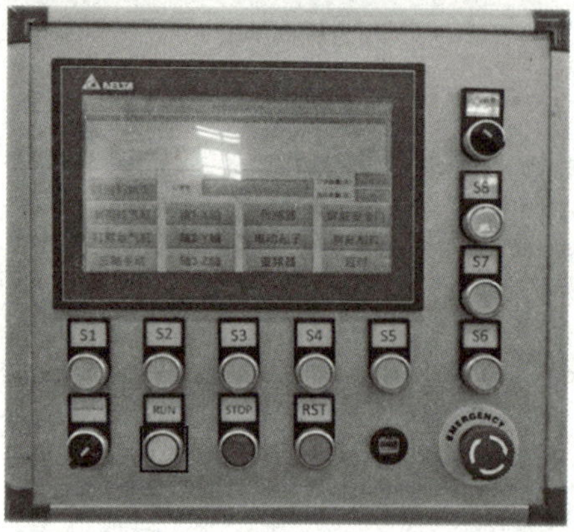

智能制造生产线、成品库、协同加工中心触摸屏的启动与线边库触摸屏的启动方法一致，具体操作见表1-2-6。

表1-2-6　线边库触摸屏启动操作

序号	操作步骤	图片说明
1	线边库设备开机上电后，设备处于手动模式，旋转手动\自动模式切换旋钮，将模式切换至自动模式	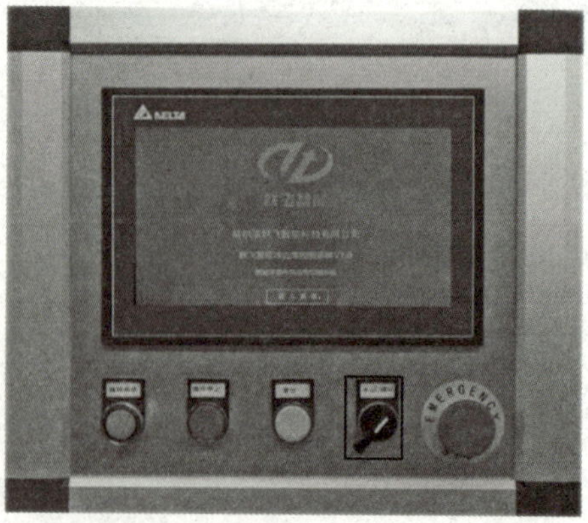

续表

序号	操作步骤	图片说明
2	切换至自动模式后，点击绿色“循环启动”按钮，将线边库启动至自动循环模式，线边库触摸屏启动完成	

二、截止阀自动化生产线启动生产前注意事项

1. 数控加工设备

（1）刀具是否有损坏，若有应及时更换。

（2）对刀是否完成。

（3）所有机床是否在自动状态，所需加工程序是否正确。

2. 工业机器人

（1）机械手是否在初始位置，如果未在初始位置，需操作人员手动调整到初始位置。

（2）机械手工作范围内是否有障碍物。

（3）机械手快换架上是否有对应的末端执行器。

3. 控制系统

（1）控制系统是否存在报警状况，如有报警信息，需处理完成所有报警信息后，方可进行下一步操作。

（2）控制系统各个传感器的反馈信号是否正确。

4. 线体

（1）AGV 小车工作路径是否有障碍物。

（2）生产线电缆有无破损。

（3）滚筒线运行是否正常，有无障碍物。

（4）垫圈组装站垫圈数量是否充足。

（5）螺钉自动上料机泄压螺钉数量是否充足。

三、截止阀自动化生产线停止操作

微课

自动化生产线停止操作

截止阀自动化生产线的停止分为三个阶段，将各工作站触摸屏切换至非自动模式、关闭各工作站设备、关闭各个电气控制柜电源，具体操作如下：

1. 切换各个工作站至非自动模式

智能制造生产线、成品库工作站、协同加工中心触摸屏的停止与线边库的停止方法一

致，仅需要将模式切换至手动模式，具体操作见表1-2-7。

表1-2-7　线边库触摸屏切换至手动模式操作

序号	操作步骤	图片说明
1	自动运行设备后，设备处于自动模式，旋转手动\自动模式切换旋钮，将模式切换至手动模式	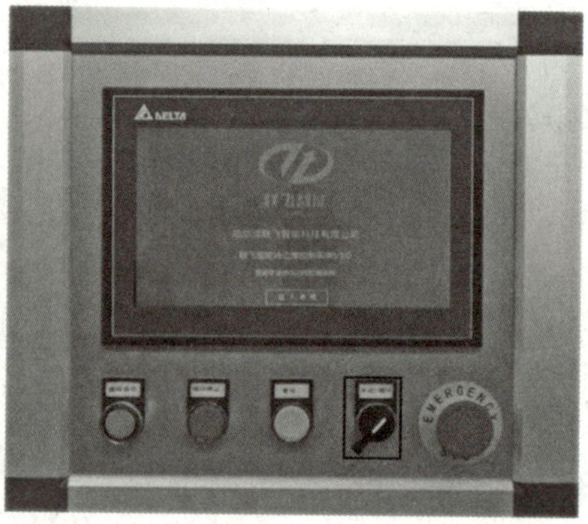

2. 关闭各工作站设备

各工作站触摸屏切换至非自动模式后，需要依次关闭各个工作站内的设备，需要关闭的设备有工业机器人、数控加工中心、AGV，具体操作见表1-2-8、表1-2-9和表1-2-10。

表1-2-8　关闭工业机器人操作

序号	操作步骤	图片说明
1	工业机器人自动运行设备后，设备处于运行状态，按下急停旋钮，开启急停	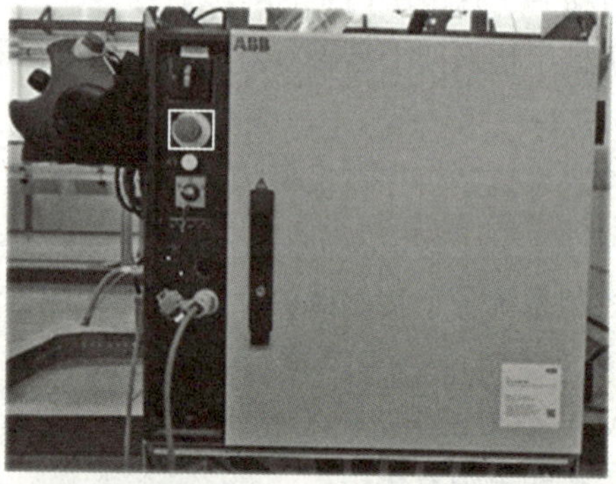
2	开启急停后，需要切换至手动模式，旋转模式切换钥匙，由自动模式切换为手动模式	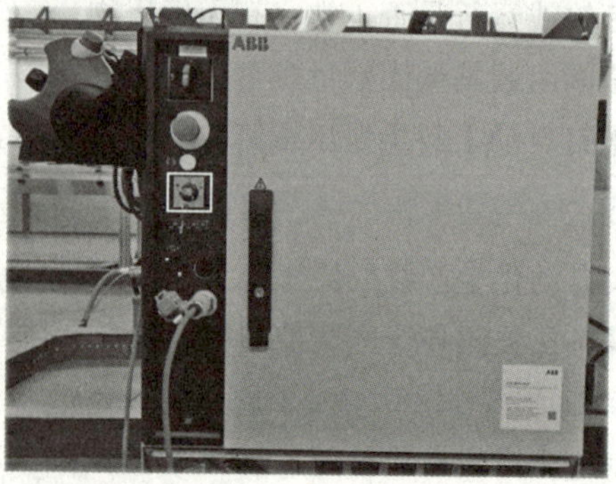

续表

序号	操作步骤	图片说明
3	切换至手动模式后，旋转机器人控制柜的开机旋钮进行关机	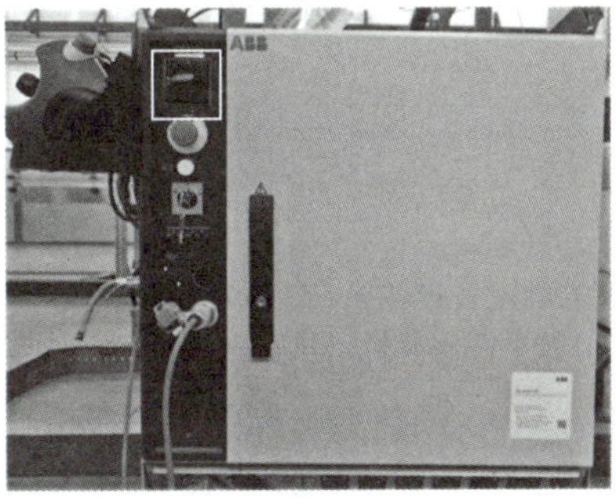

表 1-2-9　关闭数控加工中心操作

序号	操作步骤	图片说明
1	数控加工中心自动运行设备后，设备处于运行状态，需要先停止设备。点击数控加工中心操作面板上的“模式停止”按钮	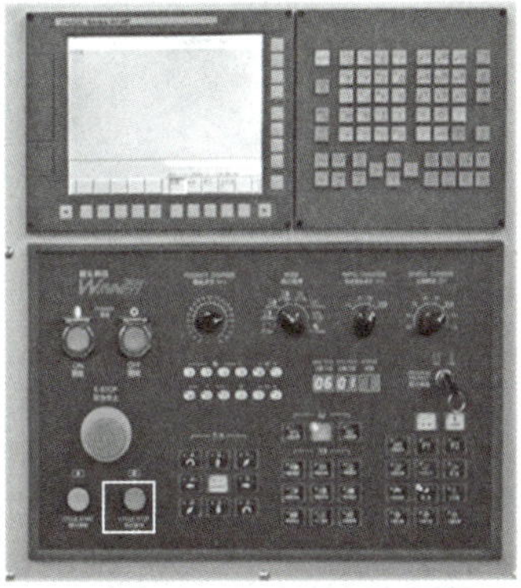
2	为保证设备的安全性，需要按下急停旋钮	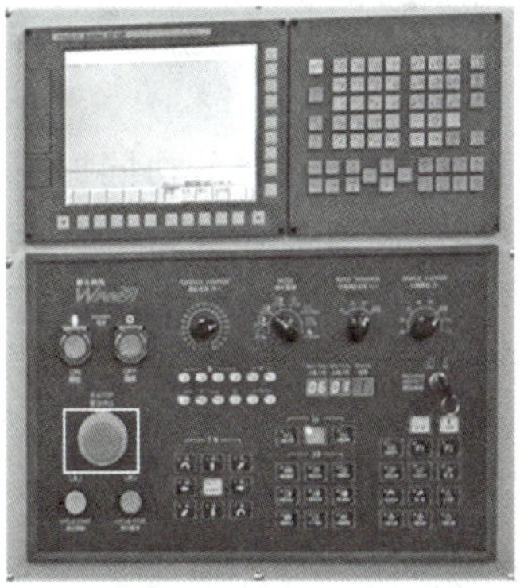
3	旋转数控加工中心侧面的旋钮，将数控加工中心关机	

表 1-2-10　关闭 AGV 操作

序号	操作步骤	图片说明
1	AGV 自动运行设备后，设备处于运行状态，按下急停旋钮，开启 AGV 小车急停	
2	开启急停后，即可旋转 AGV 小车前部的电源钥匙，将 AGV 小车进行关机操作	

3. 关闭各工作站电气控制柜电源

依次关闭截止阀自动化生产线协同加工中心、智能制造生产线、线边库、泄压螺钉组装站、阀体翻转站、垫圈组装站、手柄组装站、成品库工作站的电源开关，具体操作见表 1-2-11。

表 1-2-11　关闭电气控制柜操作

序号	操作步骤	图片说明
1	将协同加工中心、智能制造生产线、线边库电气控制柜的电源旋钮旋转至关机停止挡位，即可完成电气柜的关闭	

续表

序号	操作步骤	图片说明
2	泄压螺钉组装站、阀体翻转站、垫圈组装站、手柄组装站四个工作站的电源开关位于泄压螺钉组装站旁的电气柜中，将断路器断开即可完成四个工作站的停止	
3	成品库工作站的开机旋钮位于触摸屏控制器的左侧，将其旋转至停止挡位即可完成成品库的关机	

项目总结

本项目包括智能制造概述和自动化生产线认知两个任务，通过了解智能制造相关的知识及技术，学习典型智能制造系统的运行，开阔学生视野，使学生对智能制造广阔的应用领域和发展前景有总体的了解，为后续深入学习打下坚实基础。

项目实训

实训内容

通过学习截止阀自动化生产线，小王同学总结出协同加工中心设备操作方法，同学们尝试按照这样的方法，自己总结一下自动化生产线的操作方法。

1. 设备启动准备工作

（1）启动气泵站。

（2）如需 MES 下单以及 AGV 送货必须启动 AGV 电源以及柔性生产线总闸。

（3）检查机床中有无其他杂物以及上次未完成加工的物料，如有应移除。

（4）检查所有机床中的刀具是否有崩齿或损坏，如有应更换。

2. 面板操作

当机床和机械臂执行初始化完成后，在协同加工中心操作面板上依次长按下列按键三秒：初始化、机械臂停止、机械臂初始化、机械臂 START，之后在区域 1 机械臂示教器上会出现弹窗，在界面输入第一个抓取位序号，点击右下角确认按钮，再输入一次，一共两个抓取位，如图 1-2-15 所示。

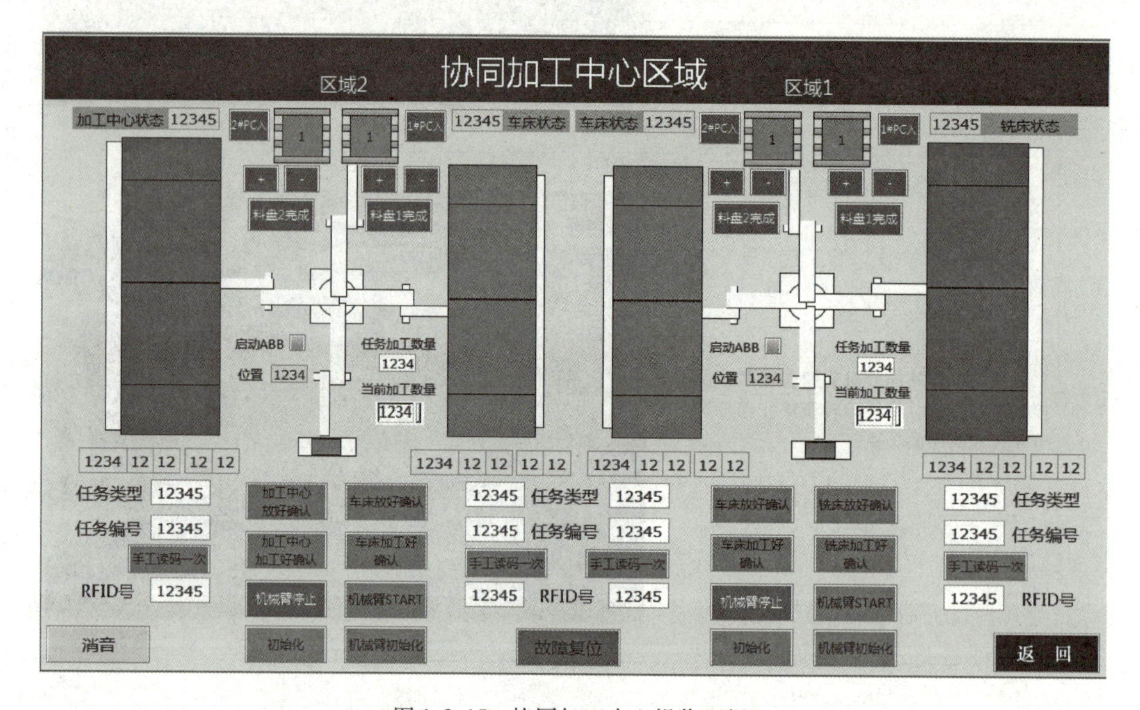

图 1-2-15　协同加工中心操作面板

3. 机床程序与初始状态检查及操作

（1）区域 1（填料盒加工）数控铣床的初始化准备。

（2）区域 1（填料盒加工）数控车床的初始化准备。

（3）区域 2（下阀体加工）数控车床的初始化准备。

（4）区域 2（下阀体加工）加工中心的初始化准备。

4. 机械臂初始状态检查及操作

（1）开启两台机械臂控制柜电源，松开急停，将钥匙旋转到最左侧全自动模式。

（2）松开示教器急停，等待示教器初始化成功，如遇电路板缺失报错，点击右下角确认按钮即可，按下控制柜上的白色按钮，关闭安全闸门。

实训评价

评分项目	评分标准	自我评价			教师评价		
		优秀（25分）	良好（15分）	一般（10分）	优秀（25分）	良好（15分）	一般（10分）
知识掌握	1. 能够阐述智能制造的概念及常见描述方法； 2. 能够说明自动化生产线的定义类型与组成以及智慧工厂的体系结构						
实践操作	1. 能够正确完成自动化生产线的启停操作； 2. 能够正确完成自动生产线加工单元的操作						
职业素养	1. 能够查阅手册或相关资料，准确找到所需信息； 2. 能够与他人交流或介绍相关内容； 3. 在工作组内服从分配，担当责任并能协同工作						
工作规范	1. 清理及整理工量具，保持实训场地整洁； 2. 维持安全操作环境； 3. 废物回收与环保处理						
总评	满分100分						

项目二

智能制造工业软件配置与应用

项目导入

小王同学作为机电一体化专业的实习生，将要参与自动化生产线相关工业软件的配置并完成数字制造相关工作。数字制造是智能制造的基础，只有先实现数字制造才能发展智能制造，要想实现数字制造就需要使用各种各样的工业软件。那么，小王同学应该配置哪些工业软件？这些软件又是如何完成产品设计、工艺编制、仿真加工及数字化生产管理工作的呢？

学习目标

知识目标

1. 掌握数字化设计与仿真基本技术；
2. 掌握数字化工艺的定义与分类；
3. 掌握数控系统的组成、功能及工作过程；
4. 掌握 MES 系统的定义、特征与功能。

能力目标

1. 能够通过数字化设计的基本方法，完成阀杆零件的数字化设计；
2. 能够根据数字化工艺流程，完成阀体零件的数字化工艺设计；
3. 能够利用数字化加工仿真软件，完成成型零件的数字化加工；
4. 能够根据生产需求，熟练准确地完成 MES 系统的生产信息配置。

素质目标

1. 养成严格按照规范、标准工作的职业意识；
2. 培养创新精神和实践能力。

项目实施

任务1　产品的数字化设计

任务解析

在本任务中，首先介绍数字化设计与仿真的基本概念、发展历程、基础技术、基本步骤，在了解三维模型设计基本方法的基础上，完成阀杆零件三维模型的创建。

知识链接

智能制造是制造过程的数字化、网络化与智能化，其中数字化是基础，网络化是关键，智能化是方向。数字制造是智能制造的基础，智能制造是在数字制造的基础上发展得更加前沿的阶段。

数字制造包括产品的设计研发、工艺、生产、管理到物流配送，即产品制造的全生命周期。利用设计软件、工艺软件、生产管理软件、虚拟仿真软件等，进行数字化处理。

一、数字化设计与仿真的基本概念

随着信息技术和通信技术的发展，数字化时代正在到来，数字化技术是指利用计算机软硬件及网络、通信技术，对描述的对象进行数字定义、建模、存储、处理、传递、分析及综合优化，从而达到精确描述和科学决策的过程和方法。数字化技术具有描述精度高、可编程、传递迅速、便于存储转换和集成等特点，因此数字化技术为各个领域的科技进步和创新提供了崭新的工具。

1. 数字化设计技术

数字化设计是指将计算机技术应用于产品设计领域，通过基于产品描述的数字化平台，建立数字化产品模型并在产品开发过程中应用，达到减少或避免使用实物模型的产品开发技术。相比于传统的设计技术，数字化设计可减少设计过程中实物模型的制造，更易于实现设计的并行化。

2. 数字化仿真技术

数字化仿真分析技术采用有限元分析方法（finite element method，FEM）模拟传动部件的力学性能，通过发现设计缺陷、减小质量、增加强度、优化零部件尺寸、优化性能、选择恰当材料、检查安全要素、提高产品的最大承载能力、延长产品的疲劳寿命，进而提高传动产品的综合性能。通过数字化仿真，可以模拟零部件的力学性能，以保证零件满足需求，从而达到提高材料利用率、优化产品结构的目标。此外，数字化仿真的结果还可以为企业未来的产品设计提供理论依据，从而克服研发流程的瓶颈，使产品的质量和创新速度得到提升，并充分满足客户的时间、质量和成本这三个既相互依存又相互制约的要素。

3. 数字化设计与仿真

数字化设计与仿真是指利用计算机软硬件及网络环境，实现产品开发全过程的技术，即在网络和计算机辅助下通过产品数据模型，全面模拟产品的设计、分析、装配、制造等过程。

数字化设计与仿真技术的应用可以提高企业的产品开发能力，缩短产品研制周期，降低开发成

本，实现最佳设计目标和企业间的协作，使企业能在最短时间内组织全球范围的设计制造资源开发出新产品，提高企业的竞争能力，数字化设计与仿真应用如图 2-1-1 和图 2-1-2 所示。

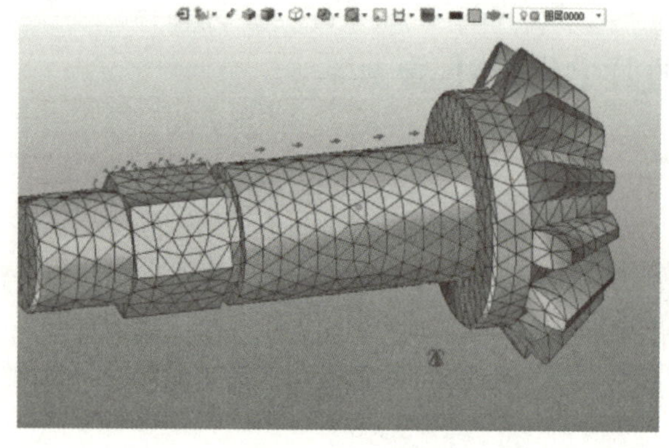

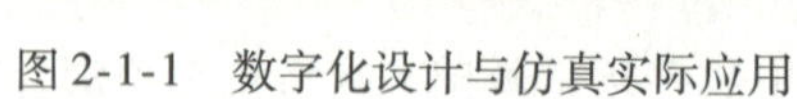

图 2-1-1　数字化设计与仿真实际应用

图 2-1-2　智能工程数字化平台

二、数字化设计与仿真的发展历程

1. 数字化设计技术的发展历程

（1）第一阶段：CAX 工具应用阶段。各种 CAX 工具（如 CAD、CAE、CAM 等）开始出现并逐步得到应用（见图 2-1-3 至图 2-1-5），标志着数字化设计的开始。

图 2-1-3　CAD　　图 2-1-4　CAE　　图 2-1-5　CAM

（2）第二阶段：并行工程应用阶段。具体体现在 PDM（产品数据管理）技术及面向产品生命周期各/某环节的设计（design for x，DFX）技术［如可制造性设计（design for manufacturing，DFM）、面向装配的设计（design for assembly，DFA）等］在产品设计阶段的应用。并行工程是在 CAD、CAM、CAPP（computer aided process planning，计算机辅助工艺过程设计）等技术的支持下，将原来分别依次进行的工作在时间和空间上交叉、重叠，利用原有技术，吸收计算机技术、信息技术的成果，成为产品数字化设计的重要手段和先进制造技术的基础，如图 2-1-6 所示。

（3）第三阶段：虚拟样机技术应用阶段。虚拟样机技术是一种基于虚拟样机的数字化设计方法，将 CAX/DFX 建模/仿真技术、现代信息技术、先进设计制造技术和现代管理技术应用于复杂产品全生命周期、全系统，并对它们进行综合管理。虚拟样机技术强调系统的观点，涉及产品全生命周期，支持对产品的全方位测试、分析与评估，强调不同领域的虚拟化协同设计，虚拟样机技术的应用如图 2-1-7 所示。

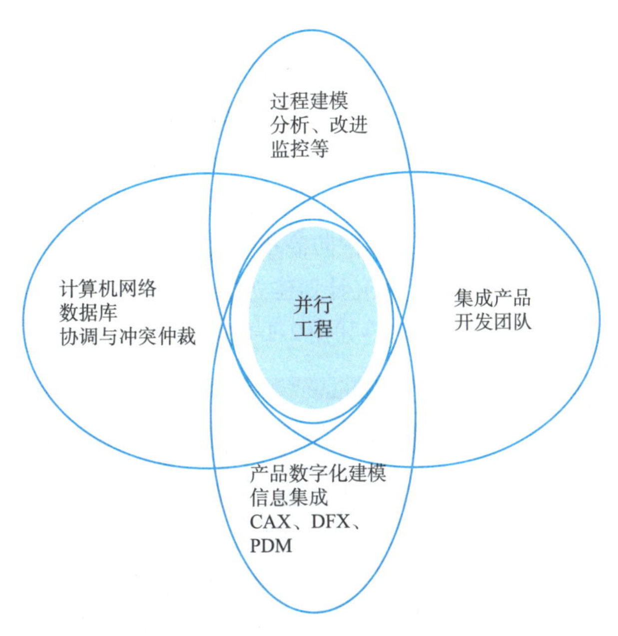

图 2-1-6 并行工程示意图

（a）太空小车虚拟样机

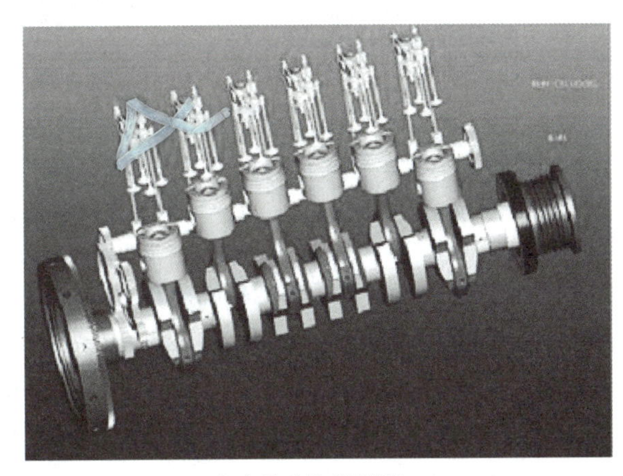

（b）发动机虚拟样机

图 2-1-7 虚拟样机技术的应用

2. 数字化仿真的发展历程

数字化设计推动信息进程向前发展，而仿真则是验证设计结果的有效手段。仿真作为工业社会由纯机械化向信息化时代前进过程中的产物，在航空、航天、国防、其他工业的复杂产品设计开发过程中，计算机仿真技术在减少损失、节约经费、缩短产品设计开发周期、提高产品质量方面发挥出巨大潜力，促使仿真技术的迅速发展，这一历程大概可分为以下几个阶段：

（1）发展阶段：第二次世界大战末期，飞行控制动力学系统的研究促进了仿真技术的发展，

20 世纪 40 年代成功研制第一台通用电子模拟计算机。20 世纪 50 年代末期到 60 年代，导弹和宇宙飞船的姿态及轨道动力学的研究，以及 20 世纪 50 年代末第一台混合计算机系统被用于洲际导弹的仿真，促进了仿真技术的发展。

（2）成熟阶段：20 世纪 70 年代中期，在军事需求的推动下，仿真技术得到迅速发展，并从军事领域向其他领域扩展，在这个时期出现了用于培训民航客机驾驶员和军用飞机飞行员的飞行训练模拟器和培训复杂工业系统操作人员的仿真系统等产品，相继出现了一些从事仿真设备和仿真系统生产的专业化公司，如美国的 GSE 公司、ABB 公司、Dynetics 公司等，使仿真技术形成产业化。

（3）高级阶段：20 世纪 80 年代初以美国国防高级研究计划局（DARPA）和美国陆军共同制定和执行的 SIMNET（simulation networking）研究计划建立先进的半实物仿真试验室为标志，仿真技术发展到了一个新的高级阶段，数字化仿真软件如图 2-1-8 所示。

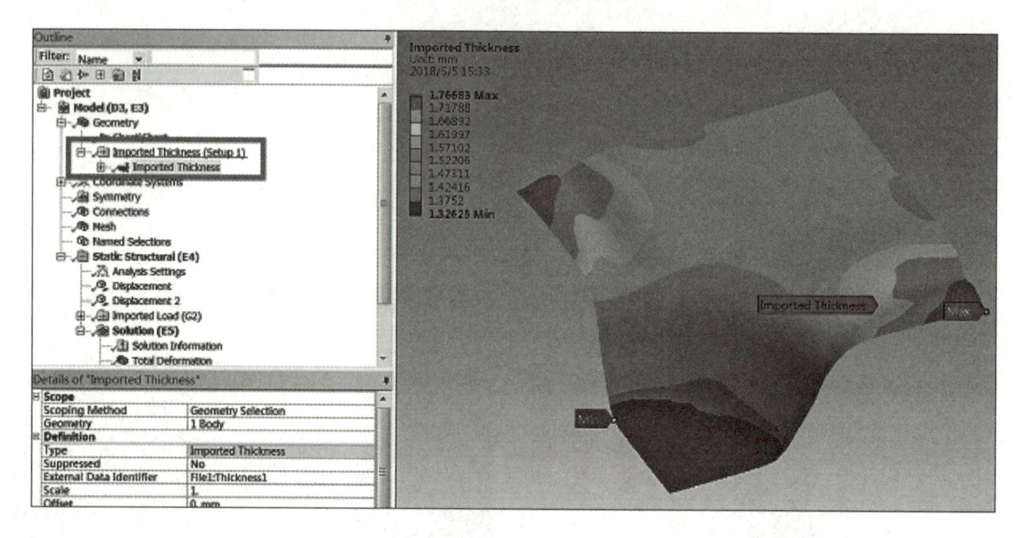

图 2-1-8　数字化仿真软件

三、数字化设计与仿真的基础技术

数字化设计通过数字化的手段改造传统的产品设计方法，旨在建立一套基于计算机技术、网络信息技术，支持产品开发与生产全过程的设计方法。数字化设计的目标是支持产品开发全过程、支持产品创新设计、支持产品相关数据管理、支持产品开发流程的控制与优化等。

数字化设计的基础是计算机辅助设计（CAD）技术。

1. CAD 的定义

CAD 可以利用计算机及其图形设备帮助设计人员进行设计工作。在工程和产品设计中，通常要用计算机对不同方案进行大量的计算、分析和比较，以决定最优方案；各种设计信息，不论是数字、文字或图形，都能存放在计算机的内存或外存中，并能快速检索；设计人员通常用草图开始设计，而将草图变为工作图的繁重工作可以交给计算机完成；利用计算机可以进行与图形的编辑、放大、缩小、平移和旋转等有关的图形数据加工工作。

2. CAD 的工作过程分析

CAD 在产品设计中的工作包括需求分析、概念设计、详细设计、工程绘图等。其工作过程是指从接受产品功能定义开始到设计完成产品的结构形状、功能、精度等技术要求，并且最终以零件图、装配图的形式表现出来，如图 2-1-9 所示。

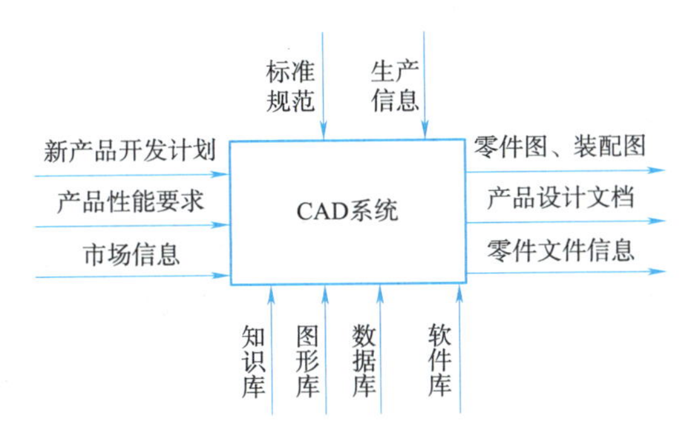

图 2-1-9　CAD 系统功能模型

CAD 系统的功能通常归纳为建立几何模型、分析计算、动态仿真和自动绘图四个方面，因此需要计算分析方法库、图形库、数据库、设计资源等方面的支持，其工作流程图 2-1-10 所示。

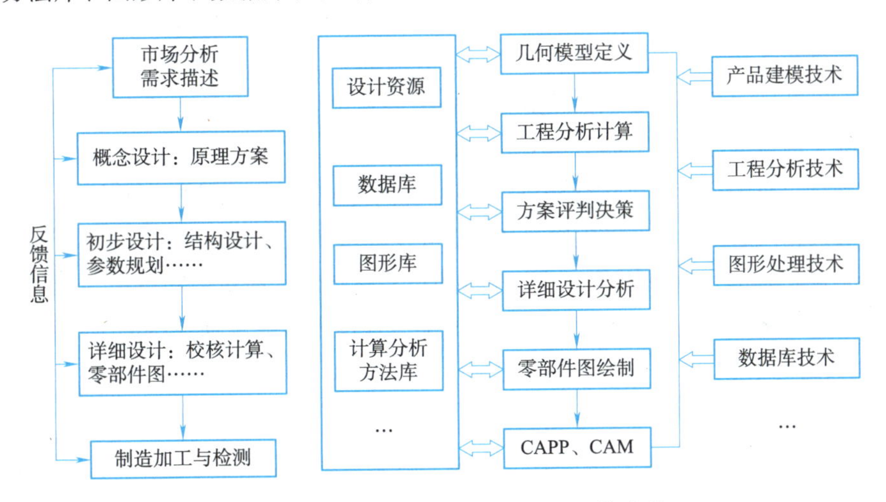

图 2-1-10　产品设计过程与 CAD 工作流程

CAD 系统的工作过程如下：

（1）通过 CAD 系统人机交互界面输入设计要求，构造出设计产品的几何模型，并将相关信息存储于数据库中。

（2）运用方法库的计算分析，包括有限元分析和优化设计，同时确定设计方案和零部件的性能参数。

（3）通过人机交互方式对设计结果进行评判决策和实时修改，直至达到设计要求为止。利用图形库支持工具绘制所需图形，生成各种文档。

（4）设计结果可直接进入 CAPP 或 CAM 阶段。CAD 系统工作过程中涉及的 CAD 基础技术有产品建模技术、图形处理技术、工程分析技术、数据库技术、文档处理技术、软件设计技术等。

3. CAE 的定义

CAE 是利用计算机辅助求解复杂工程和产品结构强度、刚度、屈曲稳定性、动力响应、热传导、三维多体接触、弹塑性等力学性能的分析计算以及结构性能的优化设计等问题的近似数值分析方法。CAE软件可作静态结构分析、动态分析，研究线性、非线性问题，分析结构（固体）、流体、电磁等。

4. CAE的工作过程

CAE系统的核心思想是结构的离散化，将实际结构离散为有限数目的规则单元组合体，实际结构的物理性能可以通过对离散体进行分析，得出满足工程精度的近似结果替代对实际结构的分析，这样可以解决很多实际工程需要解决而理论分析又无法解决的复杂问题。其基本过程是将一个形状复杂的连续体的求解区域分解为有限的形状简单的子区域，即将一个连续体简化为由有限个单元组合的等效组合体。通过将连续体离散化，把求解连续体的场变量（如应力、位移、压力和温度等）问题简化为求解有限的单元节点上的场变量值，此时得到的基本方程是一个代数方程组，求解后得到近似的数值解，其近似程度取决于所采用的单元类型、数量以及对单元的插值函数。一般将表示应力、温度、压力分布的彩色明暗图称为CAE的后处理。

5. CAE的主要内容

（1）有限元法（FEM）与网格自动生成。用有限元法对产品结构的静、动态特性及强度、振动、热变形、磁场强度、流场等进行分析和研究，并自动生成有限元网格，从而为用户精确研究产品结构的受力，以及用深浅不同颜色描述应力或磁力分布提供分析技术。有限元网格，特别是复杂的三维模型有限元网格的自动划分能力是十分重要的。

（2）优化设计。即研究用参数优化法进行方案优选，这是CAE系统应具有的基本功能之一。优化设计是保证现代化产品设计具有高速度、高质量和良好市场销售前景的主要技术手段之一。

（3）三维运动机构的分析和仿真。研究机构的运动学特性，即对运动机构（如凸轮连杆机构）的运动参数、运动轨迹、干涉校核进行研究，以及用仿真技术研究运动系统的某些性质，能够为人们设计运动机构提供直观、可以仿真或交互的设计技术。

四、数字化设计与仿真的基本步骤

1. 数字化设计

在传统的工程设计中，设计人员首先在头脑中形成产品的三维轮廓，然后将其在图样上利用二维工程图表示出来，其他设计人员以及工艺生产等不同部门的人员再通过二维图样将产品还原为三维影像。由于图样问题和理解偏差，生产人员总是不能很好地理解和实现设计人员的意图，加之设计周期较长等因素，使三维模型设计成为必然。采用三维模型设计能更好地表达产品结构，是产品快速设计的重要途径。

2. 虚拟装配

三维实体模型建立完成后，为了继续建立数字化样机，需要对其各个零件进行虚拟装配。通过确定零件之间的位置、约束关系，可以把各个三维零件装配成一个整体即数字化样机。零件的准确装配是运动仿真的前提，装配关系的正确与否直接影响运动仿真能否正确实现。

3. 运动仿真

通过仿真结果，可以根据需要对生成的零件和特征进行修改和定义，直至达到设计要求为止。为了检验数字化样机能否完成指定的设计动作，可以采用运动仿真进行验证，仿真部分采用动画仿真，可以在不设定运动的情况下，用鼠标拖动组件，仿照动画制作过程，一步一步快拍，最后插入关键帧，完成仿真并捕捉输出。

4. 运动学分析

运动学分析又称有限元分析，常用的运动学分析软件有 ANSYS 和 ADAMS。

ANSYS 软件是大型通用有限元分析软件，是世界范围内成长最快的计算机辅助工程软件，能与多数计算机辅助设计软件连接，实现数据的共享和交换，是融合结构、流体、电场、磁场、声场分析于一体的大型通用有限元分析软件。在核工业、铁道、石油化工、航空航天、机械制造、能源、汽车交通、国防军工、电子、土木工程、造船、生物医学、轻工、地矿、水利、日用家电等领域有着广泛的应用。

ADAMS 是一款常用的虚拟样机分析软件，ADAMS 软件使用交互式图形环境和零件库、约束库、力库，创建完全参数化的机械系统几何模型，其求解器采用多刚体系统动力学理论中的拉格朗日方程方法，建立系统动力学方程，对虚拟机械系统进行静力学、运动学和动力学分析，输出位移、速度、加速度和反作用力曲线。ADAMS 软件的仿真可用于预测机械系统的性能、运动范围、碰撞检测、峰值载荷以及计算有限元的输入载荷等。

五、三维模型设计

三维模型是物体的多边形表示，通常用计算机或者其他视频设备进行显示。显示的物体可以是现实世界的实体，也可以是虚构的物体。任何自然界存在的东西都可以用三维模型表示。

建模是面向整个设计、制造过程的，不仅支持 CAD 系统、CAPP 系统、CAM 系统，还支持绘制工程图、数控编程、仿真等，因此必须能够完整全面地描述零件生成过程中各个环节的信息，以及这些信息之间的关系。

模型与加工是相辅相成的，由建模功能提供的通用特征通常具有加工特性，如倒角、倒圆、孔、槽、型腔等。这些特征称为加工特征，是因为每个特征都与一种特定的加工工艺匹配，如孔的创建意味着钻削加工，而腔体的创建则意味着铣削加工。

从草图绘制开始，生成三维特征，进而构建实体模型。设计者在开始时就可以自由地按照自己的意愿构造形体，不必关心具体的尺寸，将主要精力放在形体的合理性上。然后再通过修改，给出精确的尺寸，完成模型设计。

在 NX 软件中利用布尔运算，通过对零件草图进行拉伸、旋转、创建孔、拔模和脱壳等操作可以完成零件模型的制作。

1. 拉伸

拉伸是将一个用草图描述的截面，沿指定的方向（一般垂直于截面方向）延伸一段距离后形成的特性，该特性包含合并和减去功能。

（1）合并。将两个或多个独立的实体合并成一个实体，如图 2-1-11 所示。

图 2-1-11　合并

（2）减去。创建零件包容块，根据零件进行削减，如图 2-1-12 所示。

图 2-1-12　减去

2. 旋转

将交叉或者不交叉的草图，通过所选曲线指定矢量和点，生成旋转曲面或零件本体，如图 2-1-13 所示。

3. 创建孔

在平面或非平面上创建孔，或穿过多个实体作为单个特征创建孔，如图 2-1-14 所示。

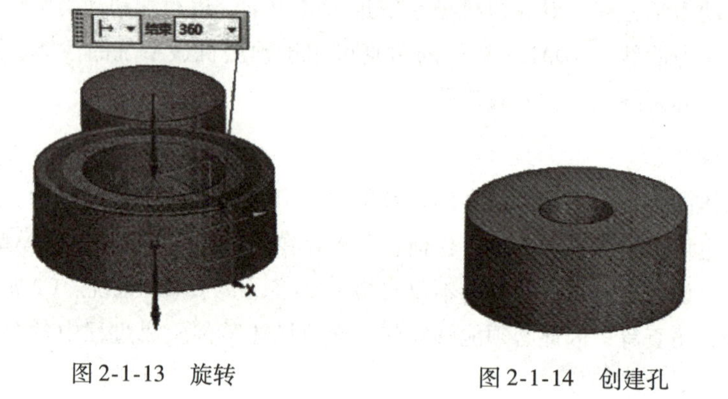

图 2-1-13　旋转　　　　图 2-1-14　创建孔

4. 拔模

拔模是指对模具或铸件的面做锥度调整。使用拔模命令可通过更改相对于拔模方向的角度修改面，如图 2-1-15 所示。

5. 抽壳

抽壳是指挖空实体，或通过指定壁厚绕实体创建壳，也可以对一个面指定体厚度或移除个体面，如图 2-1-16 所示。

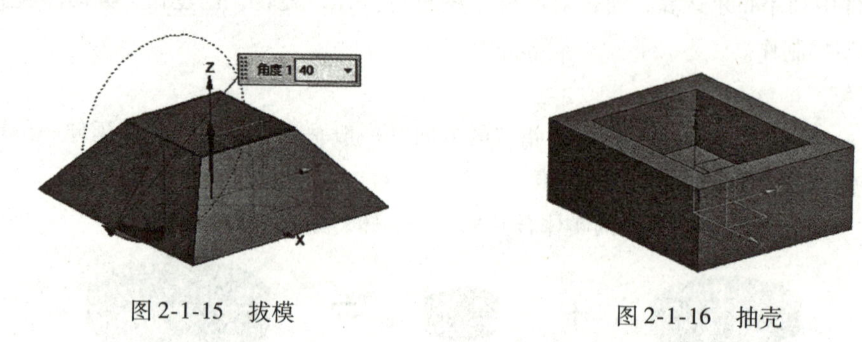

图 2-1-15　拔模　　　　图 2-1-16　抽壳

任务实施

创建图 2-1-17 所示阀杆零件的三维模型。

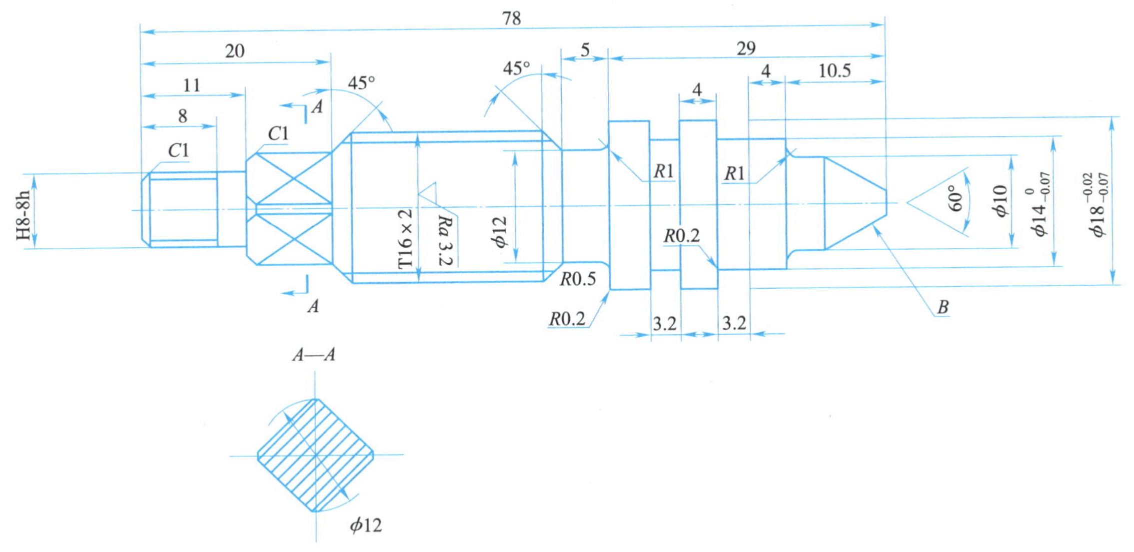

图 2-1-17　阀杆零件图

（1）首先，打开 NX 软件，在建模界面选择新建模型，弹出“新建”对话框，建立新文件名，如图 2-1-18 所示。

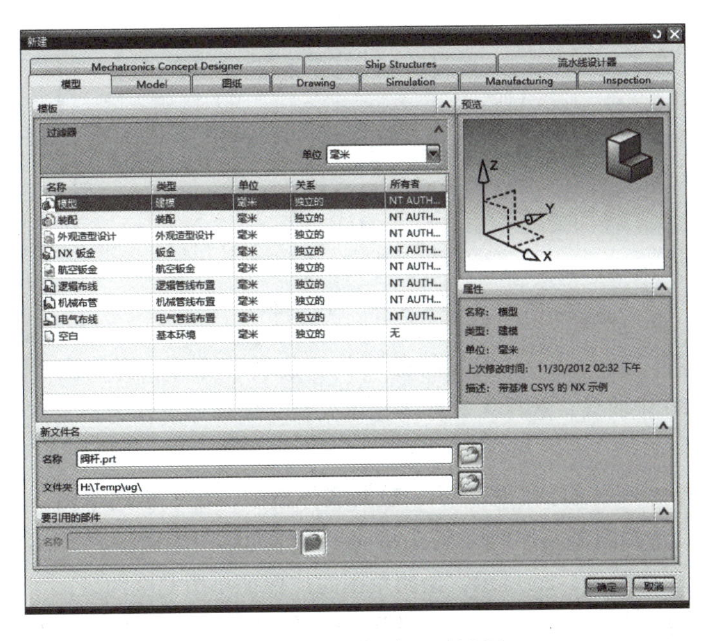

图 2-1-18　“新建”对话框

（2）在菜单中选择“插入”→“绘制草图”命令，弹出“创建草图”对话框，如图2-1-19所示，在*XOY*平面创建图2-1-20所示的草图轮廓，应保证草图完全约束。

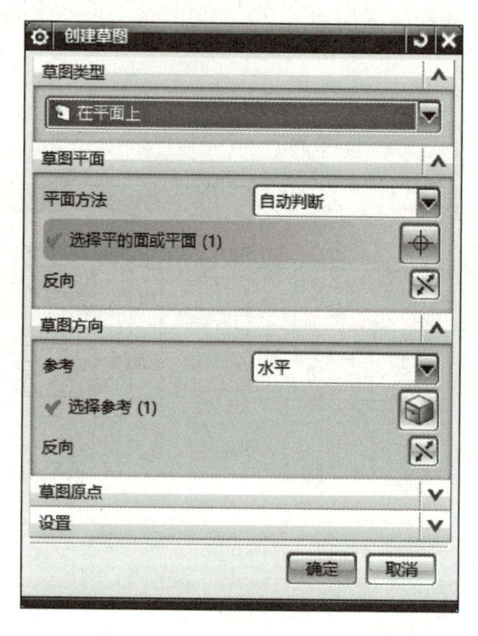

图2-1-19　“创建草图”对话框

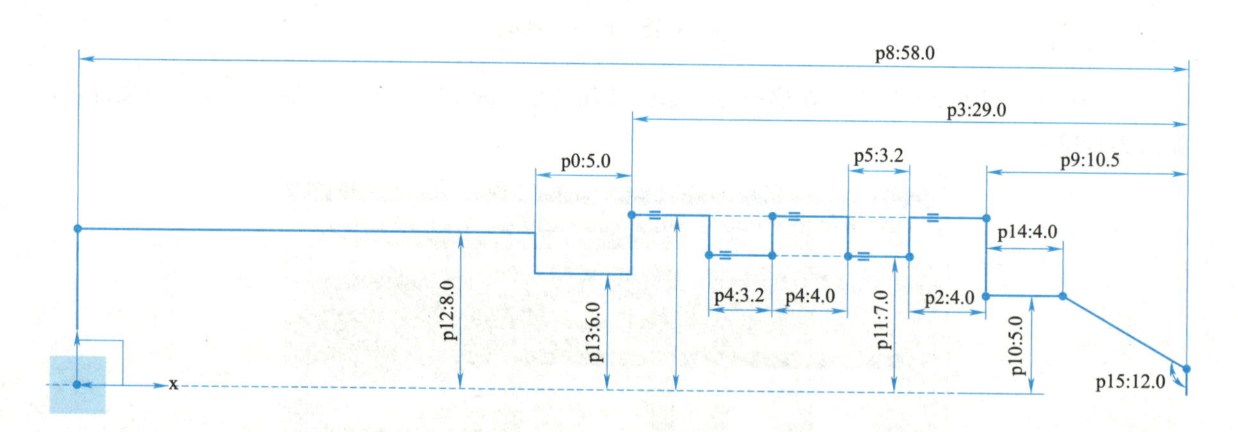

图2-1-20　草图轮廓

（3）在菜单中选择“插入”→“设置特征”→“旋转”命令，弹出图2-1-21所示的“旋转”对话框。旋转图2-1-20中曲线，选择*X*轴作为指定矢量，坐标原点作为指定点，旋转360°，旋转效果如图2-1-22所示。

（4）如图2-1-17中*A*—*A*段剖面图所示，绘制实体造型，在“创建草图”对话框中创建草图环境，如图2-1-23所示，选择图2-1-24所示箭头指向平面作为草图平面。

（5）绘制草图轮廓如图2-1-25所示，绘制草图时应保证草图完全约束。

（6）在菜单中选择“插入”→“细节特征”→“拉伸”命令，弹出图2-1-26所示的“拉伸”对话框。选择曲线为图2-1-25所示草图轮廓，拉伸效果如图2-1-27所示。

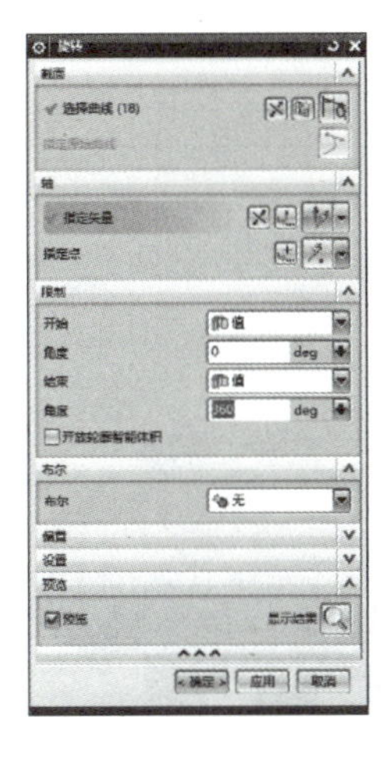

图 2-1-21　“旋转”对话框

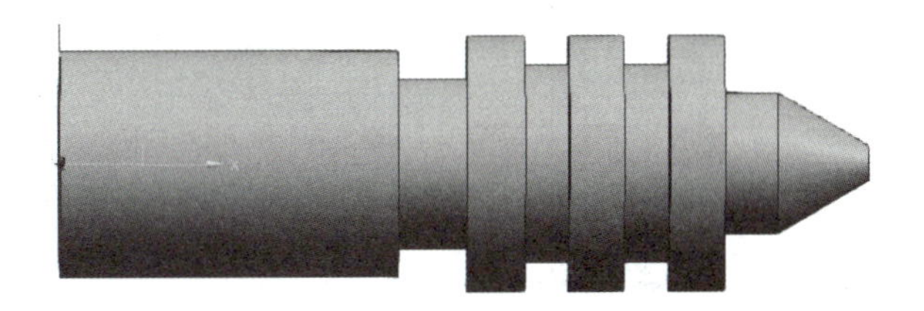

图 2-1-22　旋转效果图

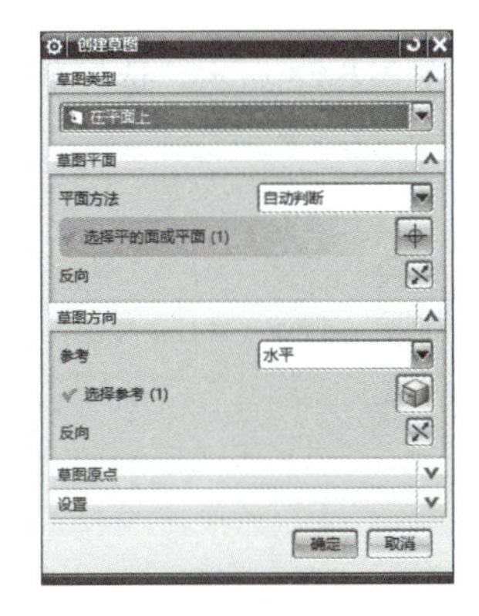

图 2-1-23　“创建草图”对话框

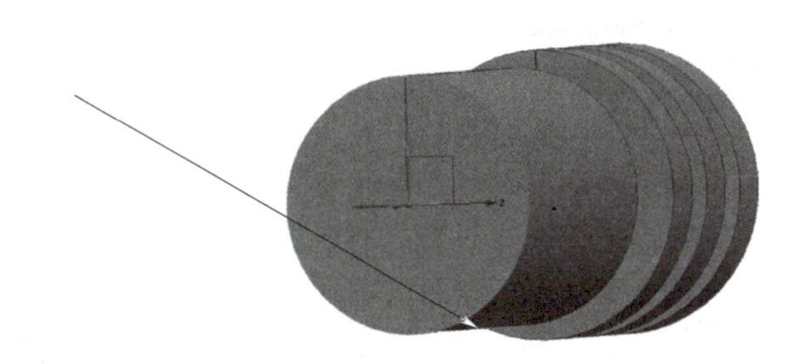

图 2-1-24　选择草图平面

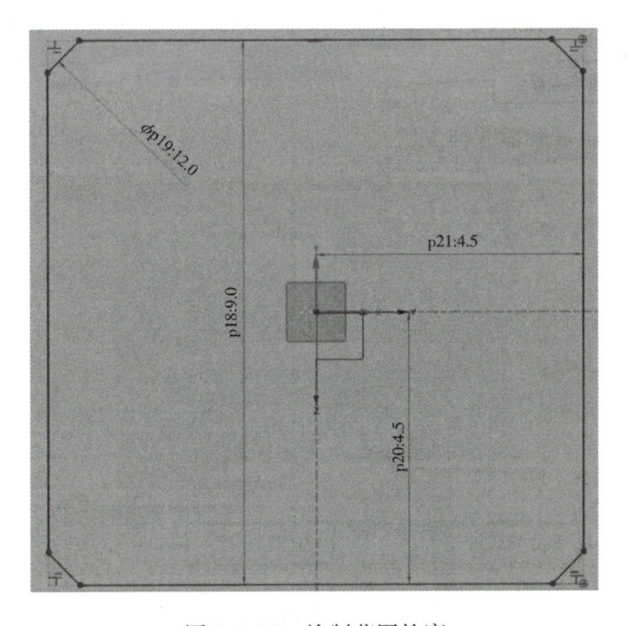

图 2-1-25　绘制草图轮廓

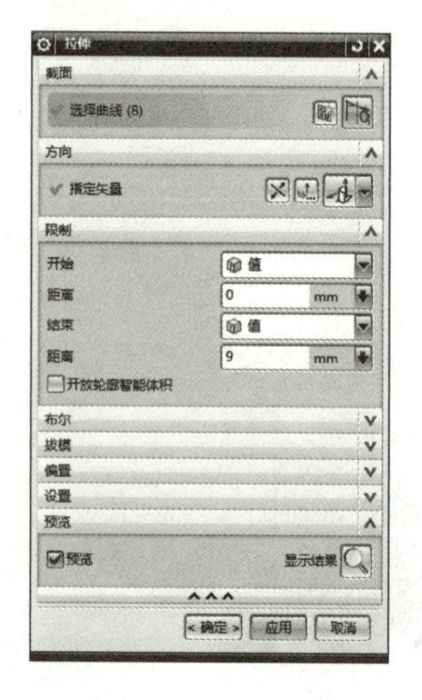

图 2-1-26 “拉伸”对话框

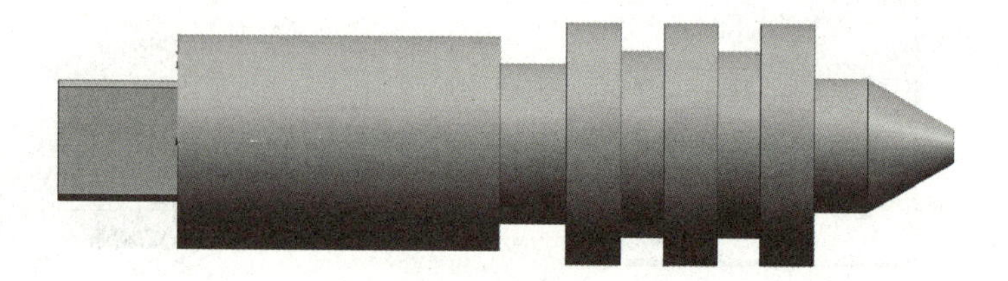

图 2-1-27 拉伸效果图

（7）根据任务说明，在“创建草图”对话框中创建草图环境，如图 2-1-28 所示，选择草图平面为左侧平面，如图 2-1-29 所示，绘制草图轮廓如图 2-1-30 所示。

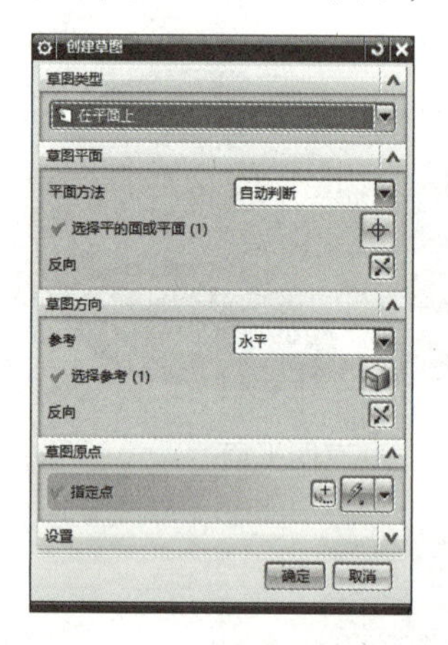

图 2-1-28 “创建草图”对话框

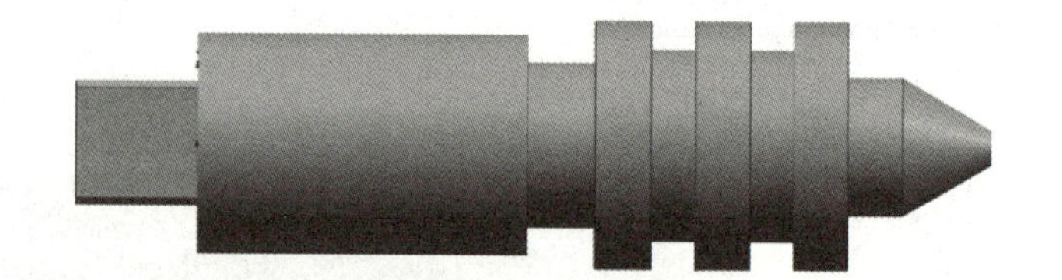

图 2-1-29 选择草图平面

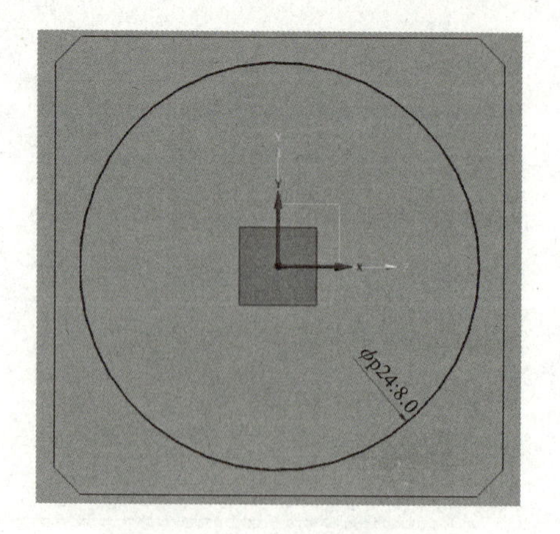

图 2-1-30 绘制草图轮廓

（8）在菜单中选择“插入”→“细节特征”→“拉伸”命令，弹出图 2-1-31 所示的“拉伸”对话框。选择曲线为图 2-1-30 所示草图轮廓，指定矢量为 *X* 轴负方向，拉伸效果如图 2-1-32 所示。

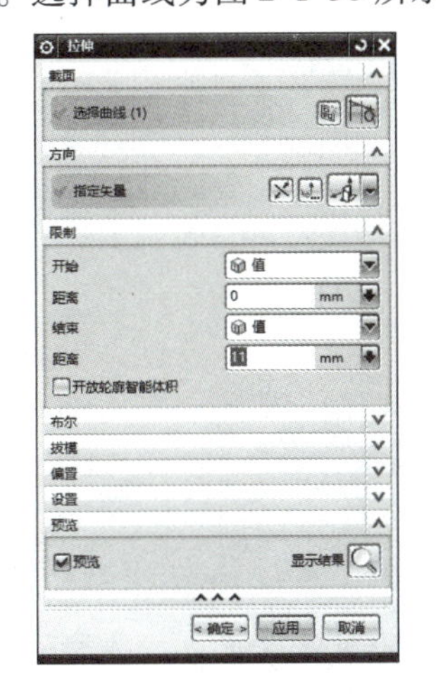

图 2-1-31　“拉伸”对话框

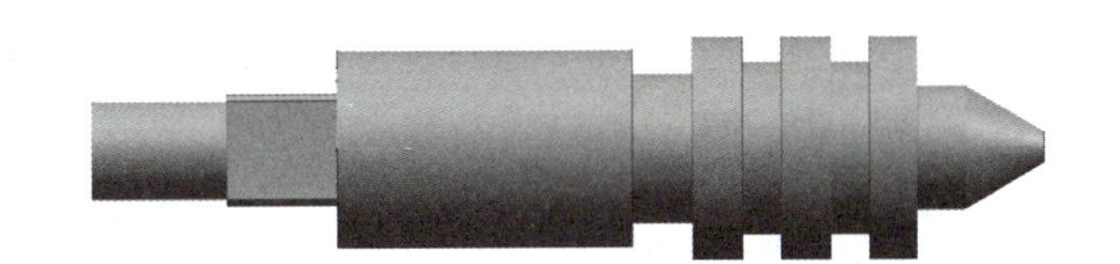

图 2-1-32　拉伸效果图

（9）对实体进行倒角，在菜单中选择“插入”→“细节特征”→“倒斜角”命令，弹出图 2-1-33 所示的“倒斜角”对话框，倒斜角效果如图 2-1-34 所示。

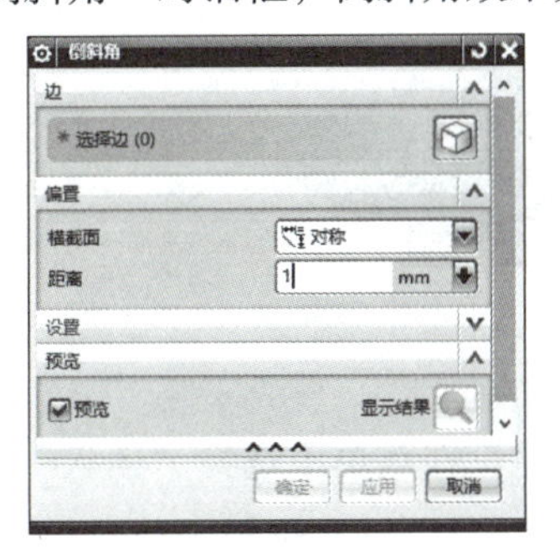

图 2-1-33　“倒斜角”对话框

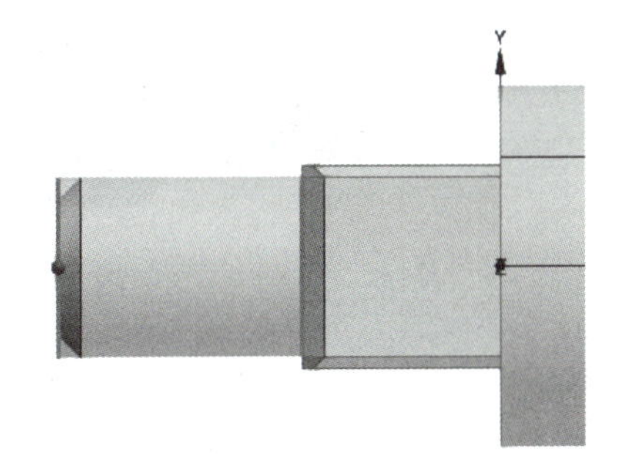

图 2-1-34　倒斜角效果图

（10）对实体进行倒角，在菜单中选择“插入”→“细节特征”→“倒斜角”命令，弹出图 2-1-35 所示的“倒斜角”对话框，倒斜角效果如图 2-1-36 所示。

图 2-1-35　“倒斜角”对话框

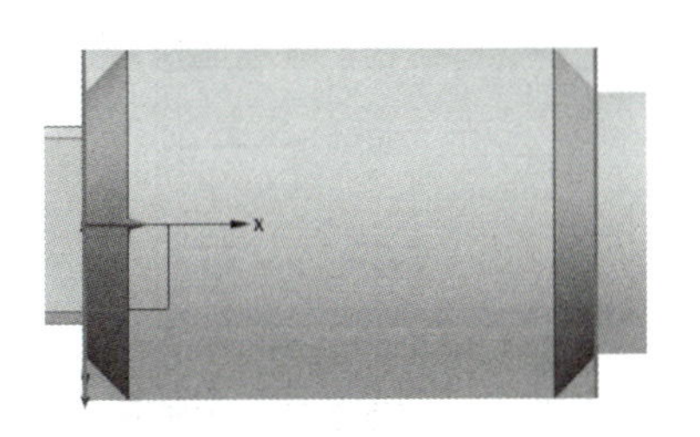

图 2-1-36　倒斜角效果图

（11）对实体进行倒圆角，在菜单中选择“插入”→“细节特征”→“边倒圆”命令，弹出图 2-1-37 所示的“边倒圆”对话框，倒圆角效果如图 2-1-38 所示。

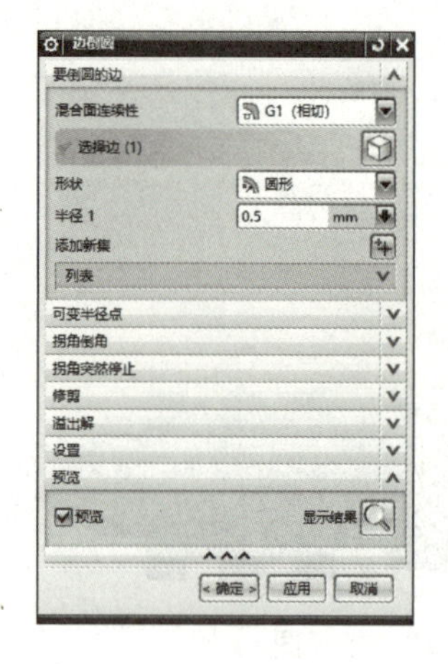

图 2-1-37　“边倒圆”对话框

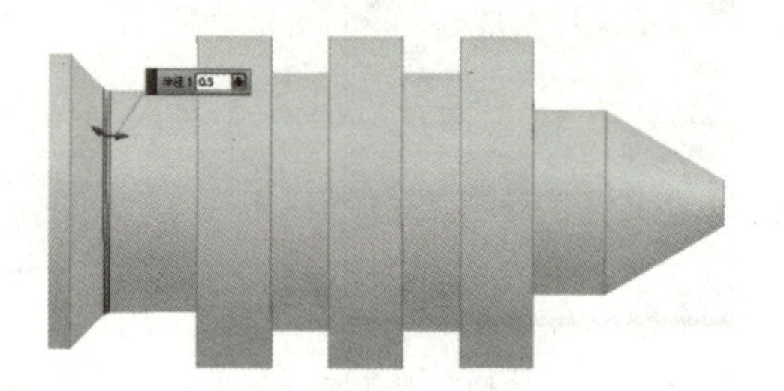

图 2-1-38　倒圆角效果图

（12）依次通过上述倒角命令倒出所需圆角，效果如图 2-1-39 所示。

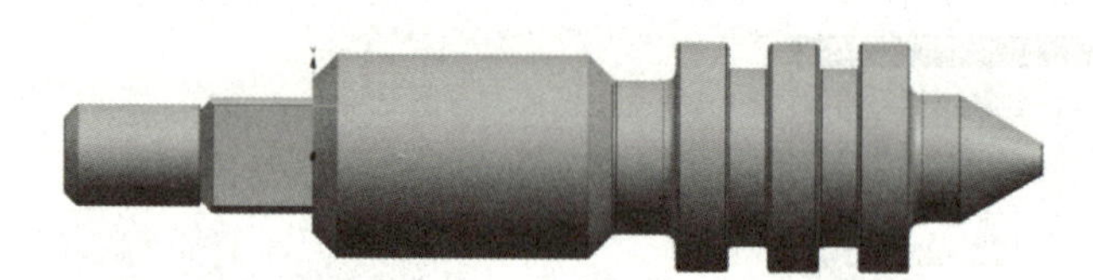

图 2-1-39　倒角效果图

（13）根据任务要求，建立基准平面，便于后续螺纹的创建，在菜单中选择“插入”→“基准/点”→“基准平面”命令，弹出图 2-1-40 所示的“基准平面”对话框，选择平面对象为图 2-1-41 中箭头指向平面，偏置距离选择 X 轴负方向 8 mm。

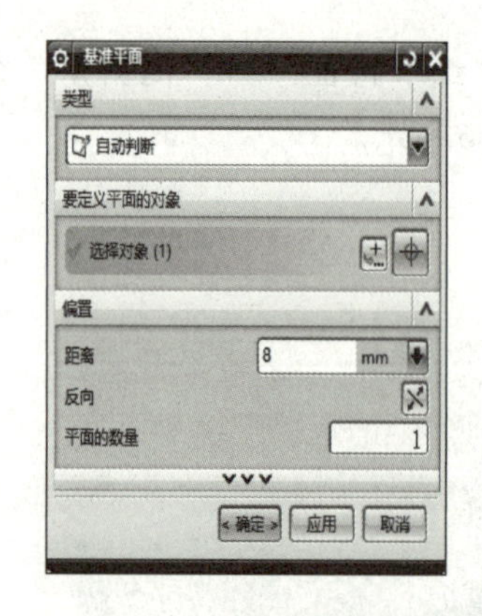

图 2-1-40　“基准平面”对话框

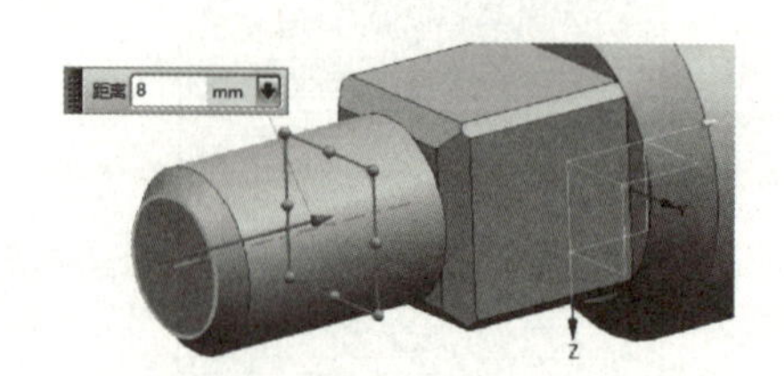

图 2-1-41　选择对象

（14）建立基准平面后，在菜单中选择“插入”→“设计特征”→“螺纹”命令，弹出图 2-1-42 所示的“螺纹”对话框，选择起始为基准平面，并选择螺纹轴反向，如图 2-1-43 所示，建立螺纹效果如图 2-1-44 所示。

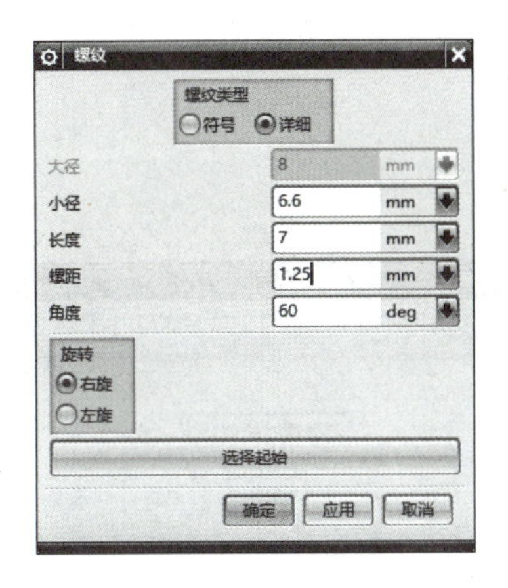

图 2-1-42　“螺纹”对话框

图 2-1-43　选择起始

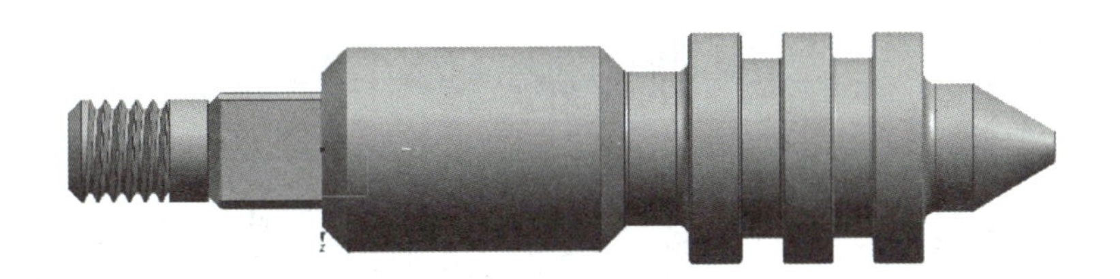

图 2-1-44　建立螺纹效果图

（15）根据任务要求，建立基准平面，便于后续螺纹的创建，在菜单中选择“插入”→“基准/点”→“基准平面”命令，弹出图 2-1-45 所示的“基准平面”对话框，选择平面对象为图 2-1-46 中箭头指向平面，偏置距离选择 X 轴负方向 2 mm。

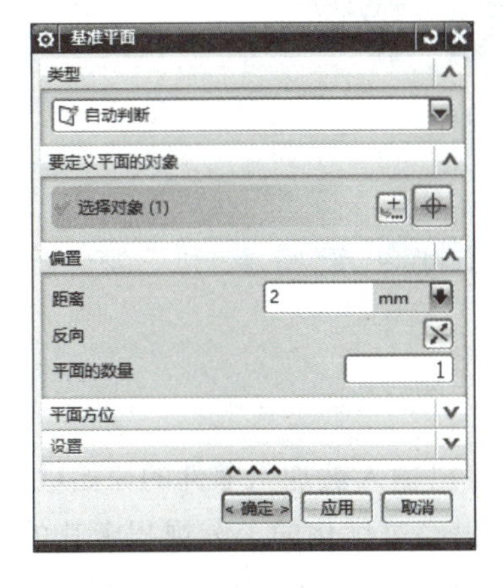

图 2-1-45　“基准平面”对话框

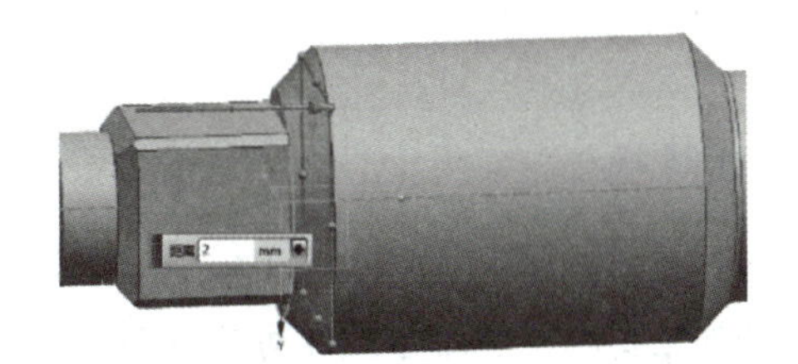

图 2-1-46　选择对象

（16）建立基准平面后，在菜单中选择“插入”→“设计特征”→“螺纹”命令，弹出图 2-1-47 所示的“螺纹”对话框，选择起始为基准平面，并选择螺纹轴反向，如图 2-1-48 所示，建立螺纹效果如图 2-1-49 所示。

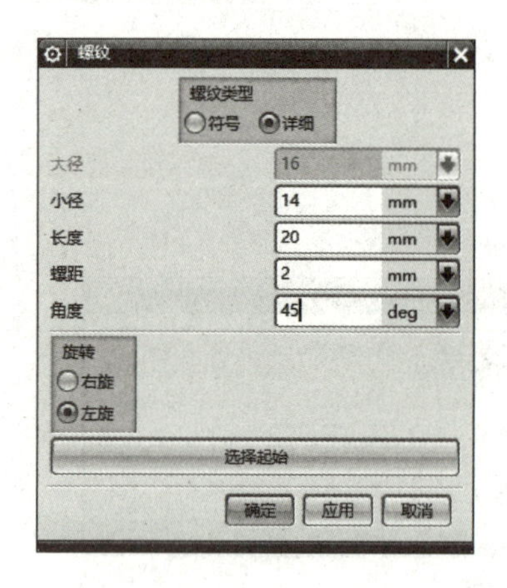

图 2-1-47　“螺纹”对话框

图 2-1-48　选择起始

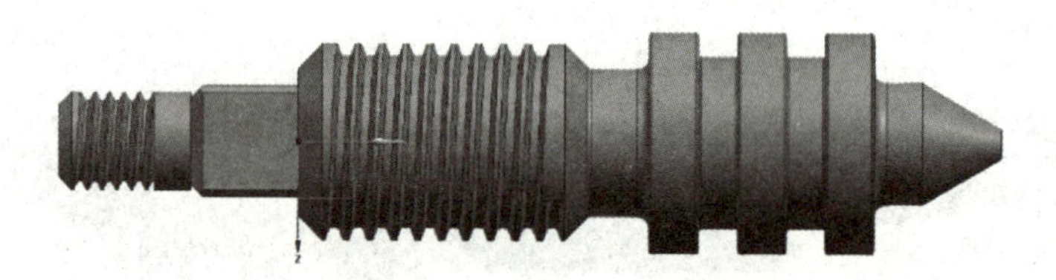

图 2-1-49　建立螺纹效果图

（17）最终完成阀杆的三维造型设计如图 2-1-50 所示。

图 2-1-50　阀杆的三维造型最终设计

任务 2　零件的数字化工艺编制

任务解析

本任务介绍数字化工艺相关内容，数字化工艺是通过向计算机输入被加工零件的原始数据、加工条件和加工要求，由计算机自动进行编码、编程直至最后输出经过优化的工艺规程卡片的过程。通过本任务的学习，使学生了解数字化工艺的概念、CAPP 的功能及分类，在了解数字化工艺决策与工序设计的基础上，完成阀体零件的数字化工艺编制。

知识链接

一、数字化工艺概述

1. 概念

计算机辅助工艺过程设计（computer aided process planning，CAPP），指借助于计算机软硬件技术和支撑环境，利用计算机进行数值计算、逻辑判断和推理等功能制订零件机械加工工艺过程。CAPP 的功能如图 2-2-1 所示。借助于 CAPP 系统，可以解决手工工艺设计效率低、一致性差、质量不稳定、不易达到优化等问题，利用计算机技术辅助工艺完成零件从毛坯到成品的设计和制造过程。

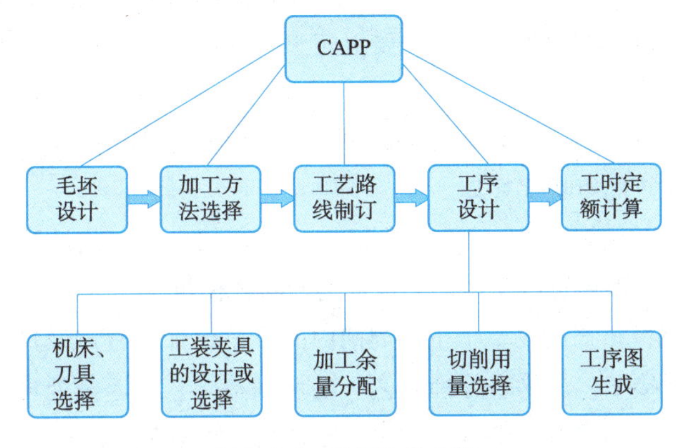

图 2-2-1　CAPP 的功能

CAPP 将产品设计信息转换为各种加工制造、管理信息的关键环节，是制造业现代集成制造模式的核心单元技术。随着制造业信息化工程的发展，无论从广度上还是从深度上，都对 CAPP 系统的应用提出了更高的要求。

CAPP 的开发、研制是从 20 世纪 60 年代末开始的，在制造自动化领域，CAPP 的发展是最迟的部分。世界上最早研究 CAPP 的国家是挪威，于 1969 年正式推出世界上第一个 CAPP 系统 AUTOPROS；1973 年正式推出商品化的 AUTOPROS 系统。在 CAPP 发展史上具有里程碑意义的是 CAM-I 于 1976 年推出的 CAM-I′s Automated Process Planning 系统，取其字首的第一个字母，称为 CAPP 系统。

我国对 CAPP 的研究始于 20 世纪 80 年代初，迄今为止，在国内学术会议、刊物上发表的 CAPP 系统已有 50 多个，但被工厂、企业正式应用的系统只是少数，真正形成商品化的 CAPP 系统还不多。

2. CAPP 的功能需求

在制造业信息化工程环境下，CAPP 系统应具有以下功能：

（1）基于产品结构。机械制造企业的生产活动都是围绕产品展开的，产品的制造生产过程也就是产品属性的生成过程。工艺文件作为产品的属性，应在工艺设计计划的指导下，围绕产品结构（基于装配关系的产品零/部件明细表）展开。基于产品结构进行工艺设计，可以直观、方便、快捷地查找和管理工艺文件。

（2）工艺设计。这是工艺工作的核心内容，CAPP 应高效率、高质量地保证工艺设计的完成。工艺设计通常包括选择加工方法、安排加工路线、检索标准工艺文件、编制工艺过程卡和工序卡、优化选择切削用量、确定工时定额和加工费用、绘制工序图及编制工艺文件等内容。

（3）资源的利用。在工艺设计过程中，常常需要用到资源。资源的利用是指工艺设计需要大量工艺资源数据（如工厂设备、工装物料和人力等），需要应用工艺技术支撑数据（如工艺规范、国家/企业技术标准、用户反馈等），需要参考工艺技术基础数据（如工艺样板、工艺档案等），同时更需要涉及企业在长期的工艺设计过程中积累的大量工艺知识和经验资源。CAPP 系统应广泛而灵活地提供数据资源、知识资源和资源使用的方法。

（4）工艺管理。对工艺文件进行管理是保护、积累和重用企业工艺资源的重要内容，承担对有关工艺数据进行统计工作，包括产品级的工艺路线设计、材料定额汇总等，对于工艺设计和成本核算起着指导性的作用。同时，在工艺设计中需要对定型产品的工艺进行分类归档以及归档后的有效利用。

（5）工艺流程管理。工艺设计要经过设计、审核、批准、会签的工作流程，CAPP 系统应能在网络环境下支持这种分布式的审批式处理。

（6）标准工艺。CAPP 系统中应有标准或典型工艺的存储，在工艺设计中根据相似零件具有相似工艺的原理，常常可作为以后进行类似工艺设计的参考或模板。

（7）制造工艺信息系统。产品在整个生命周期内的工艺设计通常涉及产品装配工艺、机械加工工艺、钣金冲压工艺、焊接工艺、热表处理工艺、毛坯制造工艺、返修处理工艺等工艺设计，机械加工工艺中通常涉及回转体类零件、箱体类零件、支架类零件等零件类型。CAPP 应从以零件为主体对象的局部应用走向以整个产品为对象的全面应用，实现产品工艺设计与管理的一体化，建立数字化工艺信息系统，实现 CAD/CAM、PDM、ERP 的集成和资源共享。

3. CAPP 系统的分类

自从第一个 CAPP 系统诞生以来，各国对使用计算机进行工艺辅助设计进行了大量的研究，并取得了一定的成果。目前，按照传统的设计方式，CAPP 可分为以下三类：

（1）派生式 CAPP 系统。该系统建立在成组技术（GT）的基础上，其基本原理是利用零件的相似性，即相似零件有相似工艺规程。一个新零件的工艺规程是通过检索系统中已有的相似零件的工艺规程并加以筛选或编辑而成的。计算机内存储的是一些标准工艺过程和标准工序，从设计角度看，与常规工艺设计的类比设计相同，即用计算机模拟人工设计的方式，其继承和应用的是标准工艺。派生式 CAPP 系统必须有一定量的样板（标准）工艺文件，在已有工艺文件的基础上修改编制生成新的工艺文件。派生式 CAPP 系统的构成如图 2-2-2 所示。

（2）创成式 CAPP 系统。该系统的工艺规程是根据程序中反映的决策逻辑和制造工程数据信息生成的，这些信息主要是有关各种加工方法的加工能力和对象、各种设备及刀具的适用范围等一系列基本知识。工艺决策中的各种决策逻辑存入相对独立的工艺知识库，供主程序调用。向创成式 CAPP 系统输入待加工零件的信息后，系统能自动生成各种工艺规程文件，用户无须或略加修改即可。创成式 CAPP 系统的构成如图 2-2-3 所示。

创成式 CAPP 系统不需要派生法中的样板工艺文件，在该系统中只有决策逻辑与规则，系统必须读取零件的全面信息，在此基础上按照程序所规定的逻辑规则自动生成工艺文件。

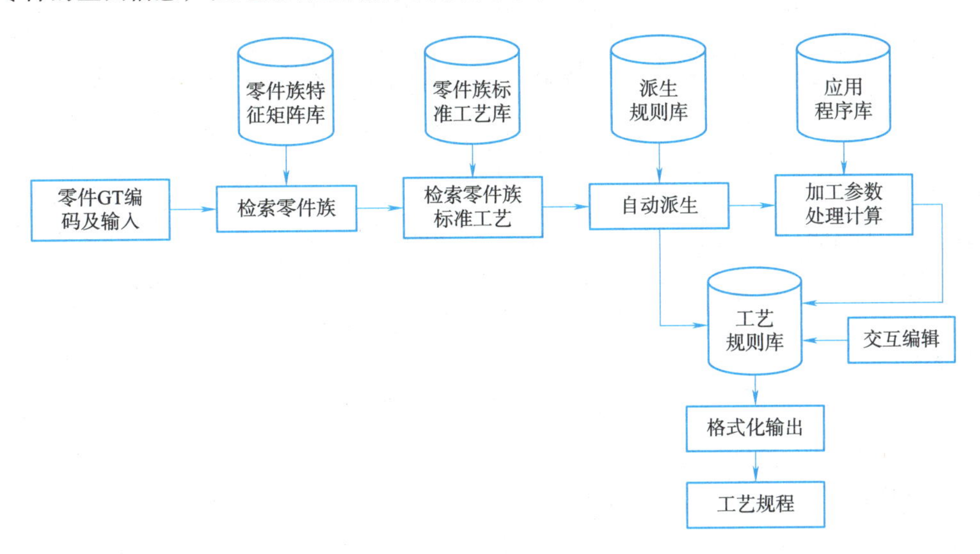

图 2-2-2　派生式 CAPP 系统构成

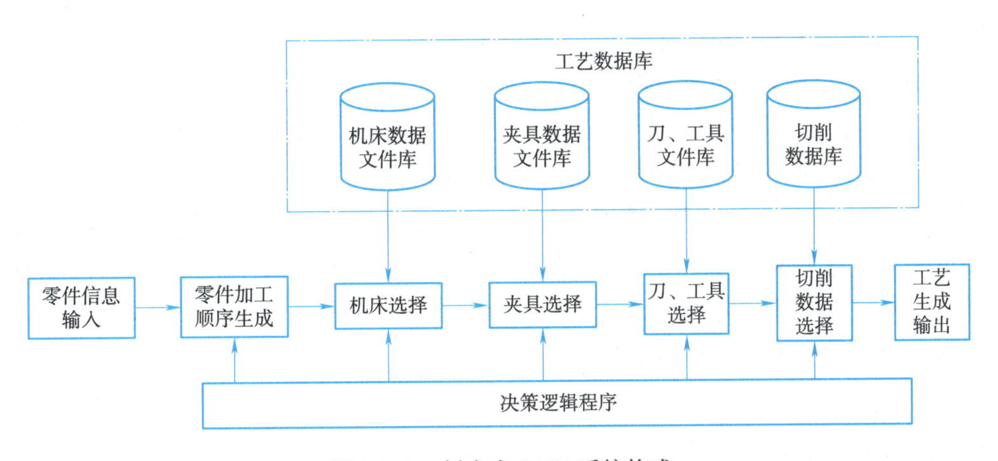

图 2-2-3　创成式 CAPP 系统构成

（3）综合式 CAPP 系统。该系统是将派生式 CAPP 系统、创成式 CAPP 系统与人工智能结合在一起综合而成的，其构成如图 2-2-4 所示。

从以上三种 CAPP 系统工艺文件产生的方式可以看出，派生式 CAPP 系统必须有样板文件，因此它的适用范围局限性很大，只能针对某些具有相似性的零件产生工艺文件。在一个企业中，如果这种零件只是一部分，那么其他零件的工艺文件派生式 CAPP 系统就无法解决。创成式 CAPP 系统虽然可以基于专家系统自动生成工艺文件，但需输入全面的零件信息，包括工艺加工的信息。信息需求量极大、极全面，系统要确定零件的加工路线、定位基准和装夹方式等，从工艺设计的特殊性及个性化分析，这些知识的表达和推理无法很好地实现，正是由于知识表达的瓶颈与理论推理的“匹配冲突”，至今仍无法很好地解决，自优化和自完善功能差，因此 CAPP 的专家系统方法仍停留在理论研究和简单应用的阶段。

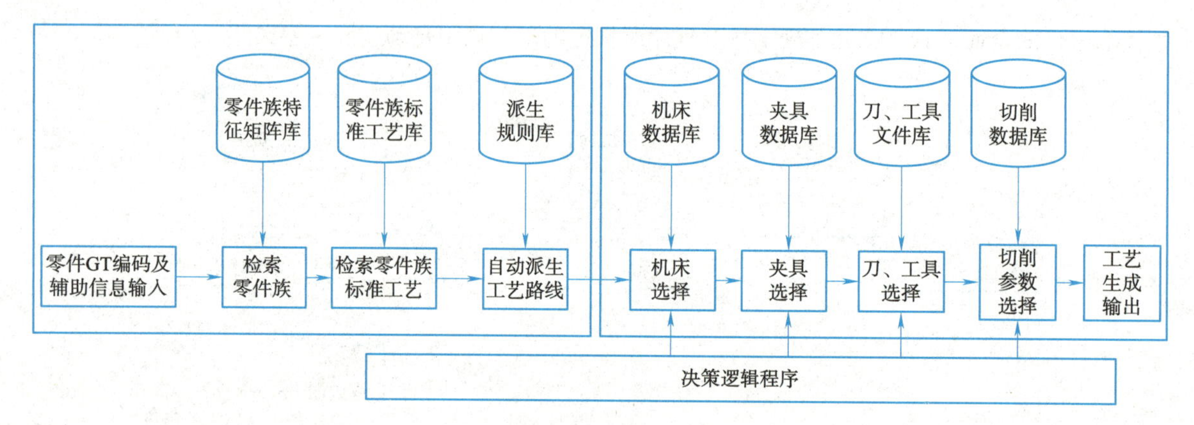

图 2-2-4　综合式 CAPP 系统构成

目前，国内商品化的 CAPP 系统可分为以下几种：

（1）使用 Word、Excel、AutoCAD 或二次开发的 CAPP 系统。此类 CAPP 系统生成的工艺文件是以文本文件的形式存在的，无法生成工艺数据，更谈不上工艺数据的管理。

（2）常规的数据库管理系统。工艺卡片使用 Form、Report 或在 AutoCAD 上绘制卡片的 CAPP 系统。此类 CAPP 系统的工艺卡片是由程序生成的，工艺卡片的填写无法实现所见即所得，如果企业的卡片形式需要更新，就需要更改源程序。

（3）注重卡片的生成，但工艺数据管理功能较弱的 CAPP 系统。此类 CAPP 系统的工艺数据是分散在各个工艺卡片当中的，很难做到对工艺数据的集中管理。

（4）采用“所见即所得”的交互式填表方式 + 工艺数据管理、集成的综合式 CAPP 系统。此类 CAPP 系统的填表方式更符合工艺设计人员的工作习惯，方便与企业的 PDM 系统集成，管理产品的工艺数据，并为制造资源计划（manufacture resource plan，MRP）和管理信息系统（management information system，MIS）提供管理用数据。

二、数字化工艺决策与工序设计

CAPP 系统主要解决两方面的问题，即零件工艺路线的确定（又称工艺决策）与工序设计。前者的目的是生成工艺规程主干，即指明零件加工顺序（包括工序与工步的确定）以及各工序的定位与装夹表面；后者主要包括工序尺寸的计算、设备与工装的选择、切削用量的确定、工时定额的计算以及工序图的生成等内容。

1. 创成式 CAPP 的工艺决策

创成式 CAPP 系统的软件设计，其核心内容主要是各种决策逻辑的表达和实现。尽管工艺过程设计决策逻辑很复杂，包括各种性质的决策，但表达方式却有许多共同之处，可以用一定形式的软件设计工具（方式）进行表达和实现，最常用的是决策表和决策树。

1）决策表

决策表是将一组用语言表达的决策逻辑关系用一个表格进行表达，从而可以方便地用计算机语言表达该决策逻辑的方法。例如，选择孔加工方法的决策可以表述为：①如果待加工孔的精度在 8 级以下，则可选择钻孔的方法加工。②如果待加工孔的精度为 7 ~ 8 级，但位置精度要求不高，可选择钻、扩加工；若位置精度要求高，可选择钻、镗两步加工。③如果待加工孔的精度在7级以上，表面未做硬化处理，但位置精度要求不高，可选择钻、扩、铰加工；若位置精度要求高，可选择钻、扩、镗加工。④如果待加工孔的精度在7级以上，表面经硬化处理，但位置精度要求不高，可选择钻、扩、磨加工；若位置精度要求高，可选择钻、镗、磨加工。将上述文字描述的孔加工方法表达为决策表的形式，见表2-2-1。在决策表中，某特定条件得到满足，则取值为T（真）；不满足时，取值为F（假）。表的一列算作一条决策规则，采用×标志所选择的动作。

表2-2-1　孔加工方法选择决策表

内表面	T	T	T	T	T	T	T
孔	T	T	T	T	T	T	T
8级以下	T	F	F	F	F	F	F
7~8级	F	T	T	F	F	F	F
7级以下	F	F	F	T	T	T	T
硬化处理	F	F	F	F	F	T	T
高位置要求	F	F	T	F	T	F	T
钻	×	×	×	×	×	×	×
扩		×		×	×	×	
镗			×		×		×
铰				×			
磨						×	×

从表2-2-1可以看出，决策表由四部分构成。双横线的上半部分代表条件，下半部分代表动作（或结果），右半部分为项目值的集合，每一列就是一条决策规则。当以一个决策表表达复杂决策逻辑时，必须仔细检查决策表的准确性、完整性并保证无歧义性。完整性是指决策逻辑各条件项目的所有可能的组合是否都考虑到，也是正确表达复杂决策逻辑的重要条件。无歧义性是指一个决策表的不同规则之间不能出现矛盾或冗余，无矛盾或冗余的规则可称为无歧义规则，否则为有歧义规则。

2）决策树

树不仅是一种常用的数据结构，当将它用于工艺决策时，也是一种常用的与决策表功能相似的工艺逻辑设计工具。同时，它很容易和“如果（IF）……则（THEN）……”这种直观的决策逻辑相对应，很容易直接转换成逻辑流程图和程序代码。决策树由各种节点和分支（边）构成，节点中有根节点、终节点（叶子节点）和其他节点。根节点没有前趋节点，终节点没有后继节点，其他节点则都具有单一的前趋节点和一个以上的后继节点。节点表示一次测试或一个动作，拟采取的动作一般放在终节点上。分支（边）连接两个节点，一般用于连接两次测试或动作，并表达一个条件是否满足。满足时，测试沿分支向前传送，以实现逻辑与（AND）的关系；不满足时，则转向出发节点的另一分支，以实现逻辑或（OR）的关系。所以，由根节点到终节点的一条路径可以表示一条决策规则，如图2-2-5所示。

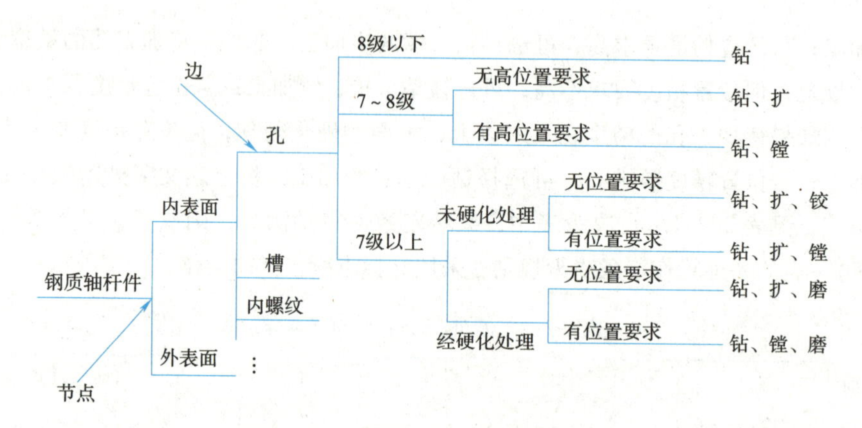

图 2-2-5　孔加工方法选择决策树

2. 基于专家系统的工艺决策方法

CAPP 专家系统主要由零件信息输入模块、推理机和知识库三部分组成，其中推理机与知识库是相互独立的。CAPP 专家系统不再像一般 CAPP 系统那样在程序的运行中直接生成工艺规程，而是根据输入的零件信息频繁地访问知识库，并通过推理机中的控制策略，从知识库中搜索能够处理零件当前状态的规则，然后执行这条规则，并把每次执行规则得出的结论部分按照先后次序记录下来，直到零件加工到终结状态，这个记录就是零件加工所要求的工艺规程。专家系统以知识结构为基础，以推理机为控制中心，按数据、知识、控制三级结构组织系统，其知识库和推理机相互分离，增加了系统的灵活性。当生产环境变化时，可通过修改知识库加入新的知识，使之适应新的要求，因此其解决问题的能力大大增强。

1）专家系统的组成

专家系统由知识库和推理机两大部分组成。这两部分既彼此分离，又通过综合数据库互相联系。知识库存储通过专家得到的有关该领域的专业知识和经验，推理机运用知识库中的知识对给定的问题进行推导并得出结论。

2）知识的获取

知识的获取是将解决问题所用的专业知识从某些知识来源变换为计算机程序。知识库包括专家经验、专业书籍和教科书的知识或数据以及有关资料等。

3）知识的表达

专家系统中知识的表达是数据结构和解释过程的结合。知识表达方法可分为说明型方法和过程型方法两大类。说明型方法将知识表示成一个稳定的事实集合，并用一组通用过程控制这些事实；过程型方法是将一组知识表示为如何应用这些知识的过程。

在 CAPP 系统中，工艺性知识可以采用说明型方法表达，控制性知识可以采用过程型方法表达。

（1）产生式规则。产生式规则（productive rule）将领域知识表示成一组或多组规则的集合，每条规则由一组条件和一组结论两部分组成。产生式规则的一般表达方式如下：

```
IF <领域条件 1 >AND/OR
   <领域条件 2 >AND/OR
   …
   <领域条件 n >
```

```
THEN <结论 1 >AND
     <结论 2 >AND
     …
     <结论 m >
```

CAPP 系统的控制程序负责将事实和规则的条件部分作比较，若规则的条件部分被满足，则该规则的结论部分就可能被采纳。执行一条规则，可能要修改数据库中的事实集合，增加到数据库中的新事实也可能被规则所引用。

（2）语义网络。语义网络（semantic network）是一种基于网络结构的知识表示方法，由节点和连接这些点的弧组成。语义网络的节点代表对象、概念或事实，弧则代表节点与节点之间的关系。

（3）框架。框架（frame）是一种表达一般概念和情况的方法。框架的结构与语义网络类似，其顶层节点表示一般的概念，较低层节点是这些概念的具体实例。

4）知识的存储

（1）知识库的结构。知识库是领域知识和经验的集合，可存储一组或多组领域知识。知识库的形式有两种：一种是用文件库模拟知识库，将知识经过专门处理后得到知识库文件；另一种是包含在程序中的知识模块。为了提高解题效率，根据系统处理问题的需要，可将领域知识分块存放。

（2）知识库的管理。知识库的管理是对已有的知识库进行维护，其主要功能是规则的增加、删除、修改和浏览。知识库的维护应尽可能直观地进行，并应具有测试知识可靠性、一致性等功能。

5）基于知识的推理

设计专家系统推理机时，必须解决采取何种方式进行推理的问题。推理方式和搜索方式的运用体现了一个专家系统的特点。

（1）正向推理。正向推理是从一组事实出发，一遍遍地尝试所有可执行的规则，并不断加入新事实，直到问题被解决。对于产生式系统，正向推理可分两步进行：

第一步，收集 IF 部分被当前状态所满足的规则。如有不止一个规则的 IF 部分被满足，可使用冲突消解策略选择某一规则触发。

第二步，执行所选择规则 THEN 部分的操作。

正向推理适用于初始状态明确而目标状态未知的场合。图 2-2-6 所示为正向推理过程，图中已知事实为 A、B、C、D、E、G、H，要证明的事实为 Z，已知规则有三条。

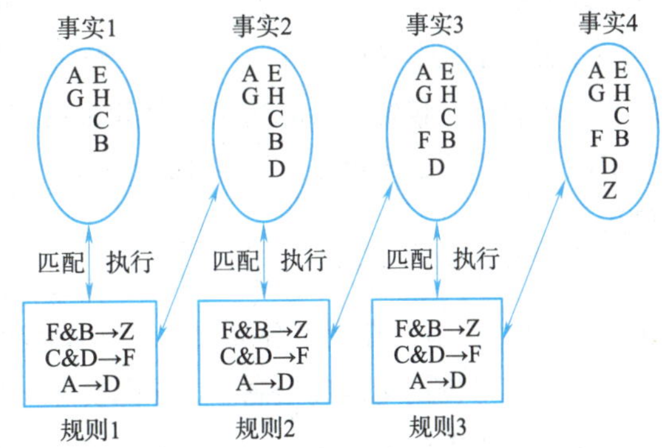

图 2-2-6　正向推理过程

（2）反向推理。反向推理是从假设的目标出发，寻找支持假设的论据。它通过一组规则，尝试支持假设的各个事实是否成立，直到目标被证明为止。反向推理适用于目标状态明确而初始状态不甚明确的场合。

（3）正反向混合推理。正反向混合推理分别从初始状态和目标状态出发，由正向推理提出某一假设，由反向推理证明假设。在系统设计时，必须明确哪些规则处理事实，哪些规则处理目标，使系统在推理过程中，根据不同情况选用合适的规则进行推理。正反向推理的结束条件是正向推理和反向推理的结果能够匹配。

（4）不精确推理。处理不精确推理的常用方法有概率法、可信度法、模糊集法和证据论法等，有关这些方法的详细内容，可参考相关图书。

3. CAPP系统中的工序设计

机械加工工艺规程一般可递阶地分解为工序装夹、工位、工步等步骤。图 2-2-7 所示为工艺规程、工序、装夹、工位、工步之间的递阶关系。

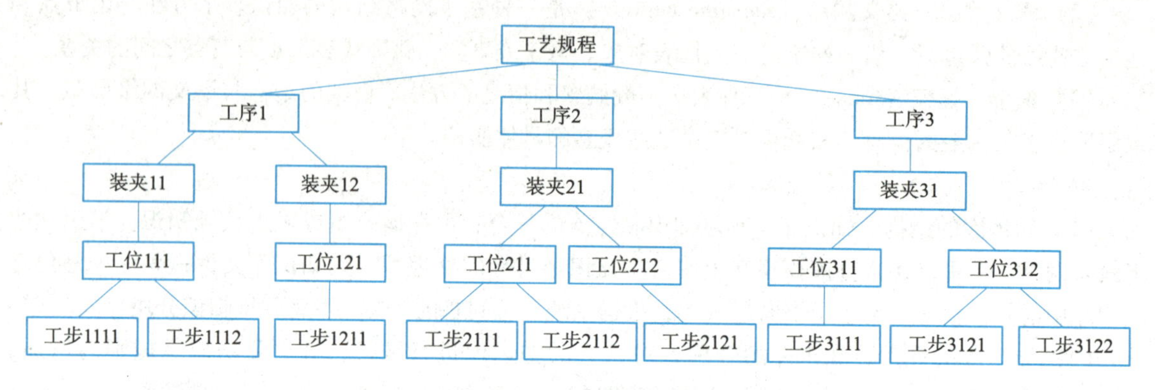

图 2-2-7　工艺规程的组成

为了简化工艺决策过程，按照分级规划与决策的策略，一般创成式 CAPP 系统在进行工艺决策时，只生成零件的工艺规程主干。一些派生式 CAPP 系统为了简化样件的标准工艺和使样件工艺具有灵活性，标准工艺规程中一般也只包含样件的工艺规程主干。所以在完成工艺决策后，还必须进行详细的工序设计，即分步对工艺规程主干进行扩充。对机械加工工艺而言，工序设计包括以下内容：

（1）工序内容决策。包括每道工序中工步内容的确定，即每道工序所包含的装夹、工位、工步的安排，加工机床的选择，工艺装备（包括夹具、刀具、量具、辅具等）的选择。

（2）工艺尺寸确定。其内容包括加工余量的选择、工序尺寸的计算及公差的确定等。工序尺寸是生成工序图与 NC 程序的重要依据，一般采用反推法实现，即以零件图上的最终技术要求为前提，首先确定最终工序的尺寸及公差，然后按选定的加工余量推算出前道工序的尺寸，其公差则通过计算机查表，按该工序加工方法可达到的经济精度确定。这样按与加工顺序相反的方向，逐步计算出所有工序的尺寸和公差。但当工序设计中的工艺基准与设计基准不重合时，就要进行尺寸链计算。对于位置尺寸关系比较复杂的零件，尺寸链的计算比较复杂，最常用的尺寸链计算方法是尺寸链图表法。

（3）工艺参数决策。工艺参数主要指切削参数或切削用量，一般指切削速度（v）、进给量（f）和切削深度（a_p）。在大多数机床中，切削速度又可通过主轴转速表达。

（4）工序图的生成和绘制。工序图实际上是工序设计结果的图形表达，它通常附在工序卡上作为车间生产的指导性文件。一般情况下，仅对于一些关键工序提供工序图，当然也有严格要求每道工序都必须附有工序图的情况。工序图的绘制需要准确和完备的零件信息及工艺设计结果信息。在软件的实现上，一般有用高级语言编写绘图子程序和在商品化 CAD 软件上进行二次开发两种模式。而在设计方法上，一般与该 CAPP 系统选择的零件信息相对应，如特征拼装的工序图生成方法对应基于特征拼装的计算机绘图与零件信息的描述和输入方法，特征参数法或图素参数法对应基于形状特征或表面元素的描述和输入方法等。

（5）工时定额计算。工时定额是衡量劳动生产率及计算加工费用（零件成本）的重要依据。先进、合理的工时定额是企业合理组织生产、开展经济核算、贯彻按劳分配原则、不断提高劳动生产率的重要基础。在 CAPP 系统中，一般采用查表法和数学模型法计算工时定额。

（6）工序卡输出。作为车间生产的指导性文件，各个工厂都对其表格形式做出了统一明确的规定。工艺人员填写完毕后，还应经过一定的认定和修改过程，再发至车间，产生效力。CAPP 系统工序卡的输出部分一般纳入工艺文件管理子系统的规划与应用之中。

微课

阀体的数字化工艺

任务实施

阀体（见图 2-2-8）的数字化加工工艺设计包括阀体加工工艺流程和编制阀体机械加工工艺规程两部分内容。

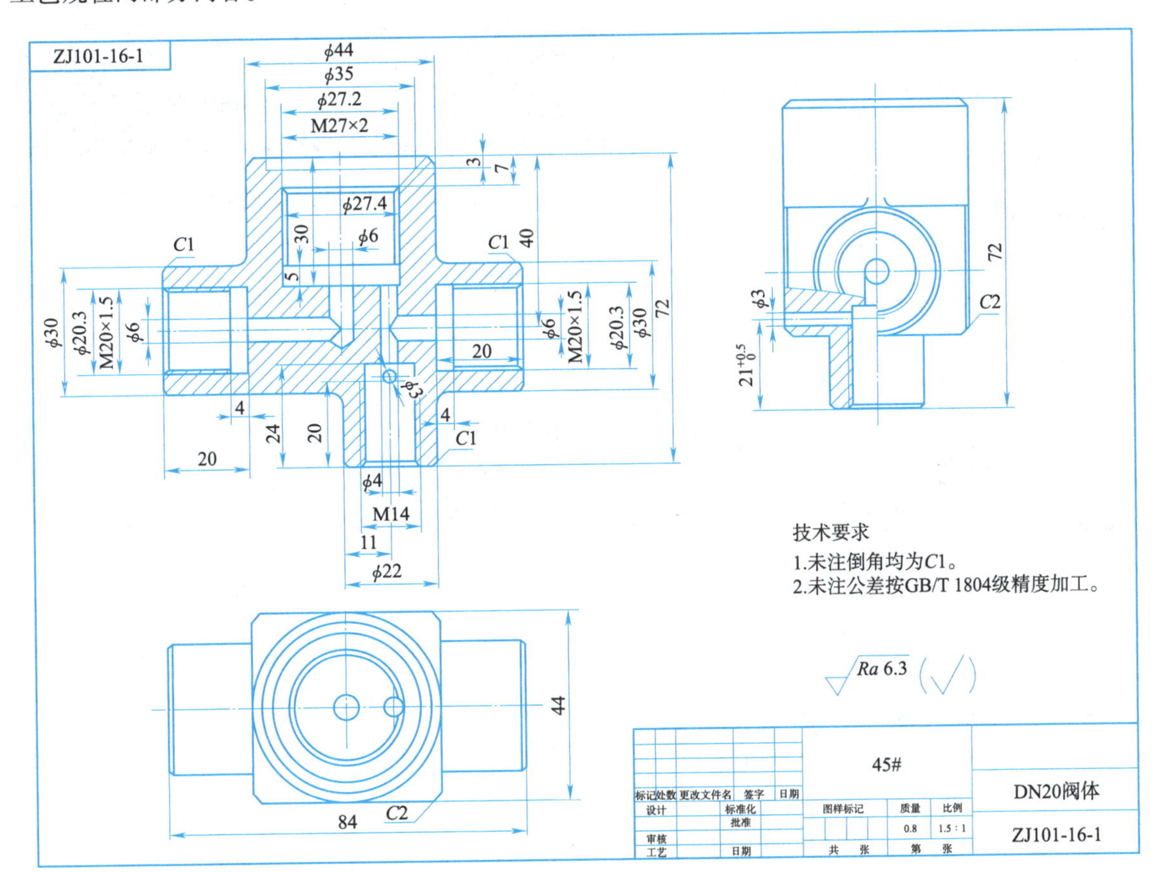

图 2-2-8　阀体零件图

一、阀体加工工艺流程

（1）AGV 小车将阀体物料运送到阀体上下料平台中，当阀体物料在阀体上下料平台上向前运动，物料传感器检测到物料时，阀体上下料平台停止运动，定位气缸伸出进行二次精定位，RFID 传感器读取物料信息。

（2）机械手进行夹取阀体，并将阀体送入加工中心进行加工。

（3）物料加工完毕，加工中心停止工作，机械手将物料取出到翻转平台中进行换向。

（4）机械手夹取换向后的零件放入数控车床中进行加工，物料加工完毕，数控车床停止工作，机械手将物料取出再次放到翻转平台中进行换向。

（5）机械手夹取换向后的零件再次放入数控车床中进行加工，加工完毕后，机械手将零件放回到托盘中。

（6）重复上述工作流程，直至将整盘阀体加工完成，最后由阀体上下料平台交接给 AGV 小车，将物料运走。

二、阀体机械加工工艺规程

（1）登录 CAPP 系统，登录界面如图 2-2-9 所示。

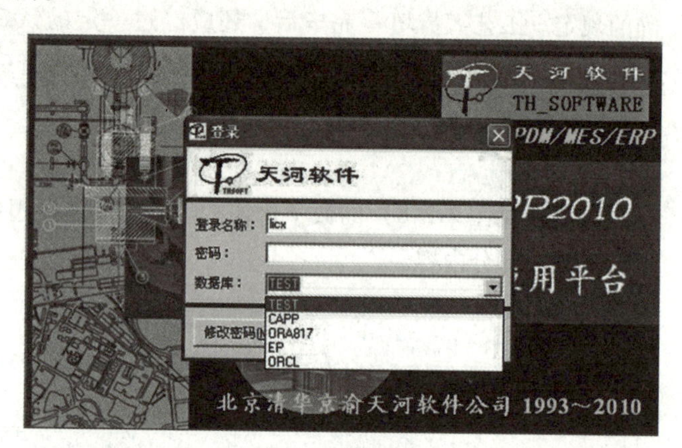

图 2-2-9　CAPP 系统登录界面

（2）新建工艺卡片，编制阀体机械加工工艺规程，如图 2-2-10 ~ 图 2-2-12 所示。

零件制造工艺及规程			规程编号	01	规程版次	第1页 共3页
			零件名称	D×20阀体	图样版次	
草图及说明：	车间	工序号	工序名称	工序内容	标记	工装、工具、设备
A—A 42 16 40 α 32 α ϕ20.30 20 74 ϕ5 20 29 85.50 K20×15-7H 44 A A Ra 6.3 (√) 定位 压紧 定位压紧 辅助支撑		1	1	铣削ϕ44外径、ϕ44端面、倒角$C1$		设备： #24加工中心 加工程序编号： O0004 机械手上下料坐标： X 500 Y 0 刀具规格： 钻头 ϕ6×120 钻头 ϕ17.5×120 平头立铣刀 ϕ12×120 倒角刀片 YBG302 SPMT120408-PM 铣槽刀片 TN1635R265 螺纹铣刀 ϕ12×2×120
		1	2	钻孔		
		1	3	铣削ϕ35、ϕ27.2台阶孔		
		1	4	铣削ϕ27.4退刀槽		
		1	5	钻ϕ6孔		
		1	6	倒内角$C1$		
		1	7	铣削M27×2内螺纹		

图 2-2-10　阀体工艺规程 1

零件制造工艺规程					规程编号	01	规程版次	第2页 共3页
					零件名称	D×20阀体	图样版次	
草图及说明：SKETCH AND DESCRIPTION	车间	工序号	工序名称	工序内容		标记	工装、工具、设备	
		2	1	车ϕ30外径、端面、R2、倒外角			设备：#25数控车床 加工程序编号：O0003 刀具： 内圆车刀片 YBC251 DCMT070204-HM 螺纹车刀片 16NR1.5ISO 外圆车刀片 YBC251 CNMG120404-PM 钻头 ϕ13×120	
		2	2	钻M20×1.5底孔				
		2	3	车ϕ20.3退刀槽、M20×1.5底孔				
		2	4	倒内角				
		2	5	车M20×1.5螺纹				

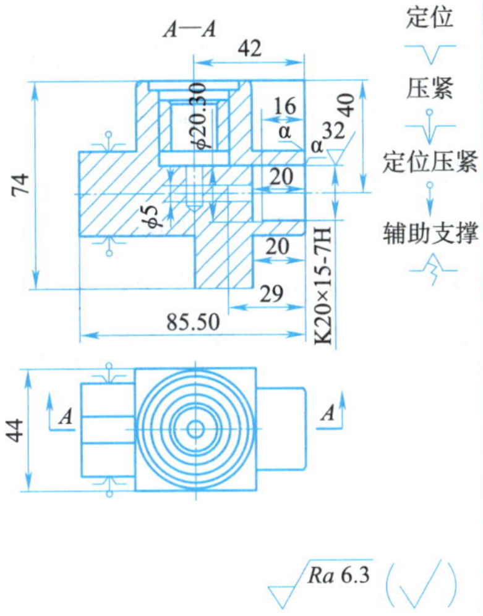

图 2-2-11　阀体工艺规程 2

零件制造工艺规程					规程编号	01	规程版次	第3页 共3页
					零件名称	D×20阀体	图样版次	
草图及说明：	车间	工序号	工序名称	工序内容		标记	工装、工具、设备	
		3	1	车ϕ30外径、端面、R2、倒角			设备：#25数控车床 加工程序编号：O0003 刀具： 内圆车刀片 YBC251 DCMT070204-HM 螺纹车刀片 16NR1.5ISO 外圆车刀片 YBC251 CNMG120404-PM 钻头 ϕ13×120	
		3	2	钻M20×1.5底孔				
		3	3	车ϕ20.3退刀槽、M20×1.5螺纹孔				
		3	4	倒内角				
		3	5	车M20×1.5内螺纹				

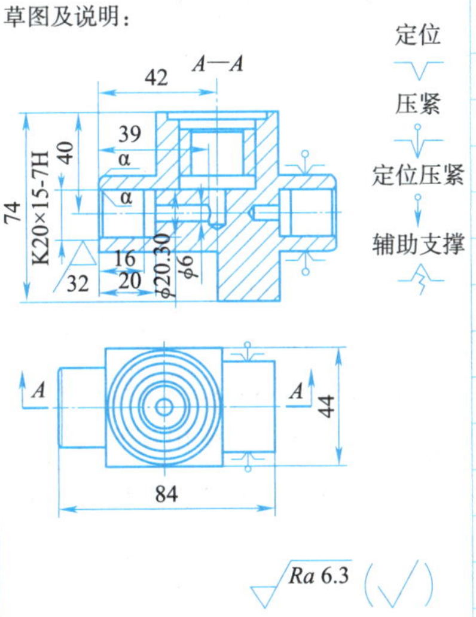

图 2-2-12　阀体工艺规程 3

任务3　成型零件的数字化加工

任务解析

本任务介绍数字化加工相关内容，数字化加工是指在数字化技术和制造技术融合的背景下，并在虚拟现实、计算机网络、快速原型、数据库和多媒体等支撑技术的支持下，根据用户的需求，迅速收集资源信息，对产品信息、工艺信息和资源信息进行分析、规划和重组，实现对产品设计和功能的仿真以及原型制造加工，进而快速生产出达到用户要求性能的产品的制造全过程。通过本任务的学习，使学生了解数控加工设备、计算机辅助制造、工业机器人与数字化装配，在掌握数字化加工方法的基础上，完成成型零件的数字化加工。

知识链接

一、数控加工

数控技术（numerical control，NC）指采用计算机技术对产品加工过程进行数字化信息处理与控制，从而实现生产自动化、提高综合效益的技术，根据设计和工艺要求，利用计算机进行拟加工产品的建模、存储、修改并将其转化为其他伺服设备能够识别的信号，从而实现对设备的控制，最终实现产品的数字化控制加工。数控技术是机械、电子、自动控制、计算机和检测技术深度融合、综合应用的机电一体化高新技术，是实现制造过程自动化的基础和自动化柔性系统的核心，是现代集成制造系统的重要组成部分。数控技术把机械装备的功能、效率、可靠性和产品质量提高到一个新水平，使传统的制造业发生了极其深刻的变化，而且随着数控技术的进一步深化和发展，数控加工必将成为未来加工方法的主流。

1. 数控加工的基本概念

数控加工指由控制系统发出指令使刀具作符合要求的各种运动，以数字和字母形式表示工件的形状和尺寸等技术、加工工艺要求进行的加工，泛指在数控机床上进行零件加工的工艺过程。

数控机床是一种由计算机控制的机床。数控机床的运动和辅助动作均受控于数控系统发出的指令，而数控系统的指令是由程序员根据工件的材质、加工要求、机床特性和系统所规定的指令格式（数控语言或符号）编制的。数控系统根据程序指令向伺服装置和其他功能部件发出运行或中断信息控制机床的各种运动，当零件的加工程序结束时，机床便会自动停止。任何一种数控机床，在其数控系统中若没有输入程序指令，数控机床就不能工作。机床的受控动作大致包括机床的起动、停止，主轴的起动、停止、旋转方向和转速的变换，进给运动的方向、速度和方式，刀具的选择、长度和半径的补偿，刀具的更换，切削液的打开、关闭等，数控加工原理如图 2-3-1 所示。

2. 数控加工的特点

随着工业数字化、信息化程度越来越高，数控机床也越来越多地渗透各大企业，母线机行业也出现数控三工位母线加工机、数控母线冲剪机、数控母线折弯机、数控母线铣角机、数控铜棒加工机等数控母线加工机。那么数控机床有哪些优点呢？

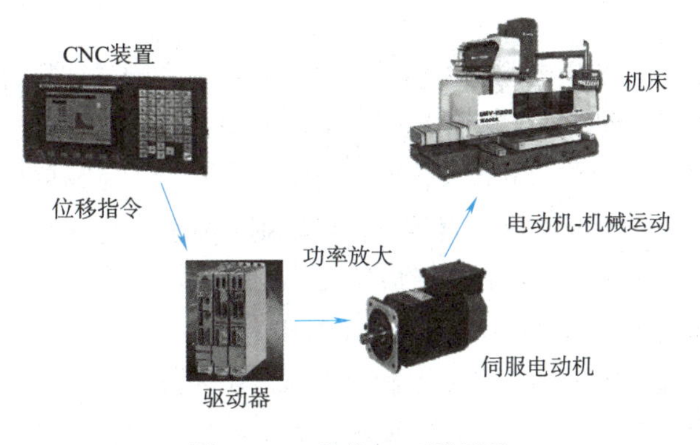

图 2-3-1　数控加工原理图

（1）自动化程度高。可以减轻操作者的体力劳动强度，数控加工过程按输入的程序自动完成，操作者只需起始对刀、装卸工件和更换刀具，在加工过程中，主要是观察和监督机床运行。但是，由于数控机床的技术含量高，操作者的脑力劳动相应提高。

（2）加工零件精度高、质量稳定。数控机床定位精度和重复定位精度都很高，较容易保证一批零件尺寸的一致性，只要工艺设计和程序正确合理，加之精心操作，就可以保证零件获得较高的加工精度，也便于对加工过程实行质量控制。

（3）生产效率高。数控机床加工能在一次装夹中加工多个加工表面，一般只检测首件，所以可以省去普通机床加工时的不少中间工序，如划线、尺寸检测等，减少了辅助时间，而且由于数控加工出的零件质量稳定，为后续工序带来方便，其综合效率明显提高。

（4）便于新产品的研制和改型。数控加工一般不需要很多复杂的工艺装备，通过编制加工程序就可以把形状复杂和精度要求较高的零件加工出来，当产品改型、更改设计时，只需要改变程序，而不需要重新设计工装。所以，数控加工能大大缩短产品研制周期，为新产品的研制开发、产品的改进、改型提供了捷径。

（5）可向更高级的制造系统发展。数控机床及其加工技术是计算机辅助制造的基础。

（6）初始投资较大。这是由于数控机床设备费用高，首次加工准备周期较长、维修成本高等因素。

（7）维修要求高。数控机床是技术密集型的机电一体化典型产品，需要维修人员既懂机械，又要懂微电子维修方面的知识，同时还要配备较好的维修装备。

二、数控设备

1. 数控机床的组成

数控机床主要由机床主体、伺服系统、数控装置和存储系统等部分组成。机床主体主要指机床的整体结构和执行部件，其运动和定位精度较普通机床高，对控制系统的响应时间短，另外还配有其他附属设施；伺服系统主要指数控系统的信号放大和控制部件，可以有效驱动执行部件进行精确运动，最终实现零件的自动加工；数控装置和存储系统主要进行数控程序的存储、修改和控制，数控装置可将程序读取转化为伺服系统能够识别的信号，对伺服系统进行驱动和控制，再由伺服系统控制机床中相关工作轴的运动。

1）机床主体

数控机床主体又称主机，包括机床的主运动部件、进给运动部件、执行部件以及基立柱、工作台（刀架）、导轨和滑鞍等。数控机床与普通机床不同，它的主运动和各个坐标轴的进给运动都由单独的伺服电动机驱动，所以它的传动链短、结构比较简单。为了保证数控机床的快速响应特性，在数控机床上还普遍采用精密滚珠丝杠副和直线滚动导轨副。目前先进的数控机床已采用直线电动机作为驱动部件，直线电动机具有结构简便、适应性强、更快的响应速度，以及更高的速度和加速度等特性，可达到 80 m/min 的运动速度，大大提高了机床的动态特性，减少了非工作时间，提高了加工效率。在加工中心上还配有刀库和自动换刀装置，为适应各种加工任务，多功能的加工中心配有多达几十个动力刀位以及几百把刀具。例如，德玛吉森精机机床有限公司生产的 SPRINT65-3T 多轴机床，具有多达 36 个动力刀位，专门研发的智能轮式刀库具有 453 个刀位，并且换刀时间仅2. 5 s；同时还有一些其他配套设施，如冷却、自动排屑、自动润滑、防护和对刀仪等，有利于充分发挥数控机床的功能。此外，为了保证数控机床的高精度、高效率和高自动化加工，数控机床的其他机械结构也产生了很大的变化。

2）伺服系统

伺服系统由伺服驱动电动机和伺服驱动装置组成，是数控系统的执行部件，用于精确地进行某个过程的反馈控制系统。其基本作用是接收数控装置发送的脉冲指令信号，按控制命令的要求对功率进行放大、变换与调控等处理，控制机床执行部件的进给速度、状态、方向和位移量，以完成零件的自动加工。在很多情况下，伺服系统专指被控制量，即系统的输出量，是机械位移或位移速度、加速度的反馈控制系统，其作用是使输出的机械位移或转角准确地跟踪输入的位移，其结构组成和其他形式的反馈控制系统没有原则上的区别。数控机床一般要求伺服系统具有快速响应性能、较高伺服精度以及高可靠性。

3）数控装置和存储系统

数控装置是控制机床运动的中枢系统，基本任务是接收程序介质带来的信息，按照规定的控制算法进行差补运算，把它们转换为伺服系统能够接收的指令信号，然后将结果由输出装置传送到各坐标控制的伺服系统。存储系统用于记载机床加工零件的全部信息，如零件加工的工艺过程、工艺参数、位移数据及切削速度等。常用的存储介质有磁带、磁盘等。也有一些数控机床采用操作面板上的按钮和键盘将加工程序直接输入，或通过串行接口将计算机上编写的加工程序输入数控系统。在计算机辅助设计与计算机辅助制造（CAD/CAM）集成系统中，加工程序可不需要任何载体而直接输入数控系统中并进行存储。

2. 数控加工设备的分类

1）按工艺用途分

（1）金属切削类数控机床。这类机床和传统的通用机床品种一样，有数控车床、数控铣床、数控钻床、数控磨床、数控镗床以及加工中心等。加工中心是带有自动换刀装置，在一次装卡后可以进行多种工序加工的数控机床。

（2）金属成型类及特种加工类数控机床。指金属切削类以外的数控机床，如数控弯管机、数控线切割机床、数控电火花成型机床。

2）按运动方式分

（1）点位控制数控机床。点位控制又称点到点控制。这类数控机床的数控装置只要求精确地控制一个坐标点到另一坐标点的定位精度，如图 2-3-2 所示，而不管一点到另一点是按照什么轨迹运动，在移动过程中不进行任何加工。为了精确定位和提高生产率，首先系统高速运行，然后进行 1 级～3 级减速，使之慢速趋近定位点，减小定位误差。这类数控机床主要包括数控钻床、数控坐标镗床、数控冲剪床和数控测量机等。使用数控钻镗加工零件可以省去钻模、镗模等工装，又能保证加工精度。

（2）直线运动控制数控机床。直线切削控制又称平行切削控制。这类数控机床不仅要求具有准确的定位功能，而且还要保证从一点到另一点之间移动的轨迹是一条直线，其路线和移动速度是可以控制的，如图 2-3-3 所示。对于不同的刀具和工件，可以选择不同的切削用量。这一类数控机床主要包括数控车床、数控镗铣床、加工中心等。

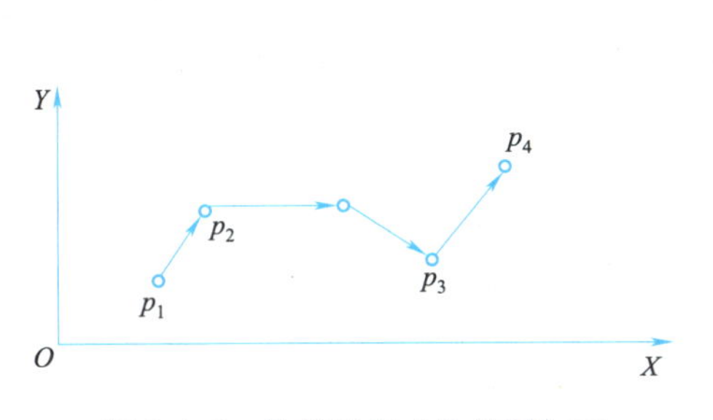

图 2-3-2　数控机床点位控制加工

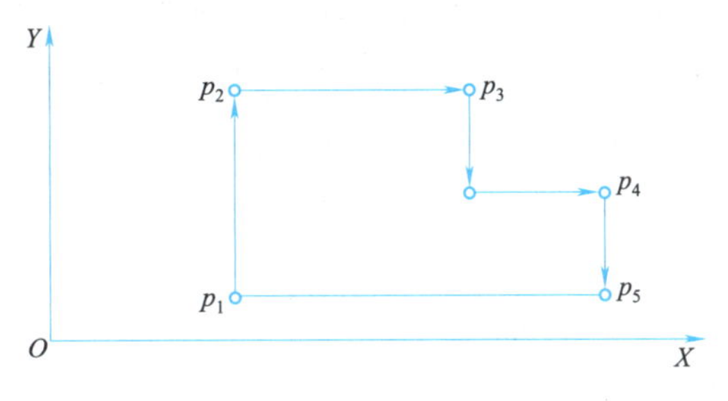

图 2-3-3　数控机床直线运动加工

（3）轮廓控制数控机床。轮廓控制又称连续轨迹控制。这类数控机床的数控装置能同时控制两个或两个以上坐标轴，并具有插补功能。对位移和速度进行严格的不间断控制，即可加工曲线或曲面零件，如凸轮及叶片等，如图 2-3-4 所示。轮廓控制数控机床主要包括两坐标及两坐标以上的数控铣床、可加工曲面的数控车床、加工中心等。

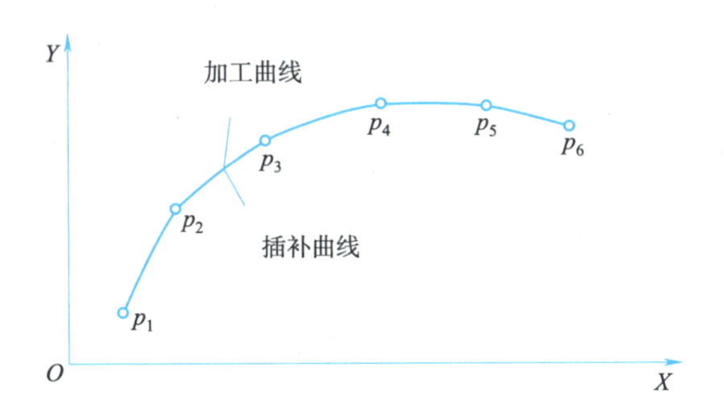

图 2-3-4　数据机床轮廓控制加工

3）按控制方式分

根据有无检测反馈元件及其检测装置，机床的伺服系统可分为开环伺服、闭环伺服和半闭环伺服。

（1）开环控制数控机床。这类数控机床没有检测反馈装置（见图 2-3-5），数控装置发出的指令信号的流程是单向的，其精度主要取决于驱动器件和电动机（如步进电动机）的性能。

工作台的移动速度和位移量是由输入脉冲的频率和脉冲数决定的。这类数控机床结构简单、成本低、工作比较稳定、调试方便，适用于精度、速度要求不高的场合，如经济型、中小型机床。

图 2-3-5　开环控制数控机床

（2）闭环控制数控机床。这类机床数控装置将插补器发出的指令信号与工作台末端传感器测得的实际位置反馈信号进行比较，根据两者差值不断控制运动，进行误差修正，直至差值在误差允许的范围内为止。采用闭环控制的数控机床（见图 2-3-6）可以消除由于传动部件制造中存在的精度误差给工件加工带来的影响，从而得到很高的加工精度。但是，由于很多机械传动环节（尤其是惯量较大的工作台等）包括在闭环控制的环路内，各部件的摩擦特性、刚性及间隙等都是非线性量，直接影响伺服系统的调节参数，故闭环系统的设计和调整都有较大的难度，设计和调整得不好，很容易造成系统的不稳定。

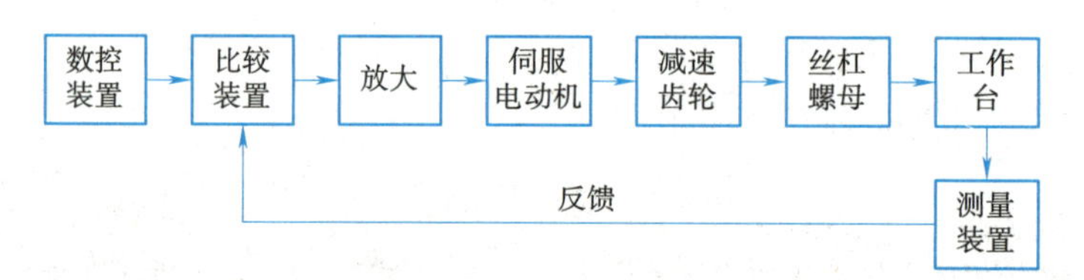

图 2-3-6　闭环控制数控机床

所以，闭环控制数控机床主要用于一些精度要求高和速度高的精密大型数控机床，如镗铣床、超精车床、超精磨床等。

（3）半闭环控制数控机床。大多数数控机床采用半闭环控制系统，其检测元件装在电动机或丝杠的端头，如图 2-3-7 所示。这种系统的闭环路内不包括机械传动环节，因此，可获得稳定的控制特性。由于采用高分辨率的测量元件（如脉冲编码器），又可以获得比较满意的精度和速度，半闭环系统的控制精度介于开环与闭环之间。

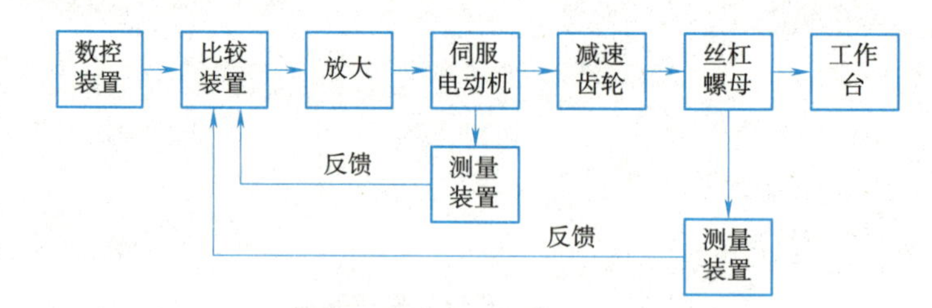

图 2-3-7　半闭环控制数控机床

3. 先进数控加工设备介绍

数控机床是装备制造业的工作母机，其技术水平的高低代表了一个国家制造业的发展水平。数控加工设备正向着高精度、高效率、复合型、智能型和网络与开放方向发展。

1）高精度

对数控机床精度的要求现在已经不局限于静态的几何精度，机床的运动精度、热变形以及对振动的监测和补偿越来越获得重视。

（1）提高 CNC 系统控制精度。采用高速插补技术，以微小程序段实现连续进给，使 CNC 控制单位精细化，并采用高分辨率位置检测装置，提高位置检测精度，位置伺服系统采用前馈控制与非线性控制等方法。

（2）采用误差补偿技术。采用反向间隙补偿、丝杠螺距误差补偿和刀具误差补偿等技术，对设备的热变形误差和空间误差进行综合补偿。研究结果表明，综合误差补偿技术的应用可将加工误差减少 60%～80%。

（3）采用网格解码器检查和提高加工中心的运动轨迹精度，并通过仿真预测机床的加工精度，以保证机床的定位精度和重复定位精度，使其性能长期稳定，能够在不同运行条件下完成多种加工任务，并保证零件的加工质量。

2）高效率

现代机床通过多种自动化技术已经将机床的效率提升到了很高的程度，但新的增效措施仍在创新中不断涌现，目前的发展趋势主要集中体现在机器人与机床的结合、多轴多刀多工位加工以及减少辅助时间等方面。有的机床内置机械手，如图 2-3-8 所示。有的是机械手在机床外部，实现工件的自动装卸，机械手与机床形成一个智能工作站，如图 2-3-9 所示。

图 2-3-8　内置机械手

图 2-3-9　外置机械手

3）复合加工

复合机床的含义是在一台机床上实现或尽可能实现从毛坯至成品的多种要素加工，根据其结构特点可分为工艺复合型和工序复合型两类。工艺复合型机床包括镗铣钻复合加工中心、车铣复合加工中心、铣镗钻车复合加工中心等；工序复合型机床包括多面多轴联动加工的复合机床和双主轴车削中心等。采用复合机床进行加工，减少了工件装卸、更换和调整刀具的辅助时间以及中间过程中产生的误差，提高了零件加工精度、生产效率和制造商的市场反应能力，缩短了产品制造周期，相对于传统工序分散的生产方法具有明显的优势。

加工过程的复合化也导致了机床向模块化、多轴化发展。例如，奥地利 WFL M120 MILLTURN 铣车复合加工中心（见 2-3-10）能够完成车削、铣削、钻削、滚齿、磨削、激光热处理等多种工序，可完成复杂零件的全部加工。随着现代机械加工要求的不断提高，大量的多轴联动数控机床越来越受到各大企业的欢迎。

图 2-3-10　WFL M120 MILLTURN 铣车复合加工中心

复合加工还可以实现增材与减材的复合，传统加工是减材加工，材料越加工越少，而增材加工指的是 3D 打印，那么这两者可以融合在一台机床上进行加工。例如，MAZAK INTEGREX i-400AM 的五轴增/减材复合加工中心（见图 2-3-11）就是将减材加工的机械切削和增材加工的 3D 打印技术进行了复合。

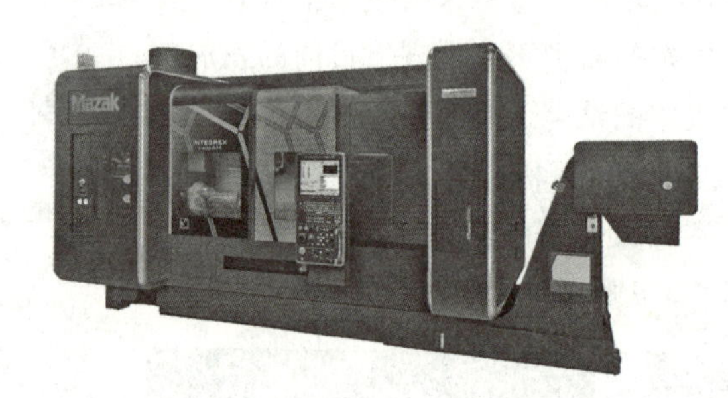

图 2-3-11　MAZAK INTEGREX i-400AM 的五轴增/减材复合加工中心

4）智能化

随着人工智能技术的发展，为了满足制造业生产柔性化、制造自动化的发展需求，数控机床的智能化程度在不断提高。具体体现在以下几个方面：

（1）加工过程自适应控制技术。通过监测加工过程中的切削力、主轴和进给电动机的功率、电流、电压等信息，利用传统或现代的算法进行识别，以辨识出刀具的受力、磨损、破损及机床加工的稳定性等状态，并根据这些状态实时调整加工参数（如主轴转速、进给速度等）和加工指令，使设备处于最佳运行状态，以提高加工精度、降低加工表面粗糙度并提高设备运行的安全性。

（2）加工参数的智能优化与选择。将工艺专家或技师的经验、零件加工的一般与特殊规律用现代智能方法，构造基于专家系统或基于模型的加工参数的智能优化与选择器，利用它获得优化的加工参数，从而达到提高编程效率、加工工艺水平、缩短生产准备时间的目的。

（3）智能故障自诊断与自修复技术。根据已有的故障信息，应用现代智能方法实现故障的快速准确定位。

（4）智能故障回放和故障仿真技术。能够完整记录系统的各种信息，对数控机床发生的各种错误和事故进行回放和仿真，用以确定错误引起的原因，找出解决问题的办法，积累生产经验。

（5）智能化交流伺服驱动装置。能自动识别负载，并自动调整参数的智能化伺服系统，包括智能主轴交流驱动装置和智能化进给伺服装置。这种驱动装置能自动识别电动机及负载的转动惯量，并自动对控制系统参数进行优化和调整，使驱动系统获得最佳运行。

（6）智能4M数控系统。在制造过程中，加工、检测一体化是实现快速制造、快速检测和快速响应的有效途径，将测量（measurement）、建模（modelling）、加工（manufacturing）、机器操作（manipulator）四者（即4M）融合在一个系统中，实现信息共享，促进测量、建模、加工、装夹、操作的一体化。

5）网络与开放

对于面临激烈竞争的企业来说，使数控机床具有双向、高速的联网通信功能，以保证信息流在车间各个部门间畅通无阻是非常重要的。既可以实现网络资源共享，又能实现数控机床的远程监视、控制、培训、教学、管理，还可以实现数控装备的数字化服务（如数控机床故障的远程诊断、维护等）。例如，日本Mazak公司推出的新一代加工中心配备了一个称为信息塔（e-tower）的外部设备，包括计算机、手机、机外和机内摄像头等，能够实现语音、图形、视像和文本的通信故障报警显示以及在线帮助排除故障等功能，是独立、自主管理的制造单元。

（1）向未来技术开放。由于软硬件接口都遵循公认的标准协议，只需少量的重新设计和调整，新一代的通用软硬件资源就可能被现有系统采纳、吸收和兼容，这就意味着系统的开发费用将大大降低，系统性能与可靠性将不断改善并处于长生命周期。

（2）向用户特殊要求开放。更新产品、扩充功能、提供硬软件产品的各种组合以满足用户的特殊应用要求。

（3）数控标准的建立。国际上正在研究和制定一种新的CNC系统标准ISO 14649（STEP-NC），以提供一种不依赖于具体系统的中性机制，能够描述产品整个生命周期内的统一数据模型，从而实现整个制造过程乃至各个工业领域产品信息的标准化。标准化的编程语言，既方便用户使用，又降低了和操作效率直接相关的劳动消耗。

三、数控系统

1. 数控系统的组成

现代数控系统，主要是靠存储程序实现各种机床的不同控制要求。如图2-3-12所示，整个数控系统是由程序、输入设备、输出设备、计算机数控（CNC）装置、可编程控制单元、主轴控制单元和速度控制单元等部分组成，习惯上简称为CNC系统。CNC系统能自动阅读输入载体上事先给定的数字值并将其译码，从而驱使机床动作并加工出符合要求的零件。

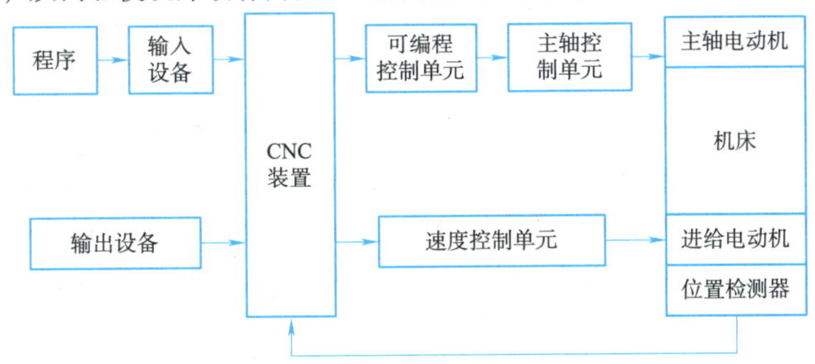

图2-3-12　CNC系统的组成

2. 数控系统的工作过程

CNC 系统的工作就是在硬件系统的支持下，由软件系统完成控制功能的全过程。

1）加工程序的输入

机床参数一般在机床出厂时或在用户安装调试时已经设定好，所以输入 CNC 系统的主要是零件加工程序和刀具补偿数据。输入方式有键盘输入、磁盘输入、上级计算机 DNC 通信输入等。CNC 系统的输入方式有存储方式和 NC 方式。存储方式是将整个零件程序一次全部输入 CNC 系统内部存储器中，加工时再从存储器中把程序一个一个地调出，该方式应用较多；NC 方式是 CNC 系统一边输入一边加工的方式，即在前一程序段加工时，输入后一个程序段的内容。

2）译码

译码是以零件程序的一个程序段为单位进行处理，把其中零件的轮廓信息（如起点、终点、直线或圆弧等）和进给指令、主轴指令、辅助指令等信息按一定的语法规则编译成计算机能够识别的数据形式，并以一定的数据格式存放在指定的内存专用区域。编译过程中还要进行语法检查，发现错误立即报警。

3）刀具补偿

刀具补偿包括刀具半径补偿和刀具长度补偿。为了方便编程人员编制加工程序，编程时以零件的轮廓轨迹编程，与刀具尺寸无关。程序输入和刀具参数输入分别进行。刀具补偿的作用是把零件轮廓轨迹按系统存储的刀具尺寸数据自动转换成刀具中心（刀位点）相对于工件的移动轨迹。

4）进给速度处理

数控加工程序给定的刀具相对于工件的移动速度即在各个坐标合成运动方向上的速度，即进给指令值。速度处理首先要进行的工作是将各坐标合成运动方向上的速度分解成各进给运动坐标方向的分速度，为插补时计算各进给坐标的行程量做准备；另外，对于机床允许的最低和最高速度限制也在此处理，一些数控机床 CNC 软件的自动加速和减速也在此处理。

5）插补

零件加工程序段中的指令行程信息是有限的。例如，对于加工直线的程序段仅给定起点、终点坐标；对于加工圆弧的程序段除了给定其起点、终点坐标外，还给定其圆心坐标或圆弧半径。要进行轨迹加工，CNC 系统必须从一条已知起点和终点的曲线上自动进行“数据点密化”工作，即插补。插补在每个规定的周期（插补周期）内进行，即在每个周期内，按指令进给速度计算出一个微小的直线数据段，通常经过若干个插补周期后，插补完一个程序段的加工，也就完成了从程序段起点到终点的“数据点密化”工作。

6）位置控制

位置控制装置位于伺服系统的位置环上，其主要工作是在每个采样周期内，将插补计算出的理论位置与实际反馈位置进行比较，用差值控制进给电动机。位置控制可由软件完成，也可由硬件完成。在位置控制中通常还要完成位置回路的增益调整、各坐标方向的螺距误差补偿和反向间隙补偿等，以提高机床的定位精度。

7）I/O 处理

CNC 系统的 I/O 处理是 CNC 系统与机床之间信息传递和变换的通道，其作用一方面是将机床运动过程中的有关参数输入 CNC 系统；另一方面是将 CNC 系统的输出命令（如换刀、主轴变速换挡、加切削液等）变为执行机构的控制信号，实现对机床的控制。

8）显示

CNC 系统的显示主要是为操作人员提供方便。显示装置有 CRT（cathode ray tube，阴极射线管）显示器或 LCD（液晶显示器），一般位于机床的控制面板上。通常有零件程序显示、参数显示、刀具位置显示、机床状态显示以及报警信息显示等。一些 CNC 装置中还有刀具加工轨迹的静态和动态模拟加工图形显示。

3. 数控系统的功能

CNC 系统的功能是指满足用户操作和机床控制要求的方法和手段，如图 2-3-13 所示，包括基本功能和选择功能。基本功能是数控系统必备的功能；选择功能是用户可根据实际要求选择的功能。

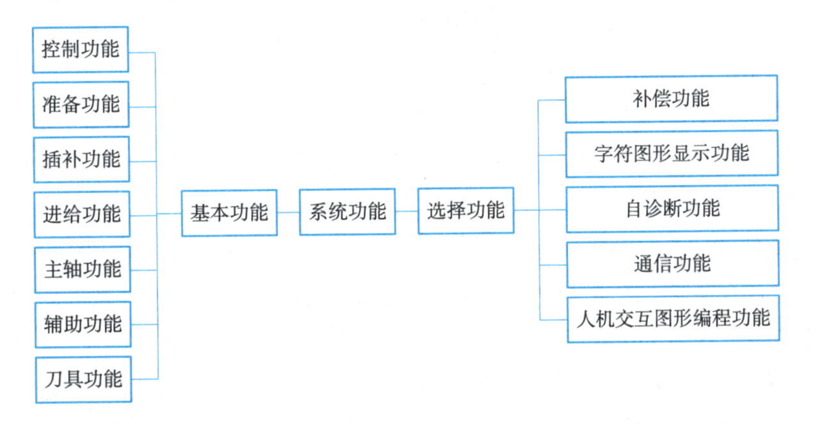

图 2-3-13　CNC 系统的功能

控制功能、准备功能、插补功能、进给功能、主轴功能、辅助功能、刀具功能这七个功能是数控系统的基本功能，是数控系统必备的功能。补偿功能、字符图形显示功能、自诊断功能、通信功能及人机交互图形编程功能是选择功能，用户可根据实际要求进行选择。

四、计算机辅助制造（CAM）

计算机辅助制造（computer aided manufacturing，CAM）是指利用计算机进行生产设备管理、控制和操作，完成产品的加工制造。

CAM 有狭义和广义的两个概念：狭义 CAM 指的是从产品设计到加工制造之间的一切生产准备活动，包括 CAPP、NC 编程、工时定额的计算、生产计划的制订、资源需求计划的制订等；广义 CAM 指利用计算机辅助从毛坯到产品制造全过程的所有直接与间接活动，包括工艺准备、生产作业计划、物流过程的运行控制、生产控制、质量控制、物料需求计划、成本控制、库存控制等。

软件是用于求解某一问题并充分发挥计算机计算分析功能和交流通信功能的程序的总称。这些程序的运行不同于普通数学中的解题过程，它们的作用是利用计算机本身的逻辑功能，合理地组织整个解题流程，简化或者代替在各个环节中人所承担的工作，从而达到充分发挥机器效率、便于用户掌握计算机的目的。软件是整个计算机系统的“灵魂”，CAD/CAM 系统的软件可分为系统软件、支撑软件和应用软件三个层次。

1. 系统软件

系统软件主要用于计算机的管理、维护、控制以及计算机程序的翻译、装入与运行，包括各类操作系统和语言编译系统，其中操作系统包括 Windows、Linux、UNIX 等；语言编译系统用于将高级语言编写的程序翻译成计算机能够直接执行的机器指令，目前 CAD 系统应用最多的语言编译系统有 Visual Basic、Visual C/C ++ 、Visual J ++ 等。

2. 支撑软件

支撑软件是为满足 CAD/CAM 工作中一些用户的共同需要而开发的通用软件。由于计算机应用领域迅速扩大，支撑软件的开发研制已有了很大进展，商品化支撑软件层出不穷，通常可分为下列几类：

（1）计算机图形系统（computer graphics system）。用于绘制或显示由直线、圆弧或曲线组成的二维、三维图形，如早期美国的 PLOT-10 等。后来该系统趋向标准化方向发展，出现了如 GKS、PHIGS 和 GL 等系统，并发展成为计算机的系统软件。

（2）工程绘图系统（drawing system）。支持不同专业的应用图形软件开发，具有基本图形元素（如点、直线、圆等）绘制、图形变换（如缩放、平衡、旋转等）、编辑（如增加、删除、修改等）、存储、显示控制以及人机交互、输入输出设备驱动等功能。目前，计算机中广泛应用的 AutoCAD 就属于这类支撑软件。

（3）几何建模软件（geometry modeling）。为用户提供一个完整、准确地描述和显示三维几何形状的方法和工具，具有消隐、着色、浓淡处理、实体参数计算、质量特性计算等功能。CAD/CAM 中的几何建模软件有 I-DEAS、Pro/E、UG 等。

（4）数据库系统软件。CAD/CAM 系统中几乎所有的应用都离不开数据，而能否提高 CAD/CAM 系统的集成化程度主要取决于数据库系统的水平，所以选择合适的数据库管理系统对 CAD/CAM 影响较大。目前比较流行的数据库管理系统有 Oracle、Sybase 等。

3. 常用 CAD/CAM 软件系统

目前，CAM 软件中具有代表性的是 MasterCAM、SurfCAM、EdgeCAM 及 WorkNC 等。下面简单介绍一些常用的 CAD/CAM 系统功能。

（1）MasterCAM。MasterCAM 是一种应用广泛的中低档 CAD/CAM 软件，由美国 CNC 软件公司开发，V5.0 以上可运行于 Windows 或 Windows NT。该软件三维造型功能稍差，但操作简便实用，容易学习。新的加工任选项使用户具有更大的灵活性，如提供多曲面径向切削和将刀具轨迹投影到数量不限的曲面上等功能。这个软件还包括新的 *C* 轴编程功能，可顺利地将铣削和车削结合。其他功能如直径和端面切削、自动 *C* 轴横向钻孔、自动切削与刀具平面设定等，有助于零件的高效生产。其后处理程序支持铣削、车削、线切割、激光加工以及多轴加工。另外，MasterCAM 提供多种图形文件接口，如 SAT、IGES、VDA、DXF、CADL 以及 STL 等。该软件由于价格便宜、应用广泛，同时具有很强的 CAM 功能，因此成为现在应用最广的 CAM 应用软件。

（2）SurfCAM。SurfCAM 是美国加州 Surfware 公司开发的基于 Windows 操作系统的数控编程系统，附有全新透视图基底的自动化彩色编辑功能，可迅速而又简洁地将一个模型分解为型芯和型腔，从而节省复杂零件的编程时间。该软件的 CAM 功能具有自动化的恒定 *Z* 水平面粗加工和精加工功能，可以使用圆头、球头和方头立铣刀在一系列 *Z* 水平面上对零件进行无撞伤的曲面切削。对某些作业来说，这种加工方法可以提高粗加工效率并减少精加工时间。另外，Surfware 公司和 SolidWorks 公司签有合作协议，SolidWorks 的设计部分将成为 SurfCAM 的设计前端，两者相辅相成。

（3）EdgeCAM。EdgeCAM 是英国 PathTrace 工程系统公司开发的一套智能数控编程系统，是在 CAM 领域中非常具有代表性的实体加工编程系统。EdgeCAM 作为新一代智能数控编程系统，可完全在 Windows 环境下开发，保留了 Windows 应用程序的全部特点和风格，无论是界面布局还是操作习惯，都非常容易被新手接受。EdgeCAM 软件的应用范围广泛，支持车、铣、车铣复合、线切割等编程操作。

五、数控编程基础

1. 程序名

数控程序名有两种表达形式：一种是由英文字母 O 和 1～4 位正整数组成；另一种是由英文字母开头，字母数字混合组成。FANUC 数控系统采用第一种形式。

2. 程序主体

程序主体是由若干个程序段组成的，每个程序段占一行，每行为一个“基本动作”。

3. 程序结束指令

程序结束指令可以用 M02 或 M30，表达该指令一般要求单独占一行。

4. 程序结束符

程序开始符、结束符是同一个字符，ISO 代码中是%，EIA 代码中是 EP，多数数控系统中在建立新程序时会自动加入，书写时应单独占一行。

加工程序的一般格式举例：

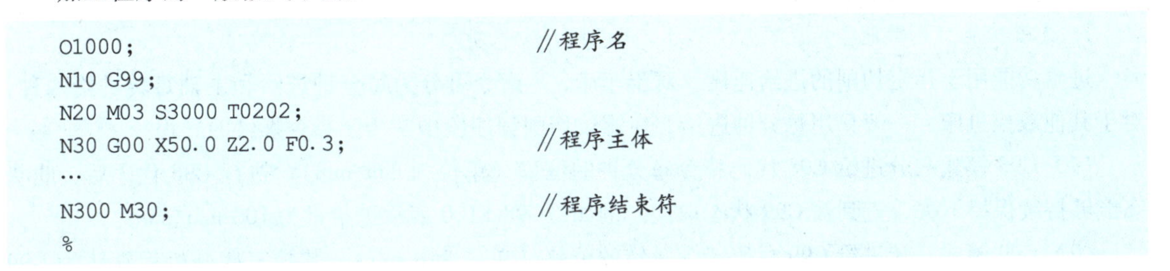

```
O1000;                          //程序名
N10 G99;
N20 M03 S3000 T0202;
N30 G00 X50.0 Z2.0 F0.3;        //程序主体
…
N300 M30;                       //程序结束符
%
```

5. 程序段的组成

每个程序段由若干个字组成，每个字又由地址码和若干个数字组成，字母、数字、符号统称为字符，各组成含义如图 2-3-14 所示。

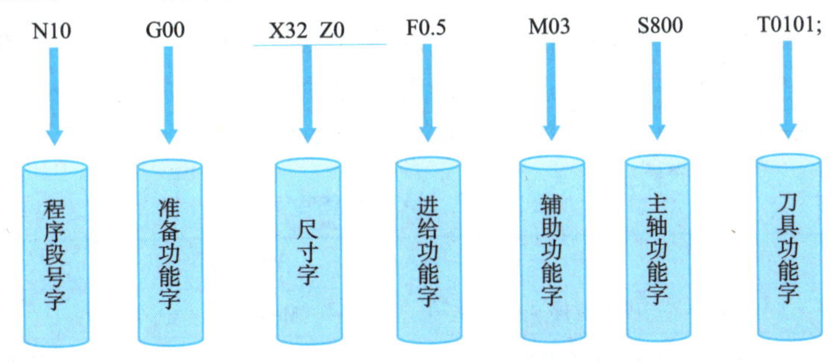

图 2-3-14　程序段的组成

6. 准备功能（G 功能、G 代码）

准备功能用于规定刀具和工件的相对运动轨迹、机床坐标系、刀具补偿等操作，G 代码指令见表 2-3-1。

表 2-3-1　G 代码指令

代码	组别	功能	代码	组别	功能
G00 *	G04	快速点定位	G70	00	精加工复合循环
G01		直线插补	G71		粗加工复合循环
G02		顺时针圆弧插补	G72		端面粗加工复合循环
G03		逆时针圆弧插补	G73		固定开关粗加工复合循环
G04	00	暂停	G74		端面钻孔复合循环
G20 *	06	英寸输入	G75		外圆切槽复合循环
G21 *		毫米输入	G76		螺纹切削复合循环
G40 *	07	取消刀尖圆弧半径补偿	G90	01	外圆切削循环
G41		刀尖圆弧半径左补偿	G92		螺纹切削循环
G42		刀尖圆弧半径右补偿	G94		端面切削循环
G50	00	1. 坐标系设定；2. 主轴最高转速限制	G96	02	恒线速度控制
G65		调用宏指令	G97 *		取消恒线速度控制
G66	12	宏程序模态调用	G98	05	每分钟进给量
G67 *		取消宏程序模态调用	G99 *		每转进给量

注：* 表示机床开机后的默认状态。

7. 进给功能（F 功能、F 代码）

进给功能用于指定切削的进给速度。对于车床，F 指令可分为每分钟进给和主轴每转进给两种，对于其他数控机床，一般只用每分钟进给，在螺纹切削程序段中常用于指令螺纹的导程。

（1）G98 模式。分进给 G98 代码指令每分钟的位移（单位为 mm/min），执行 G98 代码后，此状态能够持续保持下去，直到被 G99 状态取代。例如，G98 F100 表示进给量为 100 mm/min。

（2）G99 模式。转进给 G99 代码指令每转的位移（单位为 mm/r），数控车床开机后默认为 G99 状态。例如，G99 F0. 2 表示进给量为 0. 2 mm/r。

8. 辅助功能（M 功能、M 代码）

辅助功能用于数控机床开关量的控制，表示一些机床辅助动作，用地址码 M 和后面的两位数字表示，有 M00 ~ M99 共 100 种。M 功能常常有两种状态的选择模式，如“开”和“关”，“进”和“出”，“向前”和“向后”，“进”和“退”，“调用”和“结束”，“夹紧”和“松开”等，相对立的辅助功能是占大多数的。FANUC 系统常用辅助功能代码见表 2-3-2。

表 2-3-2　M 代码指令

代码	功能	代码	功能
M00	程序暂停	M09 *	切削液关
M01	程序有条件暂停	M30	程序结束并返回起点

续表

代码	功能	代码	功能
M02	程序结束	M41 *	低档
M03 *	主轴正转	M42 *	中档
M04 *	主轴反转	M43 *	高档
M05 *	主轴停止	M98	子程序调用
M08 *	切削液开	M99	子程序结束

注：* 表示模态代码。

9. 主轴转速功能（S 功能、S 代码）

（1）恒定转速控制。FANUC 车削系统规定在准备功能 G97 状态下，S 后面的数字直接指定主轴每分钟的恒定转速，单位为 r/min。

代码格式：G97 S_；

但让主轴真正能够转动起来还需配合主轴正反转指令 M03/M04。例如，“G97 S600 M03”表示主轴转速为 600 r/min，且为正转。

（2）恒线速度控制。S 后面的数字还可指定切削线速度，单位为 m/min。用 G96 指定恒线速度状态。

代码格式：G96 S_；

线速度和转速之间的关系为

$$v = \pi Dn/1\ 000$$

$$n = 1\ 000\ v/\pi D$$

10. 刀具功能（T 功能、T 代码）

刀具功能用于指定加工所用的刀具。字母 T 及其后面的数字代表要选择的刀具号，一般用 2 位或 4 位数表示。在四方刀架上标有 1、2、3、4 共四个刀位号，在一个程序加工中最多可装四把刀。

代码格式：T× ×（或 T× × × ×）

例如，T0303 表示选用 3 号刀及 3 号刀具补偿值。

六、数控车床仿真加工（以 VNUC 仿真软件为例）

1. 启动软件

单击“开始”→“所有程序”→LegalSoft→“VNUC 网络版”命令完成启动。

2. 选择机床与数控系统

在菜单中选择“选项”→“选择机床和系统”命令，弹出图 2-3-15 所示的“选择机床与数控系统”对话框，按图选择机床与数控系统，单击“确定”按钮，进入 FANUF 0i Mate-TC 数控系统车床操作界面。

3. 激活机床

按键→松开，激活机床。

4. 机床回零

按键→按键→指示灯亮→按键→指示灯亮，完成回零操作。

5. 设置并安装工件

在菜单中选择“工艺流程”→“毛坯”命令，弹出“毛坯零件列表”对话框，单击“新毛坯”按钮，弹出图 2-3-16 所示的“车床毛坯”对话框，按图选择零件的毛坯，单击“确定”按钮，选中新设置的毛坯，单击“安装此毛坯”→“确定”按钮，弹出“调整车床毛坯”对话框，单击“向右”按钮，调整毛坯至适当位置，单击“夹紧/松开”→“关闭”按钮，完成工件的选择与安装。

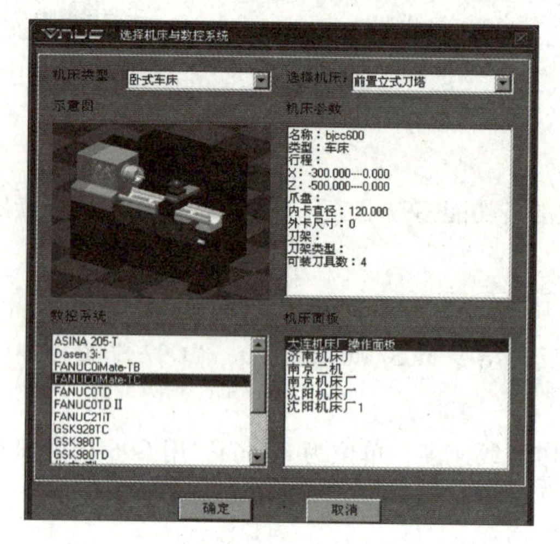

图 2-3-15 “选择机床与数控系统”对话框

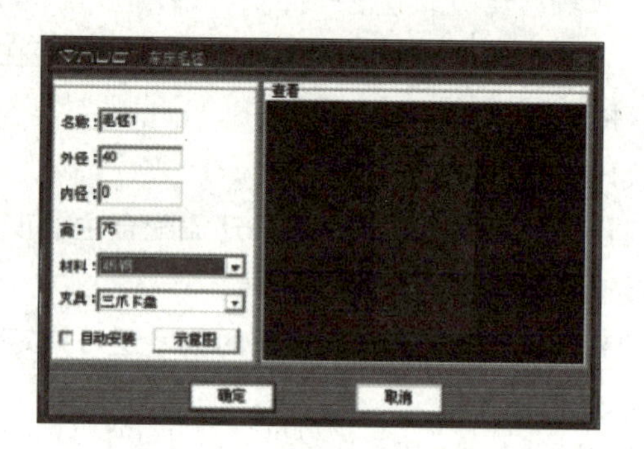

图 2-3-16 “车床毛坯”对话框

6. 选择并安装刀具

在菜单中选择“工艺流程”→“车刀刀库”命令，弹出图 2-3-17 所示的“刀库”对话框，按图选择所需刀具（外圆车刀），单击“完成编辑”→“确定”按钮，完成刀具的选择与安装。

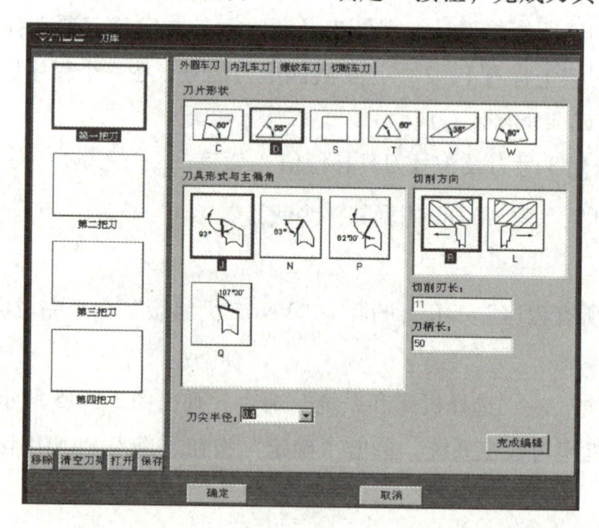

图 2-3-17 “刀库”对话框

7. 输入程序

按键→按键进入程序界面→输入程序名如“O111”→按键→按键→按键→用鼠标或键盘输入 O111 程序的内容→输入结束后按键，回到程序起点。

8. 建立工件坐标系

（1）试切削外圆。

①按[手动]键→按[+X]或[-X]键，机床沿 X 向移动；同理使机床沿 Z 向移动至图 2-3-18 所示的位置。

②按[MDI]键→按[PROG]键→进入 MDI 界面→输入“M03 S400”→按[EOB]键→按[INSERT]键→移动光标至图 2-3-19所示位置→按[ ]键，此时主轴正转。

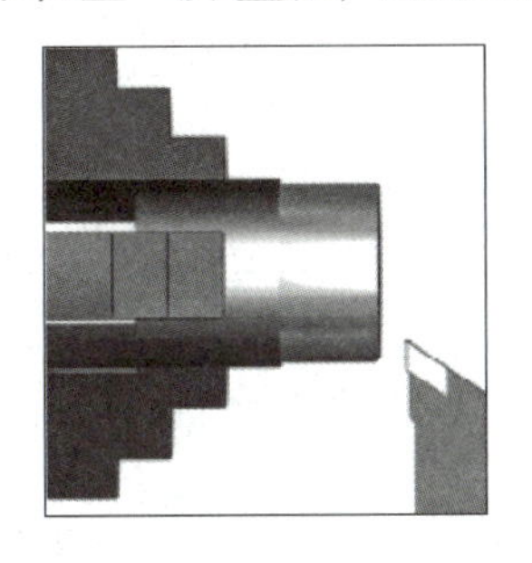

图 2-3-18　刀具接近工件外圆位置

图 2-3-19　光标位置

（2）测量试切削直径。

（3）设置 X 向补正。

（4）试切削端面。

（5）设置 Z 向补正。

9. 自动加工

按[自动]键→按[ ]键，自动加工零件。

任务实施

利用 VNUC 仿真软件完成成型零件（见图 2-3-20）的数字化加工。该零件材料为合金钢，毛坯为ϕ40 mm长棒料，使用 CKA6150 数控车床，单件生产，编写加工程序，运用 VNUC 软件进行仿真加工。

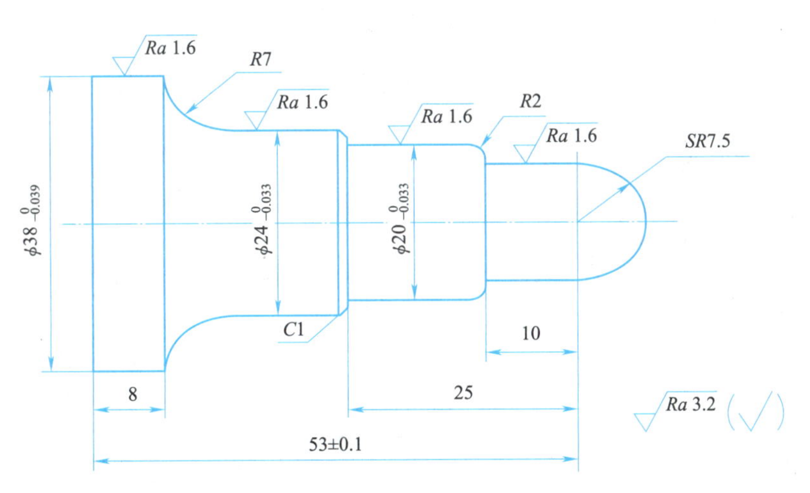

图 2-3-20　成型零件

1. 图样分析

零件加工表面有 $\phi15$、$\phi20_{-0.033}^{0}$、$\phi24_{-0.033}^{0}$、$\phi38_{-0.039}^{0}$外圆柱面和 *SR*7.5 球头、*R*2 凸弧、*R*7 凹弧及倒角等，表面粗糙度分别为 *Ra* 1.6 和 *Ra* 3.2。

2. 加工工艺方案制定

1）加工方案

2）刀具选用（见表 2-3-3）

表 2-3-3 刀具选用表

零件名称		简单成型零件		零件图号	1-36		
序号	刀具号	刀具名称	数量	加工表面	刀尖半径 *R*/mm	刀尖方位 T	备注
1	T01	90°外圆偏刀	1	粗精车外轮廓	0.4	3	
2	T03	4 mm 切断刀	1	切断			
编制		审核		批准	日期	共 1 页	第 1 页

3）加工工序（见表 2-3-4）

表 2-3-4 加工工序表

单位名称			零件名称	零件图号		
			简单成型面零件	1-36		
程序号	夹具名称	使用设备	数据系统	场地		
0131	三爪自定心卡盘	CKA6150	FANUC 0i-Mate	数控实训中心		
工步号	工步内容	刀具号	主轴转速 *n*/(r/min)	进给量 *F*/(mm/r)	背吃刀量 a_p/mm	备注
1	装夹零件并找正					手动
2	对外圆偏刀	T01				
3	对切槽刀	T03				
4	粗车外轮廓，留余量 1 mm	T01	600	0.2	1.5	0131
5	粗车外轮廓	T01	1 000	0.1	0.5	
6	切断	T03	400	0.05	4	
编辑	审核	批准	日期		共 1 页	第 1 页

3. 编制加工程序

1）尺寸计算

2）加工程序

```
O0001
M03 S600 T0101;
G42 G00 Z5.0;
X42.0;
G71 U1.5 R0.5;
G71 P10 Q20 U0.5 W0.05 F0.2;
N10 G00 X0;
G01 Z0 F0.1;
G01 X20.0 F0.05;
G04 P500;
G00 X29.0;
X100.0 Z100.0 T0300;
T0404;
G00 Z-5.0;
X25.0;
G92 X23.2 Z-28.0 F1.5;
```

```
X12.0;
G03 X20.0 Z-4.0 R4.0;
G01 Z-10.0;
X21.0;
X23.85 W-1.5;
Z-30;
X27.98 W-2.0;
Z-40.0;
G02 X37.98 Z-45.0 R5.0;
Z-59;
N20 X42.0;
G70 P10 Q20;
G40 G00 X100.0 Z100.0 T0100;
T0303;
G00 Z-30.0;
X29.0;
X22.55;
X22.15;
X22.05;
G00 X100.0 Z100.0 T0400;
T0300;
G00 Z-59.0;
X41.0;
G01 X35.0 F0.05;
X38.0;
W1.5;
X35.0 W-1.5;
G01 X0 F0.05;
G00 X100.0;
Z100.0 T0300;
M05;
M30;
```

4. 仿真加工

启动 VNUC 仿真软件，选择机床，回零，设置工件并安装，装刀（T01、T03），输入 0001 号加工程序，对刀（T0101、T0303，输入 *R*、T 值），自动加工，测量尺寸，如图 2-3-21 至图 2-3-23 所示。

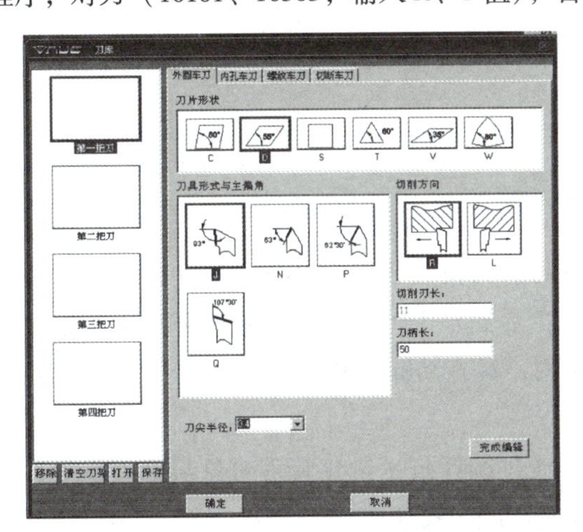
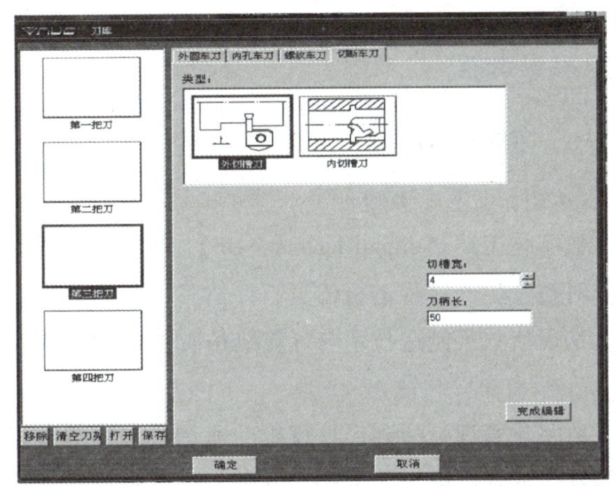

图 2-3-21　选择并安装刀具

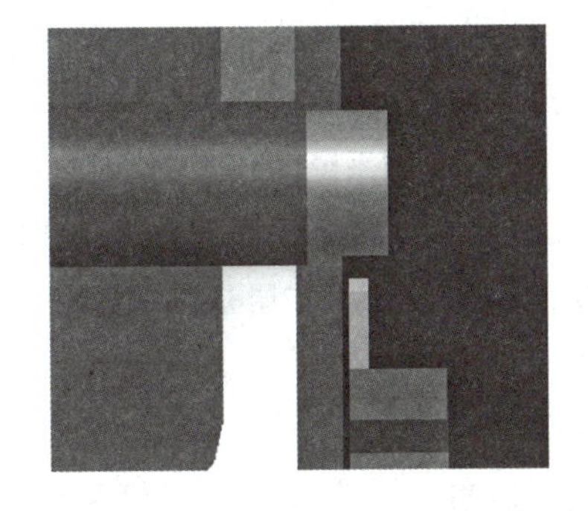
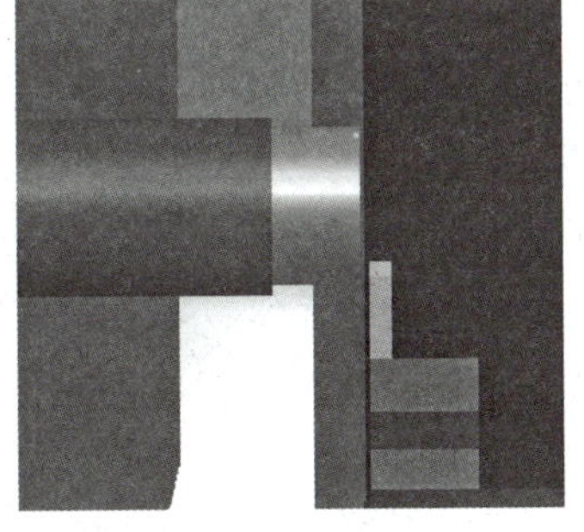
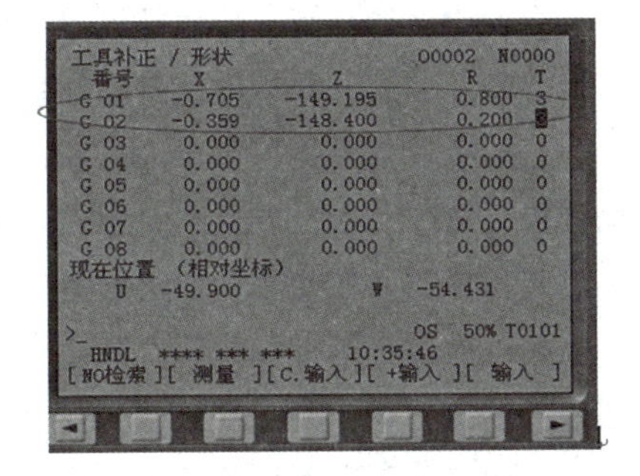

图 2-3-22　对刀

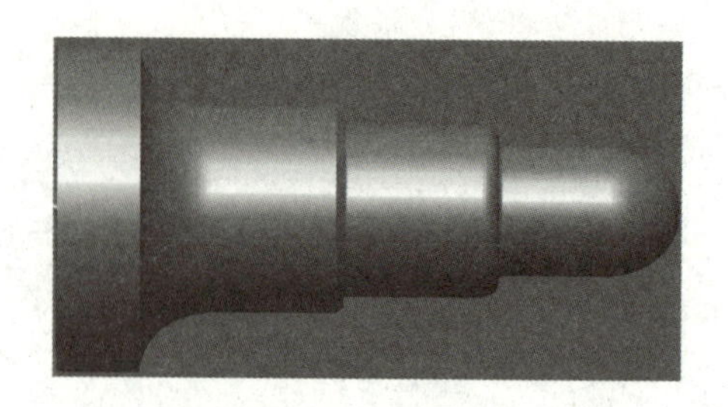

图 2-3-23　自动化加工

任务 4　生产线的数字化生产管理

任务解析

本任务介绍数字化生产管理相关内容，数字化生产管理主要应用两个软件，生产部门通过 MES 软件进行管理，业务部门通过 ERP 软件进行管理。通过本任务的学习，使学生了解数字化工厂和 MES 系统的定义、特征与功能，在此基础上，掌握 MES 系统的操作，利用仿真软件完成颗粒灌装产线的数字化生产管理。

知识链接

一、数字化工厂

1. 数字化工厂的概念

数字化工厂（digital factory，DF）是以产品全生命周期的相关数据为基础，在计算机虚拟环境中，对整个生产过程进行仿真、评估和优化，并进一步扩展到整个产品生命周期的新型生产组织方式，是现代数字制造技术与计算机仿真技术相结合的产物，具有其鲜明的特征。

2. 数字化管理概念

数字化管理是指利用计算机、通信、网络等技术，通过统计技术量化管理对象与管理行为，实现研发、计划、组织、生产、协调、销售、服务、创新等职能的管理活动和方法。

3. 企业信息化分工

企业中生产环节一般包括订单、产品设计、工艺设计、制造/采购计划、生产制造、产品总装及交付等环节，每一环节的信息化和数字化利用不同的软件系统，具体分工如图 2-4-1 所示。

一般企业信息化可以分为三层结构，如图 2-4-2 所示。第一层是以过程控制系统为代表的基础自动化层（PCS），比如各种生产设备、控制设备、传感器技术、数据处理技术、网络技术等，可以解决设备工控层面的问题，如根据生产指令控制设备运作、采集设备生产数据等；第二层是以 MES 为代表的生产过程运行优化层，MES 可以解决制造执行层面的问题，如工单下每一个产品的跟踪及计划任务的执行等；第三层是以 ERP 为代表的企业生产经营优化层，ERP 可以解决计划面和财务面的问题，如工单下发及工单成本核算等。这三个层面信息要实现数据的无缝贯通，即 ERP 下发给 MES 生产计划，MES 下发到 PCS 层的各种生产设备控制设备；同时 PCS 层各种生产信息要传递给 MES，再反馈给 ERP，进而完善计划和策划。

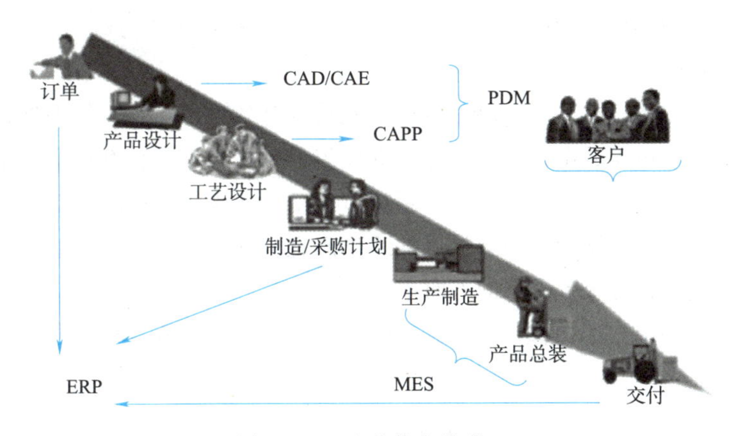

图 2-4-1　企业信息化分工

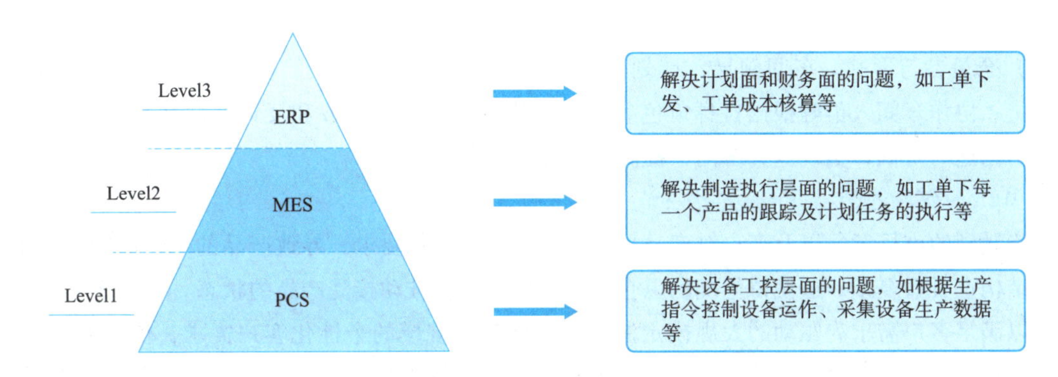

图 2-4-2　企业信息化三层结构

二、制造执行系统

1. 制造执行系统的定义

制造执行系统（MES）是一套面向制造企业车间执行层的生产信息化管理系统。美国制造执行协会给出的定义是：制造执行系统能通过信息传递，对从订单下达到产品完成的整个生产过程进行优化管理。

从业务角度定义，MES 提供实现从订单下达到完成产品的生产活动优化所需的信息；运用及时准确的数据，指导、启动、响应并记录车间生产活动，能够对生产条件的变化做出迅速响应，从而减少非增值活动，提高效率。MES 不但可以改善并提高收益率，而且有助于及时交货、加快存货周转、增加企业利润和提高资金利用率，通过双向的信息交互形式，在企业与供应链之间提供生产活动的关键基础信息。

从架构角度定义，MES 是处于制造企业计划层（ERP）与控制层（PCS）之间的执行层，是企业资源计划系统和设备控制系统之间的桥梁和纽带，是制造企业实现敏捷化和全局优化的关键系统。

制造（生产）过程管理的作用是把企业有关产品的质量、产量、成本等相关的综合生产指标目标值转化为制造过程的作业计划、作业标准和工艺标准，从而产生合适的控制指令和生产指令，驱动设备控制系统使生产线在正确的时间完成正确的动作，生产出合格的产品，从而使实际的生产指标处于综合生产指标的目标值范围内。

2. 制造执行系统的意义

MES 系统是一款制造企业在工业管理过程中的执行管理软件，是一套面向制造企业车间执行层的生产信息化管理系统。随着数字化技术的进步和发展，智能工厂成为智能制造的工业基础，信息技术水平成为智能工厂发展的关键要素，MES 系统可以帮助实现生产过程的数字化、系统化和高效化，从而帮助企业实现生产系统的转型升级，加快生产进程和新产品的更新速度，推动企业由简单的工业生产向满足客户个性化服务需求的方向不断发展。

MES 是为车间级业务有序、协调、可控和高效进行而建立的全业务协同制造平台，其意义主要体现为以下三个方面：

（1）全过程管理。对产品从输入到输出包括工艺准备、生产准备、生产制造、周转入库的全过程进行管理，包括过程的进展状态、异常情况监控。

（2）全方位视野。从工艺、进度、质量、成本等业务进行全过程的管理。

（3）全员参与形式。车间领导、计划人员、工艺人员、调度人员、操作人员、质量管理人员、库存人员、协作车间人员等根据自身角色参与制造执行过程，在获取和反馈实时数据的基础上，通过及时的沟通与协调，实现业务协同，提高企业核心竞争力。

3. MES 的发展背景

日趋激烈的市场竞争以及客户对产品呈现爆炸性的多样化要求，导致产品的生命周期逐渐缩短，产品的结构也日益复杂，这使得传统的以企业为主导、客户被动接受产品的状态（见图 2-4-3）逐步转变为以满足客户需求为驱动的大规模定制形式。面对大规模的个性化客户需求，传统的大批、大量生产模式已经不能适应市场的激烈竞争，企业必须实现从少品种、大批量到多品种、变批量、研产并重、混线生产模式的转变，通过提高对客户需求的反应速度以获得竞争优势和市场先机，从而衍生出了快速响应制造的要求。

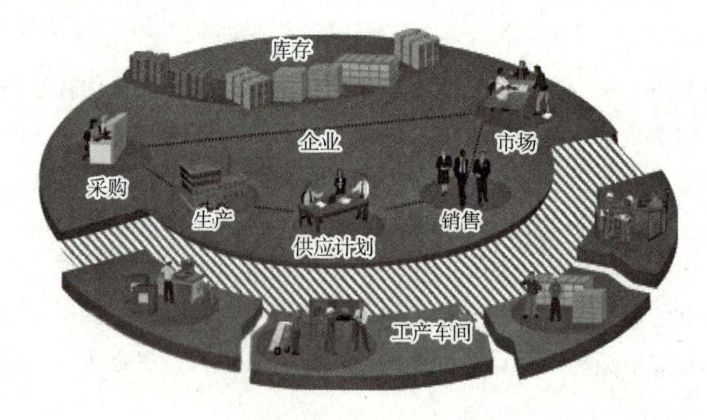

图 2-4-3　传统生产模式

为满足多样化的客户定制需求，在产品规划方面，企业必须重视新产品的研制，以丰富产品的选择空间；在生产组织方面，要求研制新产品和批产新产品共同基于有限的制造资源进行混合生产，直接表现为复杂性和动态性显著提升；制造执行过程的控制与协调是落实快速响应制造的核心支撑技术之一，其目标是在动态变化的市场和制造环境中，通过对业务流、作业流和信息流的协调控制保证制造执行的高效运行，作为中间平台，实现对上游以 ERP 为基础的生产计划和下游底层设备控制的贯通协调。以 MES 为代表的技术及其系统就是为了满足这种需求而提出的，目前已经得到了学术界和工业界的广泛关注、研究与应用。与国外 MES 强调对先进的底层硬件设备执行过程自动化控制相比，我国 MES 技术的研究更加强调柔性生产管理，更多的是面向人而非面向自动化设备实现制造执行过程的管控。需要指出的是，对于 MES 而言，生产调度在制造执行中处于中枢控制的地位，对作业的核心安排不仅体现了资源的优化配置，而且体现了以作业流为核心牵引信息流和业务流的协调思路，是实现有序、协调、可控和高效制造执行的关键使能技术。

MES 在发达国家已实现了产业化，其应用覆盖了离散与流程制造领域，并给企业带来了巨大的经济效益。调查表明企业使用 MES 后，可有效缩短制造周期和生产提前期，减少在制品，减少或消除数据输入时间，减少或消除作业转换中的文书工作，改进产品质量。MES 已经成为当今世界工业自动化领域的重点研究内容之一。目前，在我国，MES 已在钢铁、石化等行业得到成功应用并开发完成了若干自主产权的 MES 系统，如上海宝信 MES、中国石化 MES 等。

4. 制造执行系统的特征

通过对现有问题的分析，可以概括 MES 的主要特征：

（1）车间计划、调度、质量、进度等业务的全过程协同化。

（2）车间所有业务人员基于角色权限的全员参与化。

（3）车间订单执行过程状态以及工序执行状态控制的全过程关联化。

（4）车间物料、刀具、夹具、量具、工艺文件、图纸等实物基于条码化处理的全状态控制精细化。

（5）车间执行过程监控实现工艺流程驱动的全方位可视化。

（6）车间进度、质量等数据采集的完整化、结构化与数字化。

（7）车间作业计划安排及其在扰动事件驱动下进行调整的动态协调化。

三、MES 系统的主要功能

如果缺乏科学有效的车间管理，企业就无法系统、协调、有序地进行生产，MES 系统的功能就是帮助用户运用信息技术搭建一个快速、柔性、精细的制造现场、作业指挥和控制环境，切实解决制造企业在生产现场管理方面存在的问题，更好地控制生产成本、提高生产效率、增加生产计划控制能力、提高企业生产的综合竞争力。

MES 由车间资源管理、生产任务管理、车间计划与排产管理、生产过程管理、质量过程管理、物料跟踪管理、车间监控管理和统计分析等功能模块组成，是一个可自定义的制造管理系统，不同企业的工艺流程和管理需求可以通过现场定义实现，MES 系统框架如图 2-4-4 所示。

1. 车间资源管理

车间资源是车间制造生产的基础，也是 MES 运行的基础。车间资源管理主要对车间人员、设备、工装和工时进行管理，保证生产正常进行，并提供资源使用情况的历史记录和实时状态信息，MES 车间资源管理系统框架如图 2-4-5 所示。

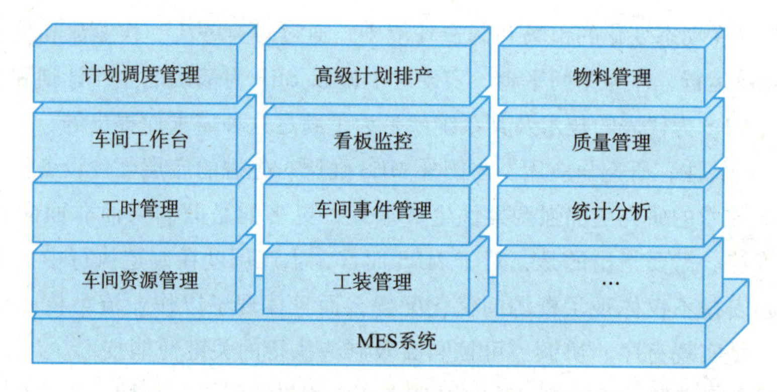

图 2-4-4　MES 系统框架

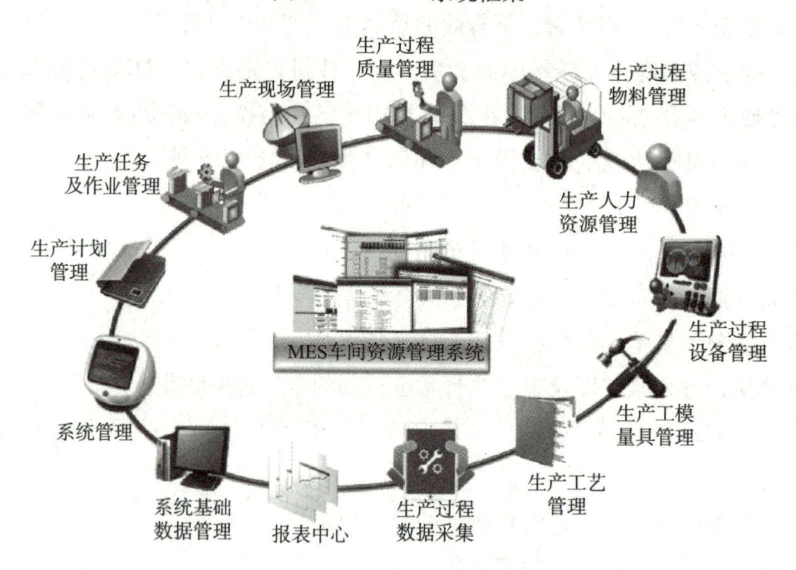

图 2-4-5　MES 车间资源管理系统框架

2. 生产任务管理

生产任务管理包括生产任务接收与管理、任务进度展示和任务查询等功能。提供所有项目信息，查询指定项目，并展示项目的全部生产周期及完成情况。可根据生产进度展示，以日、周和月为单位展示本日的任务，并以颜色区分任务所处阶段，对项目任务实施跟踪，车间计划与排产图如图 2-4-6所示。

3. 车间计划排产管理

生产计划是车间生产管理的重点和难点，提高排产效率和生产计划准确性是优化生产流程以及改进生产管理水平的重要手段。

车间接收生产计划，根据当前的生产状况（如能力、生产准备和在制任务等）和生产准备条件，以及项目的优先级别及计划完成时间等要求，合理制订生产加工计划，监督生产进度和执行状态，车间周计划排产图如图 2-4-7 所示。

4. 生产过程管理

生产过程管理可实现生产过程的闭环可视化控制，减少等待时间、库存和过量生产等浪费。生

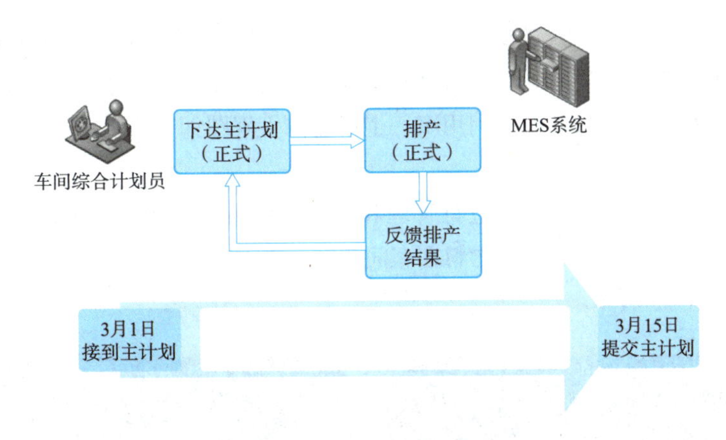

图 2-4-6　车间计划与排产图

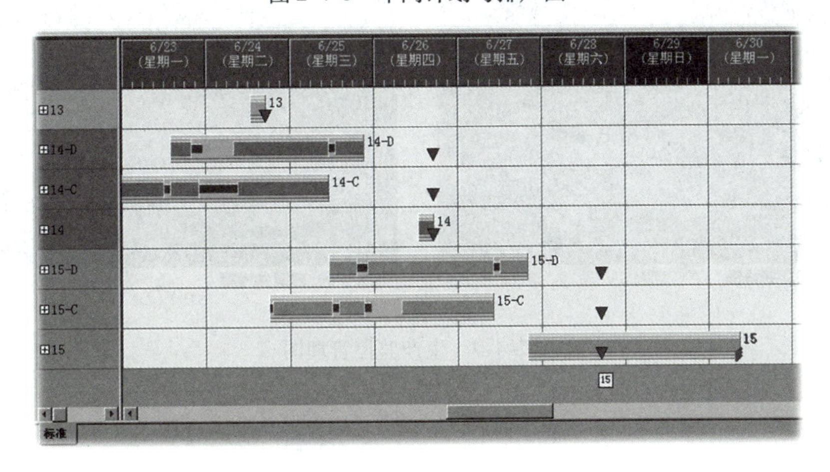

图 2-4-7　车间周计划排产图

产过程中采用条码、触摸屏和设备数据采集等多种方式实时跟踪计划生产进度。生产过程管理旨在控制生产，实施并执行生产调度，追踪车间工件状态，对于当前没有能力加工的工序可以外协处理。实现工序派工、工序外协等管理功能，可通过看板实时显示车间现场信息以及任务进展信息等。

5. 质量过程管理

生产制造过程的工序检验与产品质量管理，能够实现对工序检验与产品质量的过程追溯，对不合格品以及整改过程进行严格控制。其功能包括实现生产过程关键要素的全面记录以及完备的质量追溯，准确统计产品的合格率和不合格率，为质量改进提供量化指标。根据产品质量分析结果，对出厂产品进行预防性维护，质量过程管理图如图 2-4-8 所示。

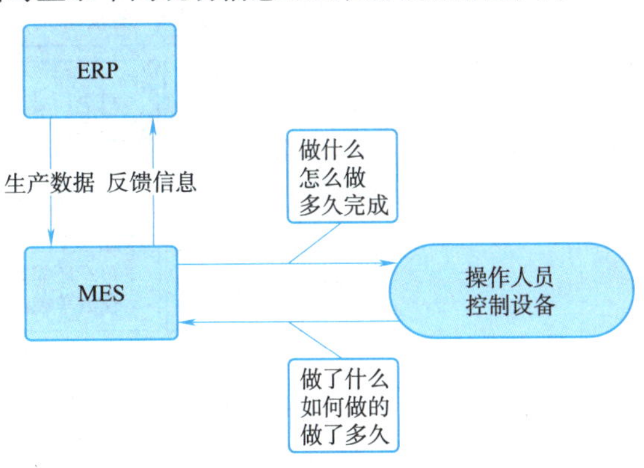

图 2-4-8　质量过程管理图

6. 生产监控管理

生产监控实现从生产计划进度和设备运转情况等多个维度对生产过程进行监控，实现对车间报警信息的管理，包括设备故障、人员缺勤、质量及其他原因的报警信息，及时发现问题、汇报问题并处理问题，从而保证生产过程顺利进行且受控。结合分布式数字控制数采系统进行设备联网和数据采集，实现设备监控，提高瓶颈设备利用率，生产监控管理图如图 2-4-9 所示。

7. 物料跟踪管理

通过条码技术对生产过程中的物料进行管理和追踪。物料在生产过程中，通过条码扫描跟踪物料在线状态，监控物料流转过程，保证物料在车间生产过程中的快速高效流转，并可随时查询，物料跟踪管理图如图 2-4-10 所示。

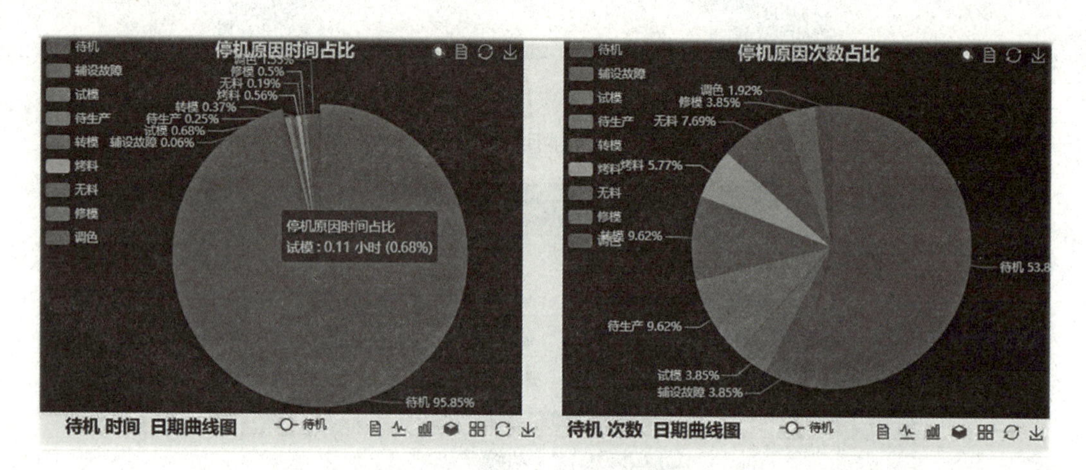

图 2-4-9　生产监控管理图

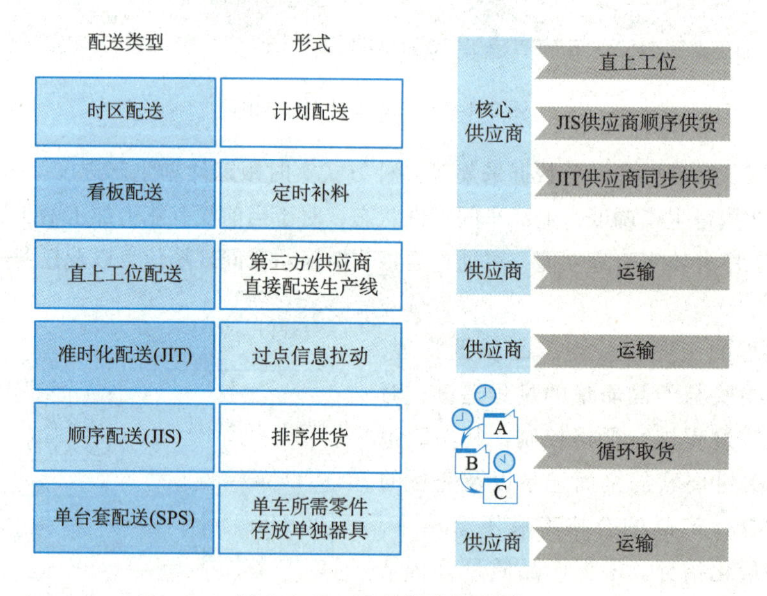

图 2-4-10　物料跟踪管理图

8. 库存管理

库存管理针对车间内的所有库存物资进行管理。其功能包括通过库存管理实现库房存储物资检索，查询当前库存情况及历史记录。

任务实施

微课

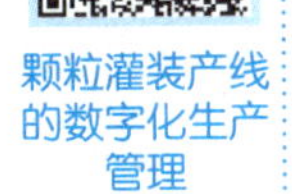

颗粒灌装产线的数字化生产管理

利用 MINT 仿真软件完成颗粒灌装产线的数字化生产管理。

1. 启动生产线

在 MES 系统菜单中选择“生产管理”→“工单”命令，选择需要生产的工单，修改工单信息，然后单击“生产控制”按钮，启动生产线。

（1）登录 MES 软件，在菜单中选择“生产管理”→“工单”命令，进入工单界面。

（2）选择需要生产的工单，单击“修改”按钮，将“订单状态”修改为“生产中”，“生产事件”选择“非全自动”。

（3）在菜单中选择“生产控制”命令，进入生产控制界面。

（4）在菜单中选择“操作”→“启动生产线”命令，即可启动生产线。

2. 查看工位看板

（1）打开 MINT 软件并登录，进入“颗粒灌装生产线”仿真界面，如图 2-4-11 所示。

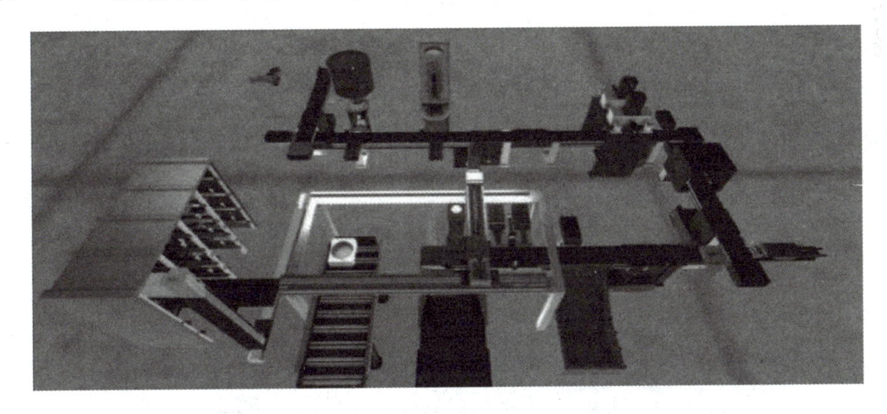

图 2-4-11　“颗粒灌装生产线”仿真界面

（2）单击左下角的“生产监控”按钮，输入配置账号、密码登录工位终端，界面如图 2-4-12 所示。

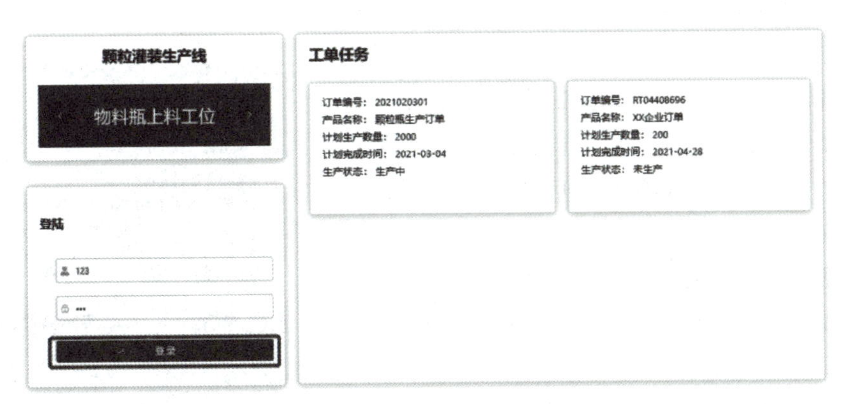

图 2-4-12　用户登录界面

（3）将示例中的“物料瓶上料位”切换为“灌装颗粒工位”，单击“选择生产工单”按钮。可看到界面中各个模块：设备监控、工序步骤、生产进度、物料监控、产线呼叫、右上角的操作键、物料编码，如图 2-4-13 所示。

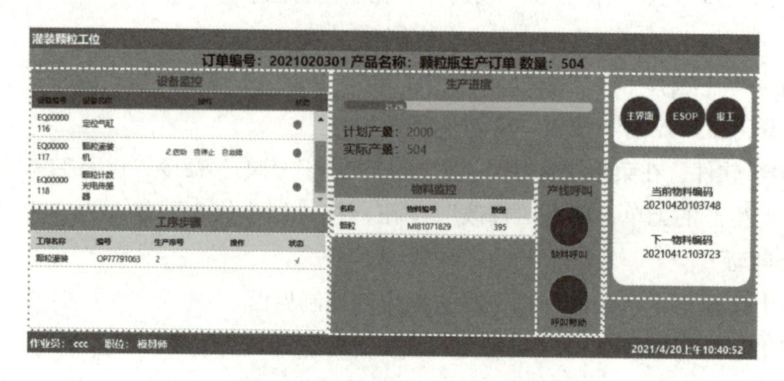

图 2-4-13 “灌装颗粒工位”界面

3. 手动操纵工位看板

1）物料上料

（1）在工位看板登录端选择“物料上料工位”。

（2）当物料瓶被送上皮带输送线时，在设备监控栏中，启动扫码枪进行物料上料，如图 2-4-14 所示。

图 2-4-14 物料上料

2）物料颗粒成品盒装配

物料颗粒成品盒装配工作分别由三个工位完成，首先自动颗粒罐装工位中颗粒灌装机根据要求罐装指定颗粒数量，然后自动装盖工位检测到物料盒后开始装盖，最后自动拧盖工位检测到物料盒后开始拧盖。

（1）当物料瓶到达颗粒灌装机下方时，在设备监控栏中，单击颗粒灌装机的“启动”按钮，进行颗粒灌装，如图 2-4-15 所示。

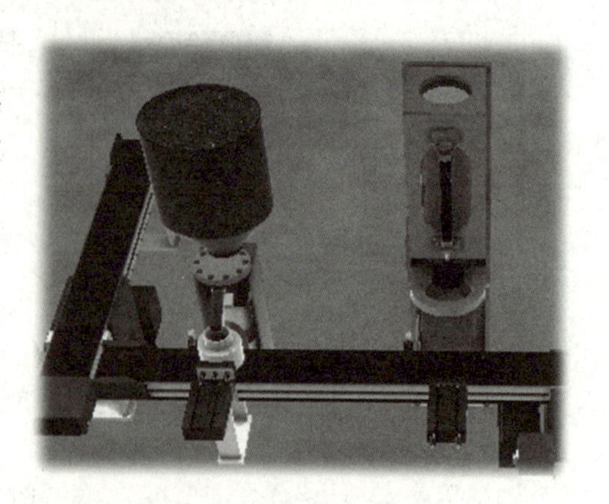

图 2-4-15 颗粒灌装

（2）在设备监控栏中，当物料瓶到达自动装盖机下方时，单击自动装盖机“启动”按钮，完成该动作后，到达下一工序位置，再次单击自动拧盖机“启动”按钮。至此，颗粒成品盒的装配完成。

3）颗粒成品盒在线检测

颗粒罐装生产线的颗粒成品盒在线检测分为两步，第一步是颗粒成品盒盖是否拧紧，第二步是颗粒成品盒质量是否达标。

当缺陷为“物料瓶没有拧紧”时，应单击“次品记录”按钮，对照缺陷录入标准进行录入。

当物料瓶到达检测工位的称重平台时，在设备监控中，单击称重平台“启动”按钮，并将称重平台显示的质量在看板中录入。至此，颗粒成品盒在线检测完成。

4）物料瓶贴标与包装

物料瓶贴标与包装首先需要选择对应的工位盒工单，然后启动设备完成贴标工作，最后由机械手完成打包工作。

（1）单击“贴标与包装工位”→“选择生产工单”按钮，进入“贴标与包装工位”界面，如图2-4-16所示。

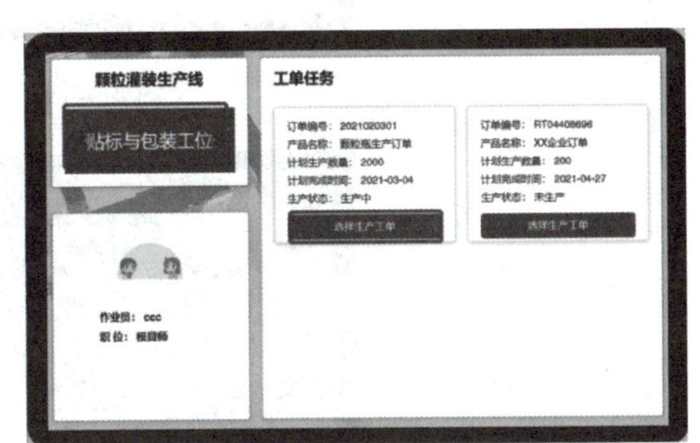

图2-4-16　“贴标与包装工位”界面

（2）当物料瓶到达贴标气缸位置时，在设备监控中单击贴标气缸“启动”按钮，如图2-4-17所示。

（3）当场景中的物料瓶贴标完毕到达步进机械手下方时，在设备监控中单击步进机械手“启动”按钮，如图2-4-18所示。至此，物料瓶贴标与包装完毕。

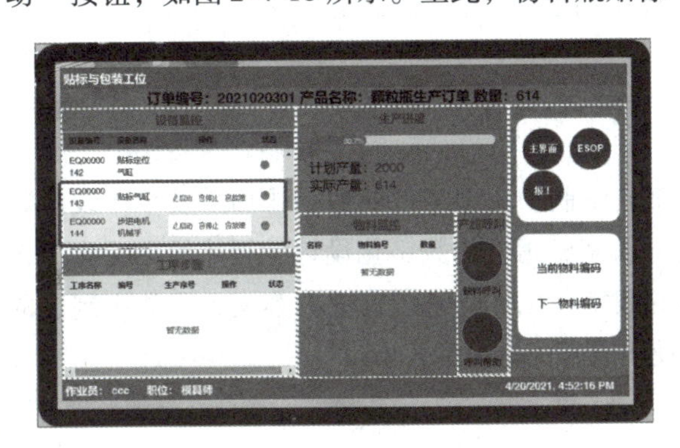

图2-4-17　启动气缸

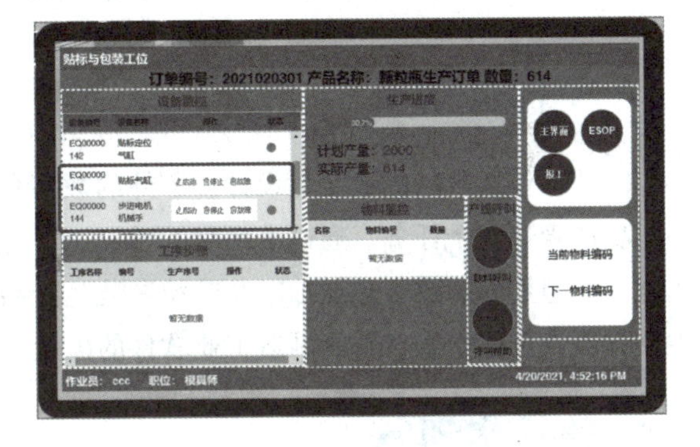

图2-4-18　启动机械手

5）成品入库

成品入库首先需要选择对应的仓库工位盒工单，然后当物料盒安装完成时，启动堆垛机完成入库工作。

（1）单击右上角“主界面”→“仓储工位”→“选择生产工单”按钮，进入“仓储工位”界面，如图2-4-19所示。

（2）当物料盒安装完毕时，单击堆垛机“启动”按钮。至此，成品入库完成，如图2-4-20所示。

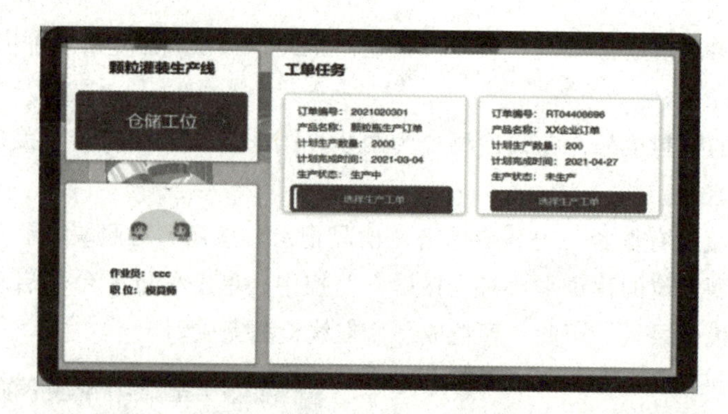

图 2-4-19 “仓储工位”界面

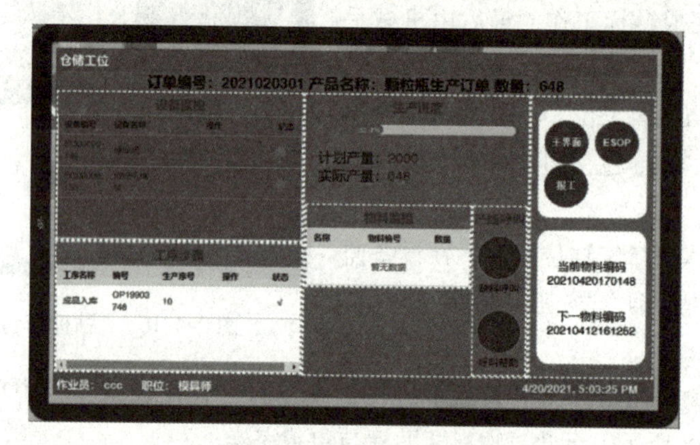

图 2-4-20 成品入库

项目总结

本项目包括产品的数字化设计、零件的数字化工艺编制、成型零件的数字化加工及生产线的数字化生产管理四个任务。通过本项目的学习，学生可以完成阀杆的数字化设计、阀体的数字化工艺编制、成型零件的数字化加工以及颗粒灌装生产线的数字化生产管理。这些内容覆盖了数字制造的主要方面，可使学生对智能制造工业软件的配置与使用有较为全面的了解。

项目实训

实训内容

图 2-4-21 所示为手柄零件，材料硬铝合金，毛坯 $\phi35\times117$，使用 CKA6150 数控车床，单件生产，试绘制产品三维模型，编写加工工艺，并运用 VNUC 软件进行仿真加工。

1. 三维模型设计

利用 UG 软件，建立手柄零件的三维模型，如图 2-4-22 所示。

2. 工艺方案指定

1）加工方案

（1）采用三爪卡盘装卡，零件伸出卡盘 50 mm 左右。

（2）加工零件左侧外轮廓、切槽、车螺纹。

（3）零件调头装夹并找正，车端面，保证总长。

（4）加工零件右侧外轮廓。

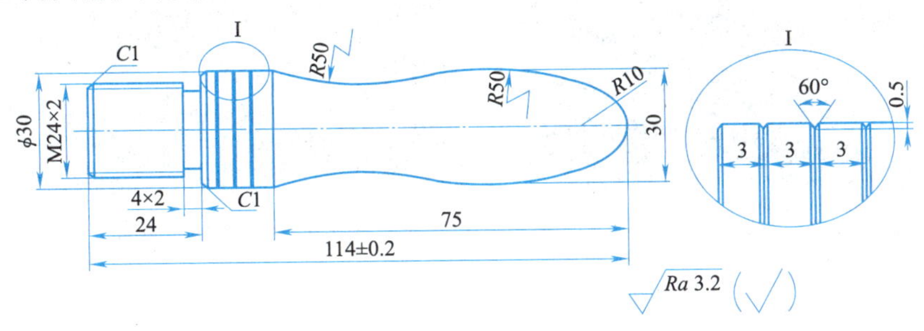

图 2-4-21　手柄零件

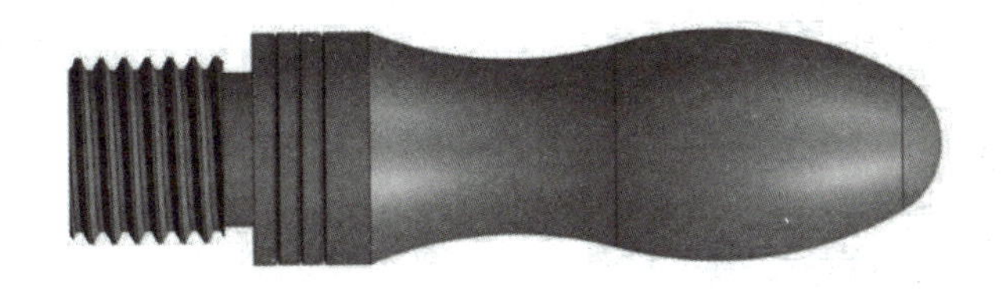

图 2-4-22　手柄三维模型

2）刀具选用

手柄零件数控加工刀具卡见表 2-4-1。

表 2-4-1　数控加工刀具卡

零件名称		手柄		零件图号	1-81		
序号	刀具号	刀具名称	数量	加工表面	刀尖半径 R/mm	刀尖方位 T	备注
1	T01	90°外圆偏刀	1	粗精车外轮廓	0.4	3	刀尖角 35°
2	T03	4 mm 槽刀	1	切槽			
3	T04	60°螺纹车刀	1	车浅槽、粗槽车螺纹			
编制		审核	批准	日期		共 1 页	第 1 页

3. 加工程序编制

1）圆弧交点坐标的计算

2）加工程序

4. 仿真加工

（1）加工左端。启动软件→选择机床→回零→设置工件并安装→装刀（T01、T03、T04）→输入 O1511 和 O1512 号加工程序→对刀→自动加工→测量尺寸。左端仿真加工结果如图 2-4-23 所示。

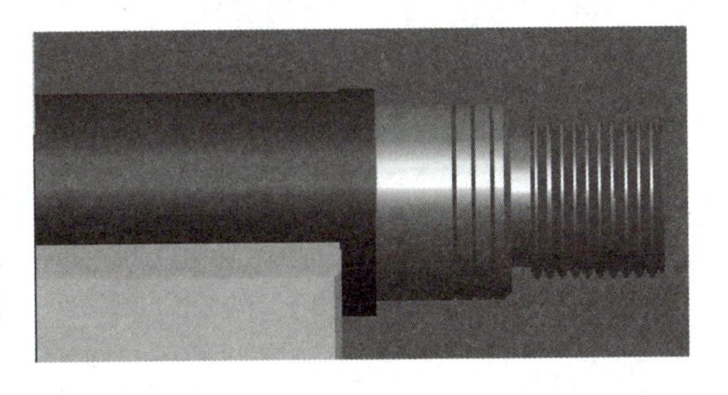

图 2-4-23　左端仿真加工结果

（2）加工右端。零件调头（见图 2-4-24）→装

夹 $\phi30$ 外圆→对刀（T0101 的 Z 向）→输入 O1513 号加工程序→自动加工→测量尺寸，手柄仿真加工最终结果如图 2-4-25 所示。

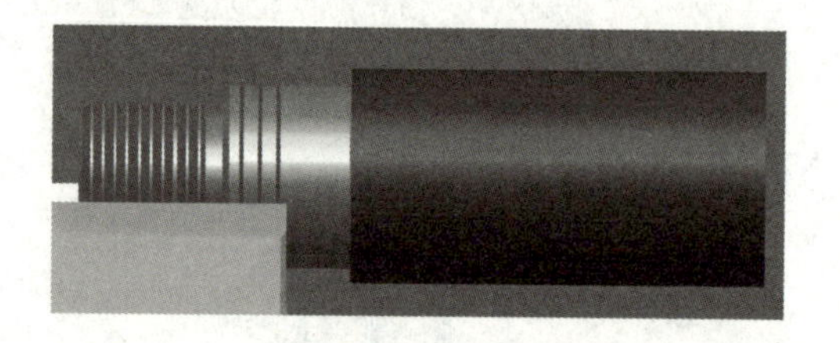

图 2-4-24 掉头装夹

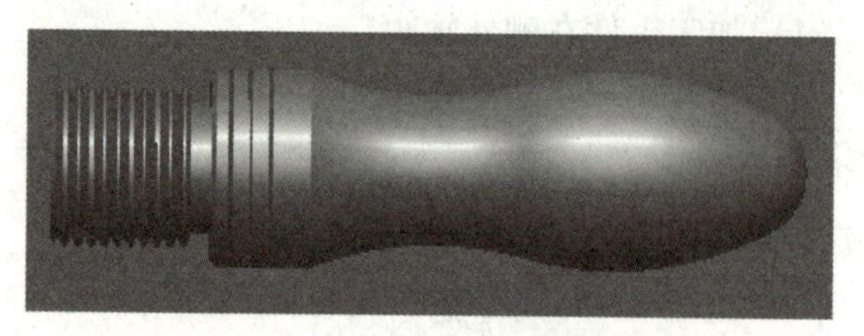

图 2-4-25 手柄仿真加工最终结果

实训评价

评分项目	评分标准	自我评价			教师评价		
		优秀（25 分）	良好（15 分）	一般（10 分）	优秀（25 分）	良好（15 分）	一般（10 分）
知识掌握	1. 了解数字化设计与仿真基本技术； 2. 理解数字化工艺的定义与分类； 3. 理解数控系统的组成、功能及工作过程； 4. 掌握 MES 系统的定义、特征与功能						
实践操作	1. 能够完成阀杆零件的数字化设计； 2. 能够完成阀体零件的数字化工艺设计； 3. 能够完成成型零件的数字化加工						
职业素养	1. 能够查阅手册或相关资料，准确找到所需信息； 2. 能够与他人交流或介绍相关内容； 3. 在工作组内服从分配，担当责任并能协同工作						
工作规范	1. 清理及整理工量具，保持实训场地整洁； 2. 维持安全操作环境； 3. 废物回收与环保处理						
总评	满分 100 分						

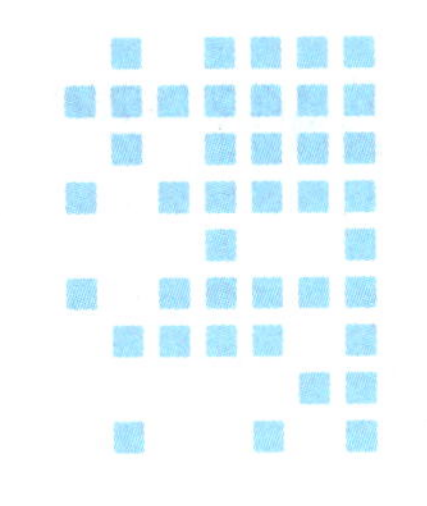

项目三 智能制造关键装备部署与使用

项目导入

小王同学在学校的智能制造创新实训中心学习智能制造综合实训课程，实训中心有很多先进的设备，如工业机器人、3D 打印机、射频识别装置、自动化立体仓库、自动化输送线等，这些装备是智能制造的关键，其中蕴含了很多智能制造的关键技术，下面请和小王同学一起学习一下这些设备是如何生产、使用的吧。

学习目标

知识目标

1. 掌握 3D 打印的原理和技术特点；
2. 掌握 RFID 系统的概念、组成及分类；
3. 掌握工业机器人的结构组成、种类以及应用特点；
4. 掌握自动化立体仓库的功能、特点、组成、分类及设计原则。

能力目标

1. 能够根据工业机器人的编程方法，完成工业机器人搬运轨迹的规划和编程；
2. 能够根据已有 STL 文件，完成阀杆零件的 3D 打印；
3. 掌握线边库操作方法，完成线边库的手动入库操作。

素质目标

1. 培养学生的创新能力、学习能力和动手实践能力；
2. 培养学生具备深厚的学科知识、精深的技术技能及较强的专业素养。

项目实施

任务1　工业机器人编程

任务解析

本任务介绍工业机器人编程相关内容，工业机器人是集机械、电子、控制、计算机、传感器和人工智能等先进技术于一体的，在现代制造业中具有重要地位的自动化设备。通过本任务的学习，使学生了解工业机器人的定义及特点，品牌、分类及系统组成，工业机器人末端执行器的种类，在掌握工业机器人编程方法的基础上，完成工业机器人搬运作业的程序设计。

知识链接

一、机器人的分类

国际上的机器人学者，从应用环境出发将机器人分为两类：制造环境下的工业机器人和非制造环境下的服务与仿人型机器人。我国的机器人专家从应用环境出发，将机器人也分为两大类：工业机器人和特种机器人，这和国际上的分类是一致的。工业机器人是指面向工业领域的多关节机械手或多自由度机器人；特种机器人则是除工业机器人之外的、用于非制造业并服务于人类的各种先进机器人，包括服务机器人、水下机器人、娱乐机器人、军用机器人、农业机器人等。在特种机器人中，有些分支发展很快，有独立成体系的趋势，如服务机器人、水下机器人、军用机器人、微操作机器人等。

1. 工业机器人

工业机器人是最常见的机器人类型，它们被广泛应用于制造业。工业机器人可以执行各种重复性、高精度的任务，如焊接、喷涂、装配、搬运等，可以大大提高生产效率和产品质量，减少人力成本和工伤事故。

2. 服务机器人

服务机器人是一种能够为人类提供各种服务的机器人，如清洁机器人、导航机器人、照顾老人机器人等。服务机器人可以帮助人们完成一些烦琐、危险或不适合人类操作的任务，提高人们的生活质量和安全性。

3. 军事机器人

军事机器人是一种能够执行军事任务的机器人，如侦察机器人、拆弹机器人、无人机等。军事机器人可以减少士兵的伤亡并提高作战效率，但也存在一定的道德和伦理问题。

4. 医疗机器人

医疗机器人是一种能够为医疗行业提供各种服务的机器人，如手术机器人、康复机器人、药物分配机器人等。医疗机器人可以提高手术的精度和效率，减少手术风险和恢复时间，同时也可以减轻医护人员的工作负担。

5. 家庭机器人

家庭机器人是一种能够为家庭提供各种服务的机器人，如扫地机器人、智能音箱、智能家居控制器等。家庭机器人可以帮助人们完成一些家务和娱乐任务，提高生活便利性和舒适度。

机器人已经成为现代社会不可或缺的一部分，它们的应用领域和功能也在不断扩展和创新。未来，机器人将会更加智能化、人性化和多样化，为人类带来更多的便利和福利。

二、工业机器人的定义及特点

1. 工业机器人的定义

工业机器人一般指在工厂车间环境中，配合自动化生产的需要，代替人完成材料的搬运、加工、装配等操作的一种机器人。使用工业机器人是为了利用它具有柔性自动化的特性，在工业生产中达到最高技术经济效益的目的。有关工业机器人的定义各个国家和组织有许多不同说法，可以从这些不同定义中对工业机器人进行更深入的了解。

（1）美国机器协会（RIA）：机器人是一种用于移动各种材料、零件、工具或专用装置，通过程序动作执行各种任务，并具有编程能力的多功能操作机（manipulator）。

（2）日本工业机器人协会：工业机器人是一种装备有记忆装置和末端执行装置的、能够完成各种移动以代替人类劳动的通用机器，又分以下两种情况定义：工业机器人是一种能够执行与人的上肢类似动作的多功能机器；智能机器人是一种具有感觉和识别能力，并能够控制自身行为的机器。

（3）国际标准化组织（ISO）：机器人是一种自动的、位置可控的、具有编程能力的多功能操作机，这种操作机具有多个轴，能够借助可编程操作处理各种材料、零件、工具和专用装置，以执行各种任务。

（4）国际机器人联合会（IFR）：工业机器人是一种自动控制的，可重复编程的（至少具有三个可重复编程轴）、具有多种用途的操作机。

工业机器人定义为：工业机器人是面向工业领域的多关节机械手或多自由度的机器装置，能够自动执行工作，是靠自身动力和控制能力实现各种功能的一种机器。它可以接受人类指挥，也可以按照预先编排的程序运行。

2. 工业机器人的特点

（1）可编程。生产自动化的进一步发展是柔性自动化。工业机器人可随其工作环境变化的需要进行再编程，因此它在小批量、多品种等具有均衡高效率的柔性制造过程中能发挥很好的功用，是柔性制造系统中的一个重要组成部分。

（2）拟人化。工业机器人在机械结构上有类似人的行走、腰转、大臂、小臂、手腕、手爪等结构，在控制上有计算机。此外，智能化工业机器人还有许多类似人类的“生物传感器”，如皮肤型接触传感器、力传感器、负载传感器、视觉传感器、声觉传感器、语音功能传感器等。

（3）通用性。除了专门设计的专用工业机器人外，一般机器人在执行不同的作业任务时具有较好的通用性。例如，更换工业机器人手部末端的执行器（如手爪、其他工具等）便可执行不同的作业任务。

（4）机电一体化。第三代智能机器人不仅具有获取外部环境信息的各种传感器，而且还具有记忆能力、语言理解能力、图像识别能力、推理判断能力等人工智能，这些都是微电子技术的应用，特别是与计算机技术的应用密切相关。工业机器人与自动化成套技术，集中并融合了多项学科，涉及多项技术领域，包括工业机器人控制技术、机器人动力学及仿真、机器人构建有限元分析、激光加工技术、模块化程序设计、智能测量、建模加工一体化、工厂自动化及精细物流等先进制造技术，技术综合性强。

三、工业机器人品牌

随着智能装备的发展，机器人在工业制造中的优势越来越显著，机器人企业也如雨后春笋般出现。工业机器人四大家族有：瑞士阿西布朗勃法瑞（ABB）（见图 3-1-1）、德国库卡（KUKA）（见图 3-1-2）、日本发那科（FANUC）（见图 3-1-3）、日本安川（YASKAWA）。

图 3-1-1　ABB 机器人

图 3-1-2　KUKA 机器人

图 3-1-3　FANUC 机器人

1988 年创立于欧洲的 ABB 公司于 1994 年进入中国。2005 年起，ABB 机器人的生产、研发、工程中心都开始转移到中国。目前，中国已经成为 ABB 全球第一大市场。ABB 机器人机型包括多关节机器人、喷涂机器人、协作机器人、并联机器人和 SCARA 机器人，产品系列多达 240 余种，已广泛应用于汽车制造、食品饮料、计算机和消费电子等众多行业的焊接、装配、搬运、喷涂、精加工、包装和码垛等不同作业环节，帮助客户大大提高生产率。

KUKA 及其德国母公司是世界工业机器人和自动控制系统领域的顶尖制造商，它于 1898 年在德国奥格斯堡成立。KUKA 机器人公司在全球拥有 20 多个子公司，其中大部分是销售和服务中心。KUKA 公司四轴和六轴机器人有效载荷范围为 3 ~ 1 300 kg、机械臂展为 350 ~ 3 700 mm，机型包括 SCARA、码垛机、门式及多关节机器人，皆采用通用 PC 控制器平台控制。KUKA 机器人产品的应用范围包括工厂焊接、操作、码垛、包装、加工和其他自动化作业，同时还适用于医院，如脑外科手术及放射造影。

FANUC 是日本一家专门研究数控系统的公司，成立于 1956 年。从 1974 年 FANUC 首台机器人问世以来，一直致力于机器人技术上的领先与创新，是世界上唯一由机器人做机器人，提供集成视觉系统，既提供智能机器人又提供智能机器的公司。FANUC 机器人产品系列多达 240 种，负重范围为 0.5 kg ~ 1.35 t，广泛应用在装配、搬运、焊接、铸造、喷涂、码垛等不同生产环节，满足客户的不同需求。

YASKAWA 于 1977 年研制出第一台全电动工业机器人，其核心的工业机器人产品包括点焊和弧焊机器人、油漆和处理机器人、LCD玻璃板传输机器人和半导体晶片传输机器人等，是将工业机器人应用到半导体生产领域的最早的厂商之一。

目前，我国本土机器人企业也在逐步成长，在许多招标项目中已经与一些国际二线品牌同台竞争，如沈阳新松、安徽埃夫特、广州数控等机器人品牌。

沈阳新松机器人自动化股份有限公司，是以机器人及自动化技术为核心，致力于数字化高端装备制造的高新技术企业，在工业机器人、智能物流、自动化成套装备、洁净装备、激光技术装备、轨道交通、节能环保装备、能源装备、特种装备及智能服务机器人等领域呈产业群组化发展，现已成为我国最大的机器人产业化基地。该公司以工业机器人技术为核心，形成了大型自动化成套装备与多种产品类别，广泛应用于汽车整车及汽车零部件、工程机械、轨道交通、低压电器、电力、IC装备、军工、烟草、金融、医药、冶金及印刷出版等行业。

四、工业机器人分类

1. 码垛机器人

码垛机器人（见图3-1-4）是机电一体化高新技术产品，可按照要求的编组方式和层数，完成对料袋、胶块、箱体等各种产品的码垛。在码垛作业中，机器人替代人工进行搬运、码垛，生产上能迅速提高企业的生产效率和产量，同时能减少人工搬运造成的错误，此外还可以全天候作业，从而节省大量的人力资源成本，使企业实现减员增效。码垛机器人被广泛应用于化工、饮料、食品、啤酒、塑料等生产企业，对纸箱、袋装、罐装、啤酒箱、瓶装等各种形状的包装成品都适用。

2. 焊接机器人

焊接机器人（见图3-1-5）最早应用在装配生产线上，是目前最大的工业机器人应用领域（如工程机械、汽车制造、电力建设、钢结构等），它能在恶劣的环境下连续工作并提供稳定的焊接质量，提高工作效率，减轻工人的劳动强度。采用机器人焊接是焊接自动化的革命性进步，突破了焊接刚性自动化（焊接专机）的传统方式，开拓了一种柔性自动化生产方式，能够在一条焊接机器人生产线上同时自动生产若干种焊件。

图3-1-4　码垛机器人

图3-1-5　焊接机器人

3. 移动机器人

移动机器人（见图3-1-6）是工业机器人的一种类型，由计算机控制，具有移动、自动导航、多传感器控制、网络交互等功能，可广泛应用于机械、电子、纺织、卷烟、医疗、食品、造纸等行业的柔性搬运、传输等工作中，也可用于自动化立体仓库、柔性加工系统、柔性装配系统（以AGV作为活动装配平台）；同时可在车站、机场、邮局的物品分拣中作为运输工具。

图3-1-6　移动机器人

4. 激光加工机器人

激光加工机器人（见图3-1-7）是将机器人技术应用于激光加工中，通过高精度工业机器人实现更加柔性的激光加工作业，可通过示教盒进行在线操作，也可通过离线方式进行编程。激光加工机器人利用对加工工件的自动检测，产生加工件的模型，继而生成加工曲线，也可以利用CAD数据直接加工。可用于工件的激光表面处理、打孔、焊接和模具修复等。

图3-1-7　激光加工机器人

5. 真空机器人

真空机器人（见图3-1-8）是一种在真空环境下工作的机器人，主要应用于半导体工业中，实现晶圆在真空腔室内的传输。我国真空机器人的研究起步较晚，现阶段大都还处于研发过程，没有形成系列产品，目前只有沈阳新松公司、哈尔滨工业大学、大连理工大学等少数单位开展了相关研究。

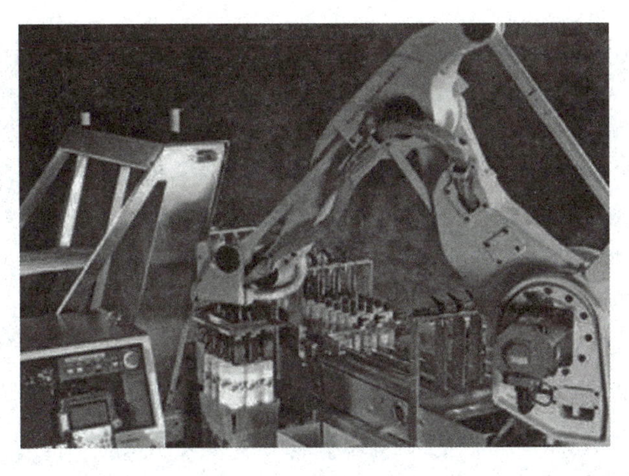

图 3-1-8　真空机器人

6. 洁净机器人

洁净机器人（见图 3-1-9）是一种在洁净环境中使用的工业机器人。随着生产技术水平的不断提高，制造业对生产环境的要求也日益苛刻，很多现代工业产品生产都要求在洁净环境中进行，洁净机器人是洁净环境下生产所需的关键设备。

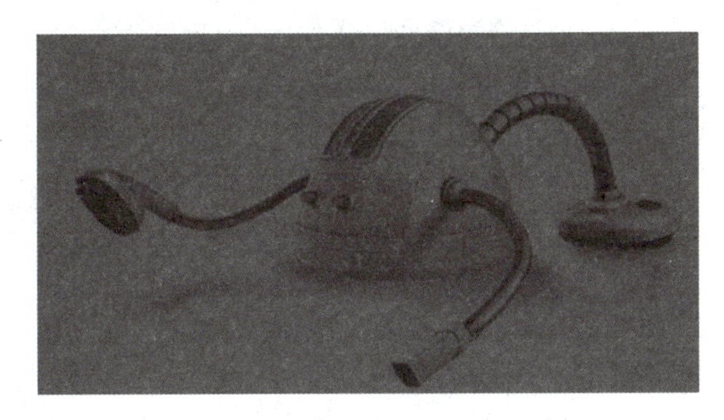

图 3-1-9　洁净机器人

五、工业机器人系统的组成

工业机器人系统主要由三部分组成，分别是机器人本体、示教器和控制柜。

（1）工业机器人本体（见图 3-1-10）是机器人操作的执行机构，用于对工业机器人系统的作业对象进行动作。通常由一系列连杆、关节或其他形式的运动副组成。从功能的角度可分为手部、腕部、臂部、腰部和基座。

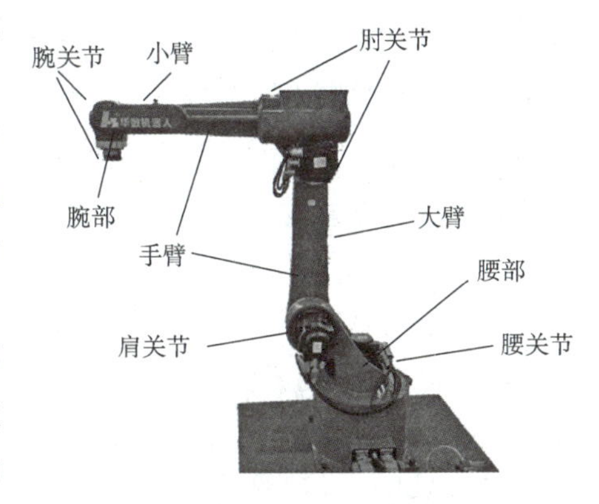

图 3-1-10　工业机器人本体

（2）示教器是工业机器人系统的人机交互装置，利用示教器可以实现对工业机器人系统参数的配置，并在示教过程中对机器人姿态进行有效的控制和调节。示教器的组成如图 3-1-11所示。

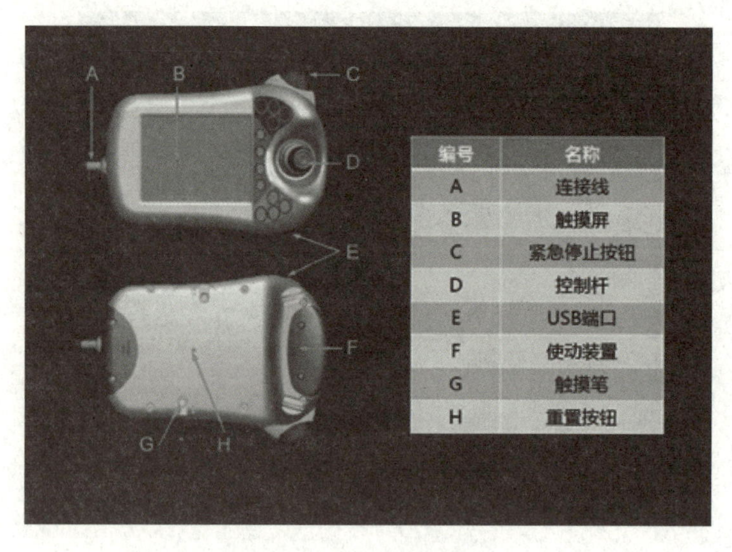

图 3-1-11　示教器组成

A 是连接线，主要用于连接示教器与工业机器人的控制柜。

B 是触摸屏，用于写入或显示工业机器人系统的相关信息。

C 是紧急停止按钮，当机器人运动过程中发生紧急状况时可以按下此按钮，工业机器人会立即停止一切操作，待按钮复位后，机器人才能继续运动和操作。

D 是控制杆，在机器人示教过程中，可以实现对机器人各轴的操控，一次可以控制三个轴。

E 是 USB 端口，可以实现外部存储设备与机器人信息之间的存储交换。

F 是使动装置，可以实现对机器人各轴驱动电动机的上电操作。

G 是触摸笔，可以在触摸屏上写入相关信息。

H 是重置按钮，用于对示教器进行重新启动。

（3）控制柜（见图 3-1-12）是机器人系统的中枢，可对机器人系统进行供电，采集机器人本体及外部设备的各种信号并进行信号处理，最后对机器人发出相应的操作控制指令。

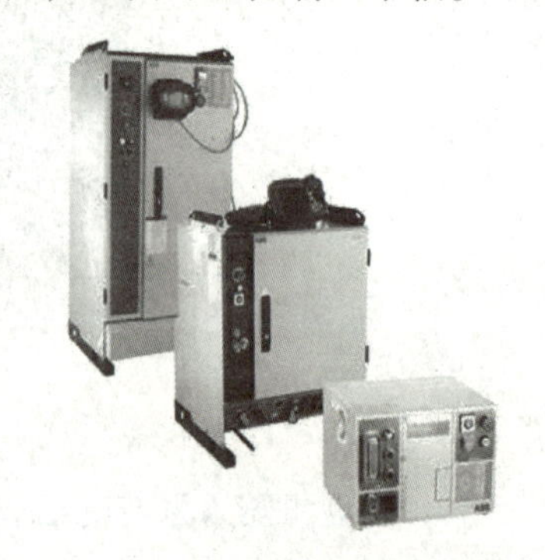

图 3-1-12　工业机器人控制柜

六、工业机器人的选型

工业机器人在系统集成中的选型一般会考虑几项重要参数，下面以 ABB 工业机器人为例进行工业机器人的选型参数介绍。

1. 承载能力

承载能力是机器人在其工作空间内的任何位姿上所能承受的最大负荷。如果希望机器人将目标工件从一个工位搬运到另一个工位，需要注意将工件的质量以及机器人手爪的质量加总到其工作负荷。另外，特别需要注意的是机器人的负载曲线，在空间范围内的不同距离位置，实际负载能力会有差异。ABB 工业机器人载荷图如图 3-1-13 所示。

2. 自由度

自由度是指机器人具有的独立坐标轴运动的数目，不包括末端执行器的开合自由度。如果是针对一个简单的直来直去的场合，如从一条皮带线取放到另一条，简单的四轴机器人就足以应对。但是如果应用场景在一个狭小的工作空间，且机器人手臂需要很多的扭曲和转动，六轴或七轴机器人将是最好的选择。需要注意的是，在成本允许的前提下，应尽量选择轴数比较多的工业机器人，以方便后续的改造工作。ABB 工业机器人自由度图解如图 3-1-14 所示。

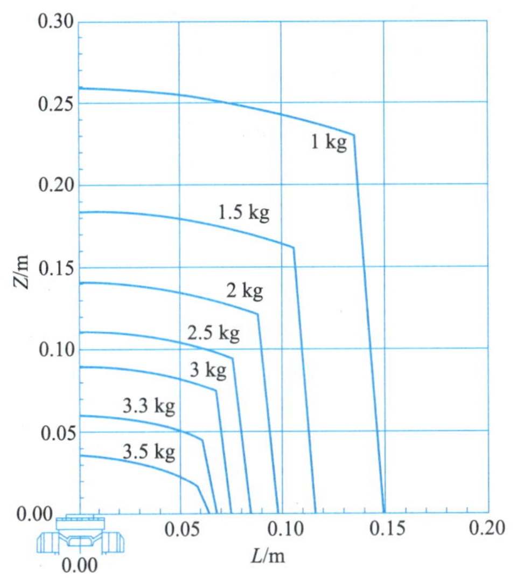

图 3-1-13　ABB 工业机器人载荷图

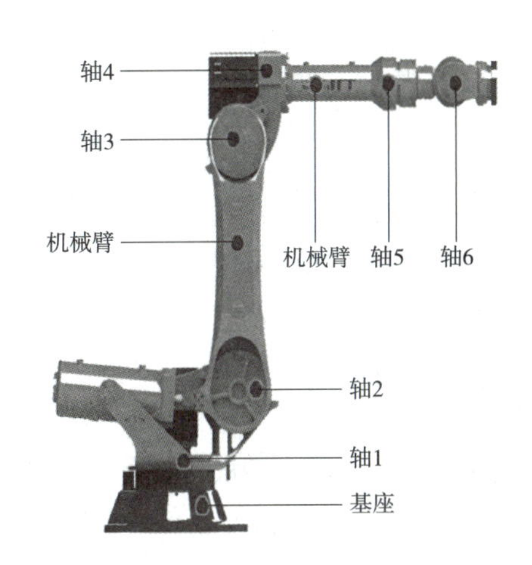

图 3-1-14　ABB 工业机器人自由度图解

3. 最大运动范围

工业机器人的最大运动范围取决于其技术参数，除自由度外，还包括关节类型和工作空间。

（1）关节类型。机器人不同类型的关节（如旋转关节或滑动关节）具有不同的运动特性和限制，从而影响机器人的整体运动能力。

（2）工作空间。工作空间又称工作范围，指工业机器人在作业时手腕参考中心所能到达的空间区域，这个区域不仅包括机器人的运动范围，还包括它能够执行任务所需的特定空间。工作空间的形状和大小取决于机器人的自由度数和各运动关节的类型与配置。

综上所述，工业机器人的最大运动范围是一个综合性指标，受到自由度、关节类型以及工作空间的影响。具体到某个型号的机器人，其最大运动范围可以通过该机器人的技术规格书或相关参数确定。例如，ABB-IRB120 五轴工业机器人的运动范围是 +120° ~ −120°，这表示它在特定轴上的最大运动角度。

七、工业机器人末端执行器

末端执行器是机器人直接用于抓取和握紧（或吸附）的工件或夹持专用工具（如喷枪、扳手、焊接工具），它具有模仿人手动作的功能，安装于机器人手臂的前端。末端执行器属于工装夹具的一种，大致可以分为以下几类：

（1）夹具：主要用于取放产品和工件，分为夹爪和吸盘两大类。按照控制原理可以分为机械类夹爪、磁力类吸盘和真空类吸盘。具体分类如图 3-1-15 所示。

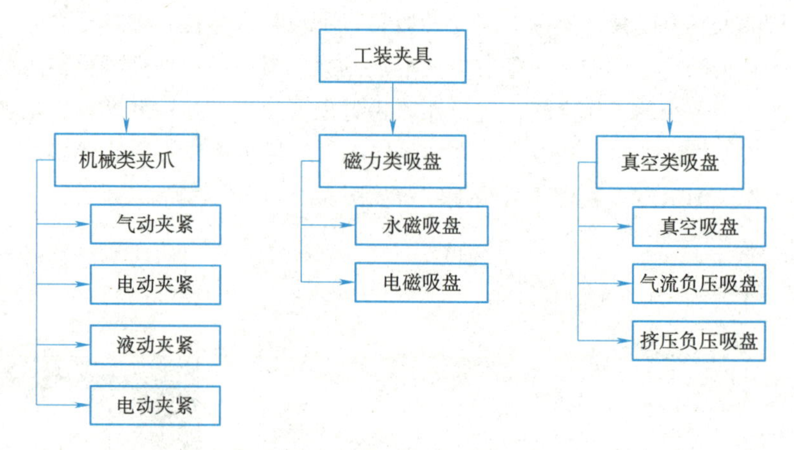

图 3-1-15 工装夹具分类

（2）工具：某种工艺的专用工具，如喷漆枪、焊枪、打磨工具等。

（3）专用操作器及转换器。

（4）仿生多指灵巧手。

1. 夹钳式取料手

夹钳式取料手由手指（手爪）和传动机构、驱动装置及连接与支撑元件组成，如图 3-1-16 所示，通过手指的开合动作实现对物体的夹持。

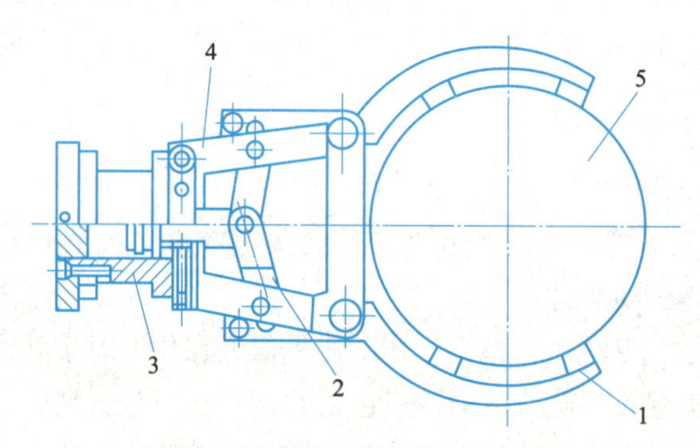

1—手指；2—传动机构；3—驱动装置；4—支架；5—工件。

图 3-1-16 夹钳式取料手结构组成

（1）手指。夹钳式取料手通过手指的张开与闭合实现对工件的松开和夹紧。机器人的手部一般有两个手指，也有三个或多个手指，其结构形式常取决于被夹持工件的形状和特性。根据工作场合的不同，手指指端和指面也有不同的结构。指端是手指上直接与工件接触的部位，其结构形式取决于工件形状，常用的形状分类有 V 形指、平面指、尖指、薄长指以及特形指。指面根据工件形状、大小及夹持部位材质、软硬、表面性质等的不同而分为不同形状，具体分类有光滑指面、齿形指面和柔性指面，如图 3-1-17 所示。

（2）传动机构。传动机构是向手指传递运动和动力，以实现夹紧和松开动作的机构。根据手指开合的动作特点分为回转型和移动型，回转型又分为一支点回转和多支点回转。根据手爪夹紧方式，又可分为摆动回转型和平动回转型。

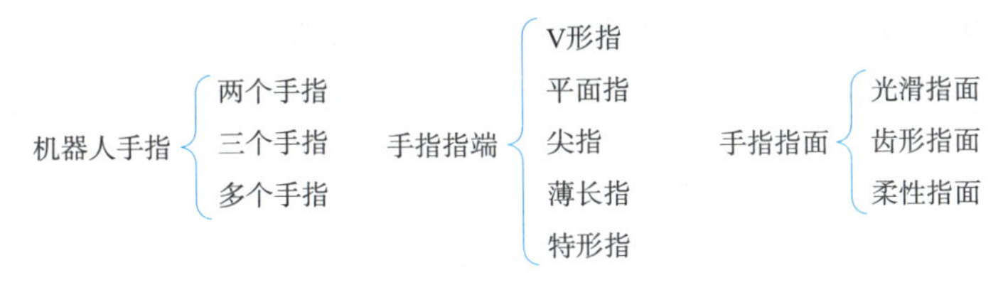

图 3-1-17　机器人手指夹持方式

（3）驱动装置。驱动装置是向传动机构提供动力的装置。按驱动方式不同，可分为液压、气动、电动和机械驱动等类型。当利用弹性元件的弹性力抓取物件时，则不需要驱动装置。

2. 吸附式取料手

吸附式取料手依靠吸附力取料，根据吸附力的不同分为气吸附和磁吸附两种。相比于夹钳式取料手，吸附式取料手更适合大平面（单面接触无法抓取）、易碎（玻璃、磁盘）、微小（不易抓取）的物体，因此使用面较广。

（1）气吸附式取料手。图 3-1-18 所示为气吸附式取料手，利用吸盘内的压力和大气压之间的压力差工作。按形成压力差的方法，可分为真空吸附、气流负压气吸、挤压排气负压气吸式三种。气吸附式取料手与夹钳式取料手指相比，具有结构简单、质量小、吸附力分布均匀等优点。对于薄片状物体（如板材、纸张、玻璃等）的搬运更具有优越性，广泛应用于非金属材料或不允许有剩磁材料的吸附工作中，但要求物体表面较平整光滑，无孔无凹槽。

（2）磁吸附式取料手。图 3-1-19 所示为磁吸附式取料手，利用电磁铁通电后产生的电磁吸力取料，因此只能对铁磁物体起作用。另外，对某些不允许有剩磁的零件应禁止使用，所以磁吸附式取料手的使用有一定的局限性。

图 3-1-18　气吸附式取料手

图 3-1-19　磁吸附式取料手

3. 专用操作器和换接器

专用末端操作器及换接器是末端执行器中的另外一种部件。工业机器人是一种通用性很强的自动化设备，可以根据作业要求，再配上各种专用的末端操作器，完成各种操作。如在通用机器人上安装焊枪就成为一台焊接机器人，安装拧螺母机则成为一台装配机器人。目前有许多由专用电动、气动工具改型而成的操作器，如图3-1-20所示，包括拧螺母机、焊枪、电磨头、电铣头、抛光头、激光切割机等。使用专用末端操作器及换接器后，可形成一整套系列供用户选用，使机器人胜任各种工作。

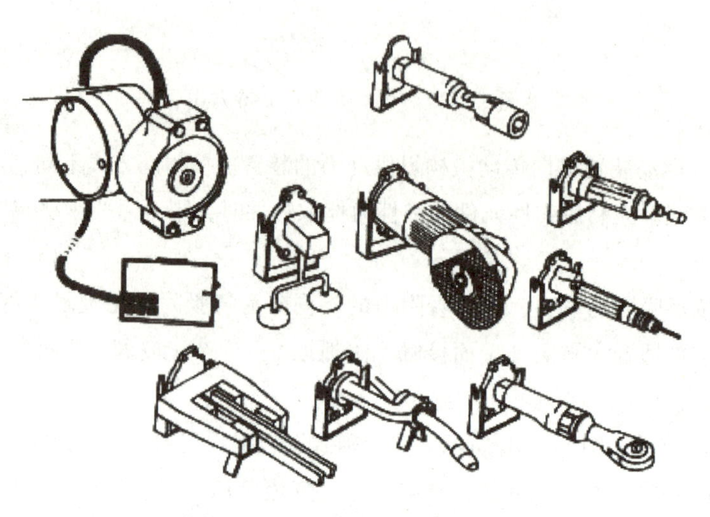

图3-1-20　专用操作器和换接器

4. 仿生多指灵巧手

机器人手爪和手腕最完美的形式是模仿人手的多指灵巧手，如图3-1-21所示。多指灵巧手有多个手指，每个手指有三个回转关节，每个关节的自由度都是独立控制的。因此，几乎人类手指能够完成的各种复杂动作它都能模仿，如拧螺钉、弹钢琴、做礼仪手势等动作。多指灵巧手的应用前景十分广泛，可在各种极限环境下完成人无法实现的操作，如核工业领域、宇宙空间、高温、高压、高真空环境下作业等。

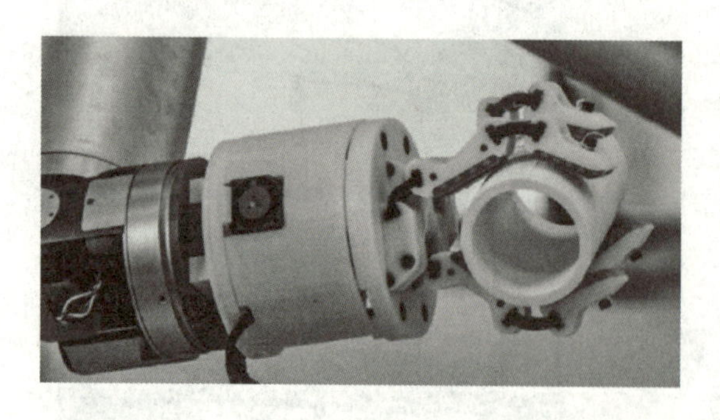

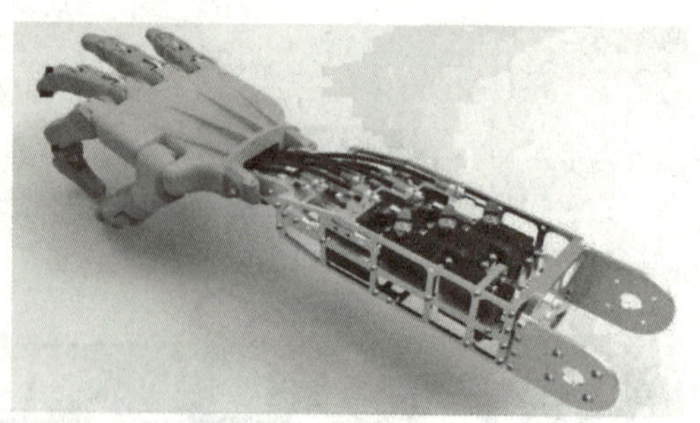

图3-1-21　仿生多指灵巧手

八、工业机器人编程

1. 工业机器人编程概述

工业机器人的编程方式主要采用示教编程和离线编程。其中，示教编程适用于生产现场，通过使用工业机器人编程语言，手动操纵机器人到达合适的点位后，添加适当的指令语句建立示教点，完成程序的编写。离线编程是借助虚拟仿真软件，无须操纵真实的机器人，在虚拟环境就可以进行的工业机器人编程。

1）RAPID 语言

RAPID 是一种应用级示教编程语言，由机器人厂家针对用户示教编程开发，类似于 C 语言，为了方便用户编程，封装了一些可直接调用的指令和函数。这些指令和函数多种多样，可以实现对机器人的操作控制，如运动控制、逻辑运算、控制 I/O 通信、重复执行指令等功能。这些指令有序地组织起来，形成一段 RAPID 程序，而这些程序就是使用 RAPID 编程语言的特定词汇和语法编写而成的。

2）RAPID 数据

数据是信息的载体，它能够被计算机识别、存储和加工处理，是计算机程序加工的原料。RAPID 数据是在 RAPID 语言编程环境下定义的用于存储不同类型数据信息的数据结构类型。在 RAPID 语言体系中，定义了上百种工业机器人可能运用到数据类型，用于存放机器人编程需要用到的各种类型的常量和变量。同时，RAPID 语言允许用户根据这些已经定义好的数据类型，根据实际需求创建新的数据结构，为工业机器人的程序设计带来了无限可能性。

（1）程序数据的存储类型。RAPID 数据按照存储类型可以分为三大类，分别为变量（var）、可变量（pers）和常量（conts）。变量进行定义时，可以赋值，也可以不赋值。在程序中遇到新的赋值语句，当前值改变，但初始值不变，遇到指针重置（指程序指针被人为从一个例行程序移至另一个例行程序）又恢复到初始值。可变量进行定义时，必须赋予初始值，在程序中遇到新的赋值语句，当前值改变，初始值也跟着改变，初始值可被反复修改（多用于生产计数）。常量进行定义时，必须赋予初始值，在程序中是一个静态值，不能赋予新值，只能通过手动修改初始值进行更改。

（2）常用的程序数据。根据不同的用途，工业机器人定义了不同的程序数据。机器人系统中常用的程序数据见表 3-1-1。

表 3-1-1　常用的程序数据类型

程序数据	说明	程序数据	说明
bool	布尔量	pos	位置数据（只有 X、Y 和 Z）
byte	整数数据 0～255	pose	坐标转换
clock	计时数据	robjoint	机器人轴角度数据
dionum	数字输入/输出信号	robtarget	机器人与外轴的位置数据
extjoint	外轴位置数据	speeddate	机器人与外轴的速度数据
intnum	中断标志符	string	字符串
jointtarget	关节位置数据	tooldate	工具数据
loaddate	负荷数据	trapdate	中断数据
mecunit	机械装置数据	wobjdate	工件数据
num	数值数据	zonedate	转弯半径数据
orient	姿态数据		

2. RAPID 程序结构

RAPID 程序由系统模块与程序模块组成，二者在系统启动期间自动加载到任务缓冲区，如图 3-1-22 所示。通常情况下，系统模块多用于系统方面的控制，只通过新建的程序模块构建机器人的执行程序。

PRPID程序			
程序模块1	程序模块2	程序模块…	系统模块
程序数据 主程序main 例行程序 中断程序 功能	程序数据 例行程序 中断程序 功能	… … … …	程序数据 例行程序 中断程序 功能

图 3-1-22　RAPID 程序的架构

从图 3-1-22 中可以看出，程序模块由各种数据和程序构成，用于执行一项 RAPID 应用，并可以根据不同的任务创建多个程序模块。每个程序模块都可包含程序数据、例行程序、中断程序和功能四种对象，但不一定在每个模块中同时包含。这四种对象在程序模块之间是可以互相调用的，但是在 RAPID 程序中，只有一个主程序 main()，它可以存在于任意一个程序模块中，作为整个 RAPID 程序执行的起点。机器人一般在初始状态下会有两个系统模块：USER 模块与 BASE 模块，如图 3-1-23 所示。机器人也会根据应用用途的不同，配备相应应用的系统模块。一般不对任何自动生成的系统模块进行修改。

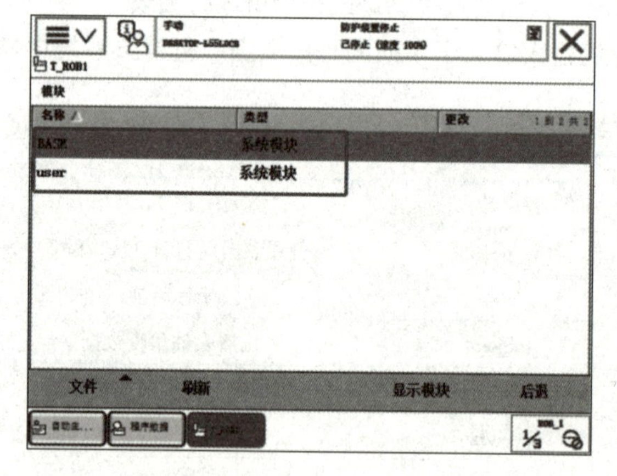

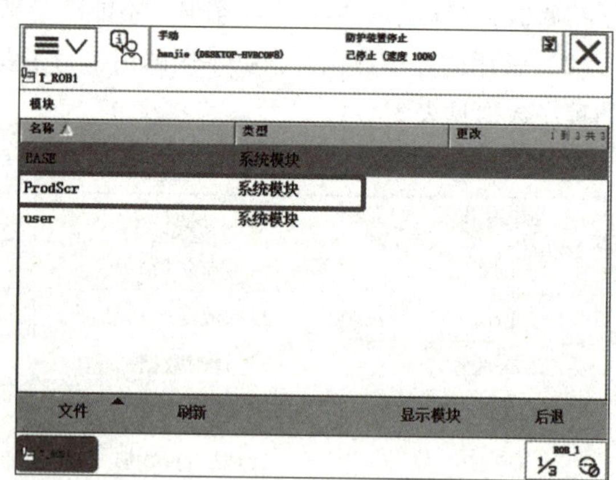

图 3-1-23　系统模块

3. 工业机器人编程指令

运动指令是通过建立示教点指示机器人按一定轨迹运动的指令，示教点为机器人末端 TCP（tool center point，机器人的工具中心点）移动轨迹的目标点位置。工业机器人在空间中的运动主要有绝对位置运动（MoveAbsJ）、关节运动（MoveJ）、线性运动（MoveL）和圆弧运动（MoveC）四种方式。绝对位置运动指令 MoveAbsJ 移动机械臂至绝对位置，机器人以单轴运动的方式运动至目标点，不存在死点，运动状态完全不可控制，应避免在正常生产中使用此命令。关节运动指令 MoveJ 是工业机器人编程中用于关节运动的指令，可控制机器人以关节角度的方式进行运动，每个关节独立运动，适用于需要沿着复杂路径进行运动的场景。线性运动指令 MoveL 使机器人的 TCP 从起点到终点之间的路径始终保持为直线，一般在焊接、涂胶等对路径要求高的应用场合使用此指令。圆弧运动指令 MoveC 通过中间点以圆弧移动的方式运动至目标点，当前点、中间点与目标点三点决定一段圆弧，机器人运动状态可控，运动路径保持唯一，常用于机器人在工作状态下的移动。

另外，还有速度设定指令（VelSet）和加速度设定指令（AccSet）。

数学运算指令有 Clear、Add、Incr、Decr 等。清除指令（Clear）用于清除数值变量或永久数据对象，即将数值设置为 0。如执行 Clear reg1 后，reg1 得以清除，即 reg1：=0。增减指令（Add）用于从数值变量或永久数据对象中增减一个数值，数值可为任意一个自然数。如 reg1 初始值为 3，执行 Add reg1, 2 后，则 reg1：=3+2=5。加 1 指令（Incr）用于向数值变量或永久数据对象增加 1。减 1 指令（Decr）用于从数值变量或永久数据对象中减去 1，与加 1 用法一样，但是作用相反。

逻辑判断指令用于对条件进行判断后，执行满足对应其条件的相应操作。常用条件判断指令有 Compact IF、IF、FOR、WHILE 和 TEST。

常用的还有 I/O 控制指令。数字信号置位指令（Set）用于将数字输出（digital output）置位为"1"。数字信号复位指令（Reset）用于将数字输出置位为"0"。SetA0 指令用于改变模拟输出信号的值。SetDo 指令用于改变数字输出信号的值。例如，SetDo DO1, 1，可将信号 DO1 置位为"1"。SetGo 指令用于改变一组数字信号输出信号的值。例如，SetGo GO1, 1，可将信号 GO1 设置为 12。WaitAI（Wait Analog Input）指令用于等待已设置模拟信号输入信号值。WaitDI（Wait Digital Input）指令用于等待，直至数字输入信号为 1。WaitGI（Wait Group digital Input）指令用于等待一组数字信号输入信号设置为指定值。

4. 工业机器人坐标系分类

机器人坐标系在工业机器人操作、编程和调试时具有重要的作用，机器人的所有运动都需要通过沿坐标轴的测量进行定位目标位置。在机器人系统中可使用多个不同的坐标系，每一坐标系都适用于特定类型的控制或编程。如图 3-1-24 所示，在工业机器人领域中规定了以下五种坐标系的方向：

（1）世界坐标系。可定义机器人单元，所有其他的坐标系均与世界坐标系直接或间接相关，适用于微动控制、一般移动以及处理具有若干机器人或外轴移动机器人的工作站和工作单元。

（2）工具坐标系。可定义机器人到达预设目标时所使用工具的位置。可以为一个机器人定义不同的 TCP，所有的机器人在机器人的工具安装点处都有一个被称为 tool0 的预定义 TCP，当程序运行时，机器人将该 TCP 移动至编程的位置。

（3）基坐标系。位于机器人基座，机器人从一个位置移动到另一个位置时，利用基坐标系是最方便的。每个机器人都拥有一个始终位于其底部的基坐标系。

（4）工件坐标系。与工件相关，通常是对机器人进行编程时最适用的坐标系。

（5）用户坐标系。在表示持有其他坐标系的设备（如工件）时非常有用。

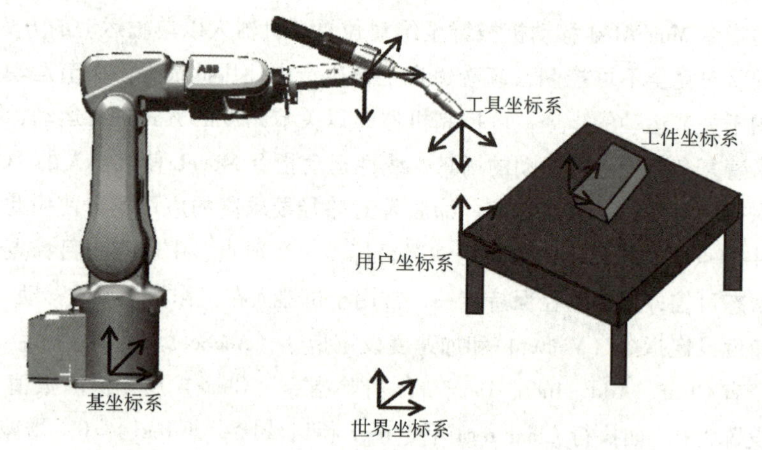

图 3-1-24　工业机器人坐标系图示

微课
阀体物料的搬运

任务实施

以一个阀体物料为例，目标是将工件由 *A* 位置放置在 *B* 位置，机器人单个物料码垛编程及示教步骤如下：

1. 程序的设计和编写

首先程序运行，机器人回到任务运行时的安全位置即机器人原点，然后机器人运动到取物料位置即 *A* 位置，下移接触物料，吸盘启动，吸起物料上移至 *A* 位置上方，然后运行到要搬运目标位置即 *B* 位置上方，下降至 *B* 位置，码放物料，吸盘松开，停止 1 s，机器人回到码放物料上方，再回到机器人原点位置，等待下一物料码垛程序的启动，这就是机器人从 *A* 位置抓取和码放物料至 *B* 位置的工作流程。

根据工作流程，编写物料码垛程序如下：

1）取物料

```
MoveAbsJ Phome \ NoEoffs, v1000, z50, tool10;    //回到工作原点 (Phome 点位置)
Ppick = 过渡点 +100mm;                            //加法指令确定 Ppick 位姿
MoveJ offs (Ppick, 0, 0, 100), v1000, z50, tool; //移动到 A 位置上方 (Ppick 过渡点位置)
MoveL Ppick, v200, z50, tool10;                   //下降接触物料 (Ppick 点位置) 准备取料
WaitTime 1;                                       //延时 1 s
Set DO1;                                          //吸盘启动，取料
WaitTime 1;                                       //延时 1 s
MoveJ offs (Ppick, 0, 0, 100), 1000, z50, tool;  //上升至 A 位置上方 (Ppick 过渡点位置)
MoveAbsJ Phome \ NoEoffs, v1000, z50, tool10;
```

2）放物料

```
Pplace = 过渡点 +100mm;                           //加法指令确定 Pplaace 点位姿
MoveJ offs (Pplace, 0, 0, 100), v1000, z50, tool10;
                                                 //移至码放 B 位置 (Pplace 过渡点位置)
MoveL Pplace, v200, z50, tool10;                 //下降至 B 位置 (Pplace 点位置)，码放物料
WaitTime 1;                                      //延时 1 s
```

```
Reset DO1;                                          //吸盘松开
WaitTime 1;                                         //延时 1 s
MoveJ offs (Pplace, 0, 0, 100), v1000, z50, tool10; //上升至B位置上方
MoveAbsJ Phome \NoEoffs, v1000, z50, tool10;        //回到工作原点（Phome点位置）
```

用离线编程软件把程序下载到示教器中，打开离线编程软件，单击“离线编程”按钮，选择六轴，然后输入程序并单击“保存”→“下载”按钮，程序就下载到示教器中了。

2. 点位示教

在这个程序中，存在Phome、Ppick、Ppick过渡点、Pplace、Pplace过渡点这五个点，为了减少点位姿的示教过程，把*A*位置*B*位置上方的Ppick过渡点、Pplace过渡点位姿，用加法指令“Ppick = 过渡点 + 100 mm、Pplace = 过渡点 + 100 mm”实现。

3. 手动示教运行

握紧后侧伺服使能杆，将光标移动到Phome程序点，移动机器人末端到一个合适的位置，设这个位置为机器人的原点位置，单击“修改位置”→“确认”按钮，Phome点位姿示教成功。把光标移到Ppick程序点，降低机器人运行速度，移动机器人末端至*A*物料抓取位置，单击“修改位置”→“确认”按钮，Ppick点位姿示教成功。将光标移到Pplace程序点，降低机器人运行速度，移动机器人末端至*B*码放物料位置，单击“修改位置”→“确认”按钮，Pplace点位姿示教成功。

4. 自动运行

应先确定机器人工作区域内有无障碍物及人员走动，再开始操作。光标在程序点Phome处，把示教器上的模式旋钮设定为“回放”，单击“伺服使能”→“启动”按钮，机器人即可精确地运行示教动作，顺利地将物料由*A*位置码放至*B*位置，如图3-1-25所示。

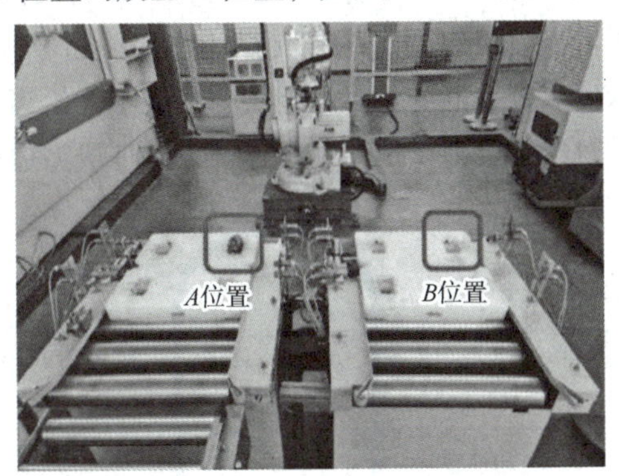

图3-1-25　码垛机器人物料搬运

任务2　凸台的3D打印加工

任务解析

本任务介绍3D打印相关内容，3D打印又称增材制造，是快速成型技术的一种，是以数字模型文件为基础，运用粉末状金属或塑料等可粘合材料，通过逐层打印的方式构造物体的技术。通过本

任务的学习，使学生了解3D打印的常用材料、3D打印技术的分类及工艺流程、3D打印机的结构以及后处理的方法，在掌握3D打印方法的基础上，完成凸台零件的3D打印加工。

知识链接

一、3D打印的概念

简单来说，如果把一件物品剖成极多的薄层，3D打印就是一层一层地把薄层打印出来，上一层覆盖在下一层上，并与之结合在一起，直到物件打印成型。3D打印机与传统打印机最大的区别在于，使用传统打印机如打印一封信，单击计算机屏幕上的“打印”按钮，一份数字文件便被传送到一台喷墨打印机上，将一层墨水喷到纸的表面以形成一幅二维图像。而在3D打印时，软件通过计算机辅助设计技术完成一系列数字切片，并将这些切片的信息传送到3D打印机上，后者会将连续的薄型层面堆叠起来，直到一个固态物体成型。3D打印机使用的“墨水”是实实在在的原材料。

通过3D打印技术，可以实现快速原型制作、定制化生产、复杂结构制造等应用，具有广泛的潜力和应用前景。

二、3D打印的类型

1. 熔融沉积成型技术（FDM）

熔融沉积成型技术（fused deposition modeling，FDM）的材料一般是热塑性材料，如PLA、ABS等，以丝状供料。FDM 3D打印原理如图3-2-1所示，材料在喷头内被加热熔化，喷头沿零件截面轮廓和填充轨迹运动，同时将熔化的材料挤出，材料迅速固化，并与周围的材料粘结。每个层片都是在上一层上堆积而成，上一层对当前层起到定位和支撑的作用。随着高度的增加，层片轮廓的面积和形状都会发生变化，当形状发生较大的变化时，上层轮廓就不能给当前层提供充分的定位和支撑，这就需要设计一些辅助结构，对后续层提供定位和支撑，以保证成型过程的顺利实现。

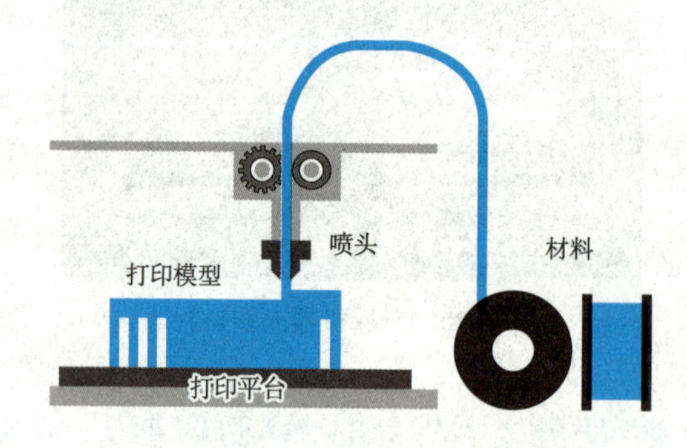

图3-2-1　FDM 3D打印原理示意图

技术优点：

（1）容易操作和维护。

（2）与其他主要的3D打印方法相比，更加经济实惠且具有成本效益。

（3）成型过程相对干净，且不需要使用刺激性化学品。

（4）设备大小可以放在桌面上，适合办公环境或是居家使用。

（5）可选用多种材料，如各种色彩的工程塑料 ABS、PC、PPS 以及医用 ABS 等。

（6）材料强度、韧性优良，可以装配进行功能测试。

（7）设备价格相对较低，有助于缩短产品制造周期。

技术缺点：

（1）表面通常有堆叠纹路。

（2）成型速度相对较慢，不适合构建大型零件。

（3）喷头容易发生堵塞，不便维护。

2. 光固化成型技术（SLA/DLP）

光固化成型技术（stereo lithography appearance，SLA）的 3D 打印原理如图 3-2-2 所示，用特定波长和强度的紫外光聚焦到原料液态光敏树脂表面，使之由点到线、由线到面地顺序凝固，完成一个层面的绘图作业，然后升降台在垂直方向移动一个层片的高度，再固化另一个层面。这样层层叠加构成一个三维工件原型，将原型从树脂中取出后，进行最终固化，再经打光、电镀、喷漆或着色处理即得到要求的产品。

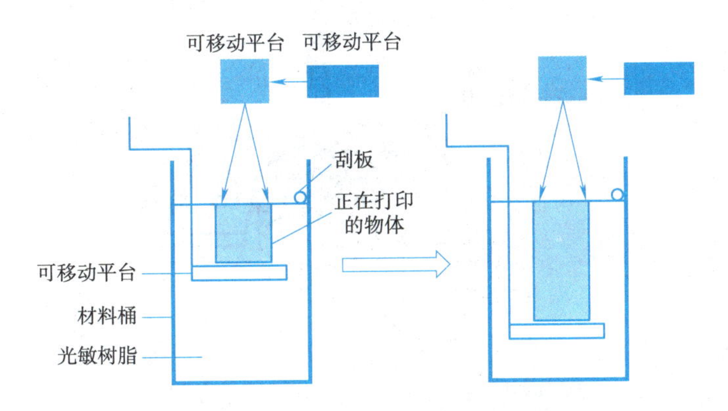

图 3-2-2　SLA/DLP 3D 打印原理示意图

DLP（digital light processing，激光成型技术）和 SLA 技术相似，不同的是，DLP 使用高分辨率的数字光处理器投影仪固化液态光敏树脂，逐层进行光固化，由于每层固化时通过幻灯片似的片状固化，因此速度比同类型的 SLA 技术更快。该技术成型精度高，在材料属性、细节和表面光洁度方面可匹敌注塑成型的耐用塑料部件。

技术优点：

（1）适合形状复杂的零件。

（2）表面质量好，比较光滑，适合做精细零件。

（3）可以呈现最佳细节，是小型零件的理想做法。

（4）设备有整合性且相对容易操作。

（5）可以列印多种属性的材料。

技术缺点：

（1）原料常有化学刺激性或刺鼻味及易燃性。

（2）后处理时需要添加药剂。

（3）材料具有黏性，可能会污染环境。

（4）需要设计支撑结构。支撑结构需要未完全固化时去除，容易破坏成型件。

（5）在单次打印时无法同时使用多种材料或颜色。

（6）与其他技术相比，可打印体积相对较小。

（7）中空零件必须准备好孔洞让未固化的树脂流出。

3. 选择性激光烧结技术（SLS）

选择性激光烧结技术（selective laser sintering，SLS）和其他 3D 打印技术相似，同样采用粉末为材料。不同的是，这种粉末在激光照射的高温条件下才能融化，SLS 3D 打印原理如图 3-2-3 所示。喷粉装置先铺一层粉末材料，将材料预热到接近熔化点，再采用激光照射，将需要成型模型的截面形状扫描，使粉末融化，被烧结部分粘合到一起。通过这种过程不断循环，粉末层层堆积直到最后成型。

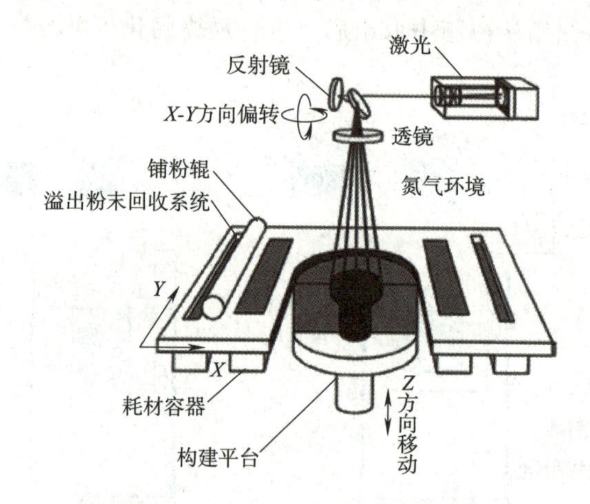

图 3-2-3　SLS 3D 打印原理示意图

技术优点：

（1）成品带有少许粉末，没有层积纹理。

（2）零件具有较高的机械性能，是目前金属材料实现 3D 打印的唯一方法。

（3）打印时不需要支撑。

技术缺点：

（1）设备相对较大。

（2）加工成品时人员须佩戴口罩防止粉尘吸入。

（3）材料种类或颜色较少。

（4）设备和材料价格相对较高，操作和维护需要进行学习。

（5）需要处理后加工和回收粉末。

（6）打印体积符合整个容器范围时才比较划算。

4. 分层实体制造技术（LOM）

分层实体制造技术（laminated object manufacturing，LOM）又称层叠法成型，以片材（如纸片、塑料薄膜或复合材料）为原材料，其成型原理如图 3-2-4 所示，激光切割系统按照计算机提取的横截面轮廓线数据，将背面涂有热熔胶的纸用激光切割出工件的内外轮廓。切割完一层后，送料机构将新的一层纸叠加上去，利用热粘压装置将已切割层粘合在一起，然后再进行切割，这样一层层地切割、粘合，最终成为三维工件。LOM 常用材料是纸、金属箔、塑料膜、陶瓷膜等，此方法除了可以制造模具、模型外，还可以直接制造构件或功能件。

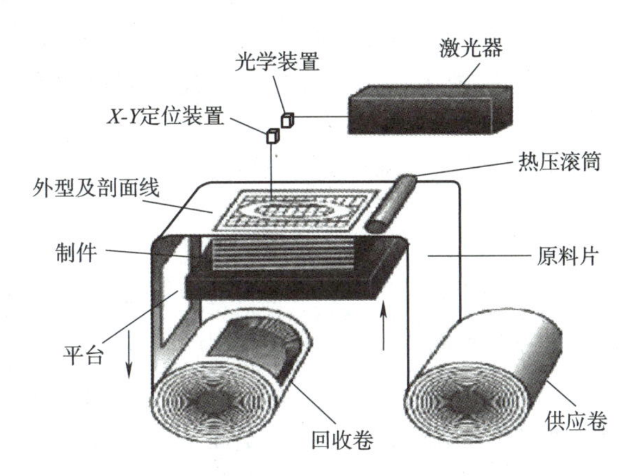

图 3-2-4　LOM 3D 打印原理示意图

技术优点：

（1）原材料易于获取，工艺成本较低。

（2）加工过程不包含化学反应，非常适合制作大尺寸产品。

技术缺点：

（1）传统 LOM 成型工艺的 CO_2 激光器成本较高。

（2）原材料种类过少。

（3）纸张的强度偏弱且容易受潮。

三、3D 打印发展历史

3D 打印技术起源于 20 世纪 80 年代末期，经过多年的发展，逐渐成为一种新型的制造技术。3D 打印的发展历程如下：

（1）1986 年，美国的 Chuck Hull 发明了第一台 3D 打印机，命名为 STL-1。

（2）1990 年，3D Systems 公司开始商业化生产 3D 打印机。

（3）1992 年，MIT 的 Carl Deckard 发明了一种新的 3D 打印技术——选择性激光烧结技术。

（4）1993 年，麻省理工学院获 3D 印刷技术专利。

（5）1995 年，美国 ZCorp 公司从麻省理工学院获得唯一授权并开始开发 3D 打印机。

（6）1996 年，ZCorp 公司推出了一种新的 3D 打印技术——多材料喷墨技术。

（7）2005 年，MakerBot 公司推出了第一款桌面 3D 打印机——Cupcake CNC。

（8）2005 年，市场上首个高清晰彩色 3D 打印机 Spectrum Z510 由 ZCorp 公司研制成功。

（9）2010 年，美国 Jim Kor 团队打造出世界上第一辆由 3D 打印机打印而成的汽车 Urbee。

（10）2011 年，英国研究人员开发出世界上第一台 3D 巧克力打印机。

（11）2011 年，南安普敦大学的工程师们开发出世界上第一架 3D 打印的飞机。

（12）2012 年，3D 打印技术被评选为《麻省理工科技评论》的十大突破性技术之一。

（13）2012 年，苏格兰科学家利用人体细胞首次用 3D 打印机打印出人造肝脏组织。

（14）2013 年，全球首次成功拍卖一款名为“ONO 之神”的 3D 打印艺术品。

（15）2014 年，3D 打印技术进一步发展，涉及行业越来越广泛，包括航空、汽车、医疗等领域。

（16）2016 年，3D 打印技术开始向生产线转移，成为工业生产的一部分。

未来，3D 打印技术将继续发展，成为一种更加广泛应用的制造技术，颠覆传统制造业的生产模式。

四、3D 打印的特点

1. 3D 打印技术的优点

（1）节省材料。不用剔除边角料，提高了材料的利用率，通过摒弃生产线从而降低了成本。

（2）能做到较高的精度和很高的复杂程度，可以制造出采用传统方法制造不出来的、非常复杂的制件。

（3）不需要传统的刀具、夹具、机床或任何模具，就能直接把计算机中任何形状的三维 CAD 图形生成实物产品。

（4）可以自动、快速、直接和比较精确地将计算机中的三维设计转化为实物模型，甚至直接制造零件或模具，从而有效地缩短了产品研发周期。

（5）3D 打印无须集中、固定的制造车间，具有分布式生产的特点。

（6）3D 打印能在数小时内成型，它让设计人员和开发人员实现了从平面图到实体的飞跃。

（7）能打印出组装好的产品，因此有效降低了组装成本，甚至可以挑战大规模生产方式。

2. 3D 打印技术的缺点

（1）成本高、工时长。3D 打印仍是比较昂贵的技术，由于用于增材制造的材料研发难度大但使用量不大等原因，导致 3D 打印制造成本较高，且制造效率不高。

目前，3D 打印技术在我国主要应用于新产品研发，且制造成本高、制造效率低，制造精度尚不能令人满意。3D 打印目前并不能完全取代传统制造业，在未来制造业发展中，减材制造法仍是主流。

（2）无法规模化生产。3D 打印技术既然具有分布式生产的优点，那么相反，在规模化生产方面就不具备优势。天津天易多维科技有限公司介绍，目前，3D 打印技术尚不具备取代传统制造业的条件，在大批量、规模化制造等方面，高效、低成本的传统减材制造法明显更胜一筹。

（3）打印材料受到限制。3D 打印技术的局限和瓶颈主要体现在材料上。目前，打印材料主要是塑料、树脂、石膏、陶瓷、砂和金属等，能用于 3D 打印的材料非常有限。

尽管目前已经开发了许多应用于 3D 打印的同质和异质材料，但是开发新材料的需求仍然存在。这种需求包含两个层面，一是不仅需要对已经得到应用的材料—工艺—结构—特性关系进行深入研究，以明确其优点和限制；二是需要开发新的测试工艺和方法，以扩展可用材料的范围。

（4）精度和质量问题。由于 3D 打印技术固有的成型原理及发展还不完善，其打印成型零件的精度（如尺寸精度、形状精度和表面粗糙度）、物理性能（如强度、刚度、耐疲劳性）及化学性能等大多不能满足实际工程的使用要求，不能作为功能性零件，只能做原型件使用，导致其应用范围大打折扣。

五、3D 打印的常用材料

3D 打印技术的兴起和发展，离不开 3D 打印材料的发展。3D 打印有多种技术种类，如 SLS、SLA 和 FDM 等，每种打印技术的打印材料都是不一样的，如 SLS 常用的打印材料是金属粉末，SLA 通常使用光敏树脂，FDM 采用的材料比较广泛，包括 ABS 塑料、PLA 塑料等。

当然，不同的打印材料是针对不同应用的，目前 3D 打印材料还在持续丰富中，材料的丰富和发展也是 3D 技术能够普及、带来所谓“第三次工业革命”的关键。

1. ABS 塑料类

ABS 塑料是丙烯腈（A）、丁二烯（B）、苯乙烯（S）三种单体的三元共聚物，三种单体相对含量可任意变化，制成各种树脂。ABS 塑料兼有三种组元的共同性能，A 使其耐化学腐蚀、耐热，并有一定的表面硬度；B 使其具有高弹性和韧性；S 使其具有热塑性塑料的加工成型特性并改善电性能。因此 ABS 塑料是一种原料易得、综合性能良好、价格便宜、用途广泛的坚韧、质硬、刚性材料，在机械、电气、纺织、汽车、飞机、轮船等制造工业及化工中获得了广泛的应用，可以说是最常用的打印材料，通常是细丝盘装，通过 3D 打印喷嘴加热熔化打印。目前有多种颜色可以选择，是消费级 3D 打印机用户最喜爱的打印材料，可以打印玩具、创意家居饰件等。

2. PLA 塑料类

PLA 学名聚乳酸，又称聚丙交酯，是以乳酸为主要原料聚合得到的聚酯类聚合物，是一种新型的生物降解材料。聚乳酸的热稳定性好，加工温度为 170 ~ 230 ℃，有较好的抗溶剂性，可用多种方式进行加工，如挤压、纺丝、双轴拉伸、注射吹塑等。由聚乳酸制成的产品除了能够生物降解外，其生物相融性、光泽度、透明性、手感和耐热性也较好。PLA 塑料熔丝可以说是另外一个非常常用的打印材料，尤其是其可以降解，是一种环保材料。PLA 一般情况下不需要加热床，这一点不同于 ABS，所以 PLA 容易使用，而且更加适合低端的 3D 打印机。PLA 有多种颜色可以选择，而且还有半透明的红、蓝、绿以及全透明的材料。

3. 亚克力

亚克力又称 PMMA 或有机玻璃，源自英文 acrylic（丙烯酸塑料），化学名称为聚甲基丙烯酸甲酯。是一种开发较早的重要可塑性高分子材料，具有较好的透明性、化学稳定性和耐候性，易染色、易加工、外观优美，在建筑业中有着广泛应用。亚克力产品通常可以分为浇注板、挤出板和模塑料。

亚克力材料表面光洁度好，可以打印出透明和半透明的产品，目前利用亚克力材质，可以打印出牙齿模型用于牙齿矫正的治疗。

4. 尼龙铝粉材料

尼龙（nylon）学名聚酰胺，在尼龙的粉末中掺杂铝粉，利用 SLS 技术进行打印，其成品具有金属光泽，结构强度高，经常用于装饰品和首饰等创意产品的打印中。

5. 陶瓷

陶瓷常用非硅酸盐类化工原料或人工合成原料，如氧化物（如氧化铝、氧化锆、氧化钛等）和非氧化物（如氮化硅、碳化硼等）制造。具有优异的绝缘、耐腐蚀、耐高温、硬度高、密度低、耐辐射等优点，已在国民经济各领域得到广泛应用。陶瓷粉末采用 SLS 进行烧结，上釉陶瓷产品可以用于盛食物，很多人用陶瓷打印个性化的杯子，当然 3D 打印并不能完成陶瓷的高温烧制，这道工序需要在打印完成之后进行。

6. 光敏树脂

光敏树脂俗称紫外线固化无影胶或 UV 树脂（胶），主要由聚合物单体与预聚体组成，其中加有光（紫外光）引发剂，又称光敏剂。在一定波长的紫外光（250～300 nm）照射下便会立刻引起聚合反应，完成固态化转换。近两年，光敏树脂正被用于 3D 打印新兴行业，因为其优秀的特性而受到行业青睐与重视。其变化种类很多，有透明的、半固体状的，可以制作中间设计过程模型，由于其成型精度非常高，可以作为生物模型或医用模型。

7. 不锈钢

不锈钢（stainless steel）是不锈耐酸钢的简称，是耐空气、蒸汽、水等弱腐蚀介质或具有不锈性的钢种。不锈钢常按组织状态分为马氏体钢、铁素体钢、奥氏体钢、奥氏体-铁素体（双相）不锈钢及沉淀硬化不锈钢等；另外，可按成分分为铬不锈钢、铬镍不锈钢和铬锰氮不锈钢等；还有用于压力容器的专用不锈钢。不锈钢硬度高，而且有很高的韧性。不锈钢粉末采用 SLS 技术进行 3D 烧结，可以选用银色、古铜色以及白色等颜色。不锈钢可以制作模型、现代艺术品以及很多功能性和装饰性的用品。

8. 彩色打印和其他材质

彩色打印有两种情况，第一是两种或多种颜色不同的材料从各自的喷嘴中挤出，最常用的是消费级的 FDM 双喷嘴 3D 打印机，通过两种或多种材料的组合形成有限的色彩组合；另外一种是采用喷墨打印机的原理，通过不同染色剂的组合，将粘黏剂混合注入打印材料粉末中进行凝固。

其他打印材质包括水泥、岩石、纸张，甚至是盐，目前都是少量的研究应用。如用混凝土打印房屋，初步实验可以打印出小的模型或预制件。也有人研究用木屑或纸张打印家具，尤其是可以利用回收的报纸，很具有发展前景。

六、3D 打印的工艺流程

3D 打印的工艺流程共分为五步。

第一步 3D 建模：绘制打印零件的三维模型。获取三维数据模型的方法有两种：一种方法是正向建模；另一种方法是逆向建模。

第二步 STL 格式化：将三维模型保存为 STL 格式文件。

第三步切片处理：通过切片软件把三维数据分割成二维数据，生成每层二维薄片的平面尺寸。

第四步打印产品：逐层打印成型 2D 薄片，再逐层叠加成三维工件。

第五步后处理：最终获得产品工件。

这五个步骤也可以归纳为前处理—打印成型—后处理三个阶段，如图 3-2-5 所示。

七、UP BOX 3D 打印机的工作原理与结构

以北京太尔时代 UP BOX 3D 打印机为例说明典型 FDM 3D 打印机的工作原理与结构，其主要原理如图 3-2-6 所示。

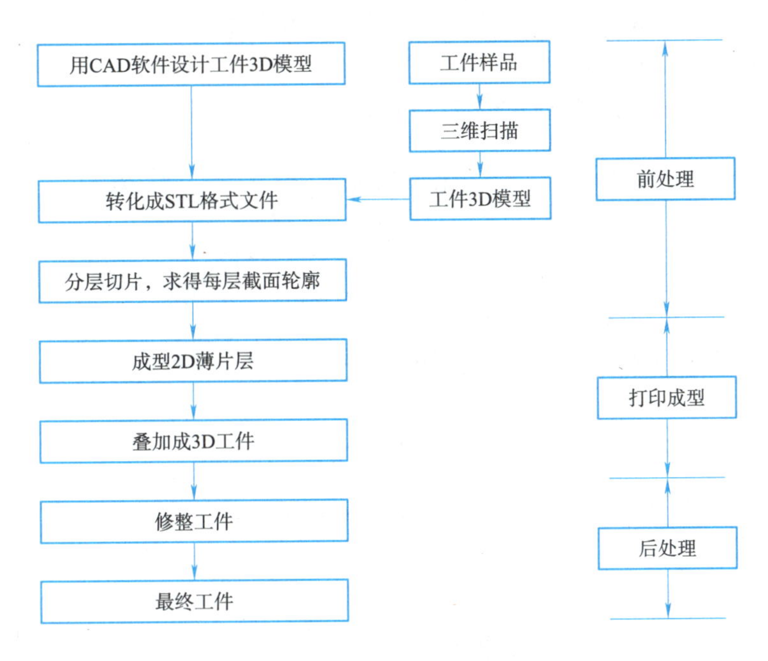

图 3-2-5　3D 打印流程图

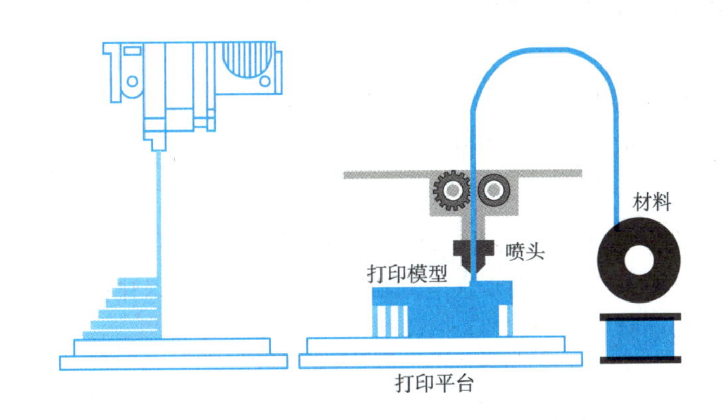

图 3-2-6　UP BOX 3D 打印原理示意图

目前主流的 FDM 桌面打印机按照结构主要分为三种，即 XYZ 型、Prusa i3 型和三角洲（并联臂）型。

XYZ 型：三轴传动相互独立，三个轴分别由三个步进电动机独立控制（有些机器 *Z* 轴是两个电动机，传动同步作用）。XYZ 型 3D 打印机结构清晰简单，独立控制的三轴使得机器稳定性、打印精度和打印速度能维持在比较高的水平。UP BOX 3D 打印机就采用这种结构。

Prusa i3 型：龙门结构，控制 *X*/*Z* 轴，*Y* 轴则通过工作台的移动实现。*Y* 轴运动受惯性以及打印过程中产生的阻力的影响，会导致 *Y* 轴电动机丢步发热严重。这种结构的主要优势是便宜，适合做 3D 打印入门机。

三角洲（并联臂）型：并联臂结构通过一系列相互连接的平行四边形控制目标在 *X*、*Y*、*Z* 轴上的运动。在同样的成本下，采用并联臂结构能设计出打印尺寸更高的3D打印机，性价比高。三轴联动的结构传动效率更高，速度更快。

FDM类型的3D打印机结构组成如图3-2-7所示。

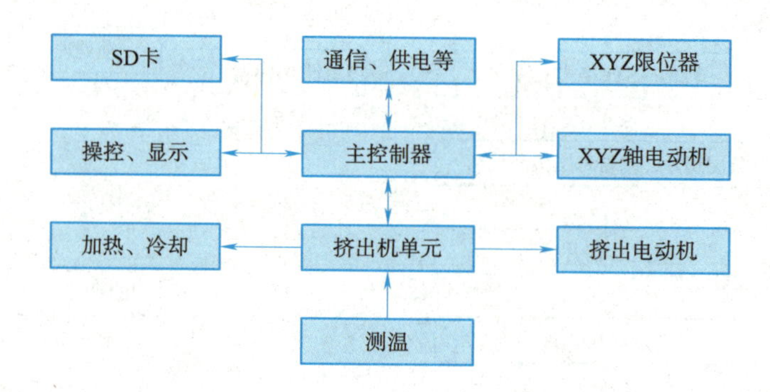

图3-2-7 FDM 3D打印机结构组成

1. 框架

框架是3D打印机的骨干。通常工业用3D打印机都被灰色塑料所包围，但家用的则没有。早期使用木材做支架，但现今大多采用亚克力或金属打造支架。框架有开放式、半开放式以及封闭式。封闭式的好处在于容易保持打印的环境温度，防尘以及防止手烫伤。

2. 主控制器

主控制器相当于计算机CPU+内存+硬盘，程序存放在主控制器的内存中，通电后主控制器按照程序运行控制电动机、显示内容、接受按键操作、通信等。

3. 电动机

图3-2-8所示为3D打印机步进电动机。分为X、Y、Z、E轴，X、Y、Z轴控制打印空间的位置，E轴控制耗材的挤出和回抽，通常采用步进电动机。好的电动机可以让打印细节更精准，有效减少振纹，使模型表面更平滑细腻。

4. 限位器

3D打印机X、Y、Z轴可能会被手移动或在打印过程中丢步，此时主控制器就无法正确得到打印头和平台所处的位置。通过让打印头和平台朝一个方向一直移动并撞击限位器，使主控制器获取到打印头和平台目前处于限位器的位置，通常将该位置设为坐标O点，然后控制打印头和平台在允许的空间内移动，避免撞到机器边缘。限位器常用的有机械开关和光电开关。

5. 喷嘴

图3-2-9所示为3D打印机喷嘴。喷嘴由黄铜制成，可以获得较大的冷却性，其主要功能是加热材料，最后再靠电动机的推力挤压丝材，使丝材可以按照一定速率进给。大多数3D打印机采用0.4 mm孔径的喷嘴。喷嘴孔径越小，精度越高，产品质量越好；孔径越大的喷嘴，打印速度越快。大多数3D打印机的喷嘴都能替换。

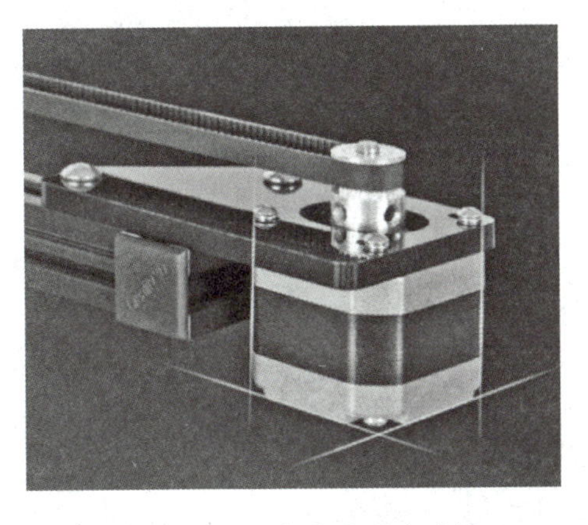

图 3-2-8 3D 打印步进电动机

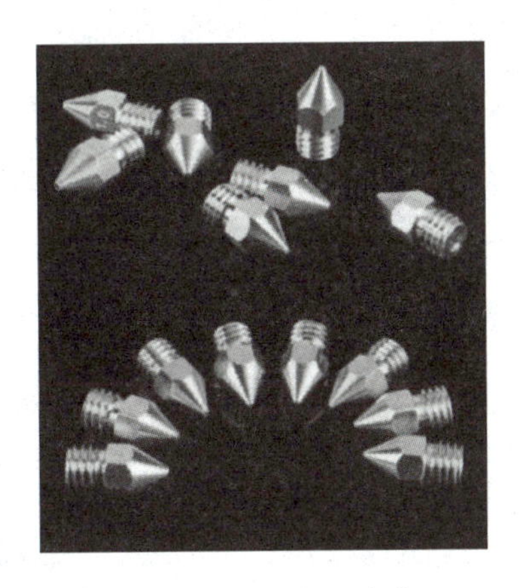

图 3-2-9 打印机喷嘴

6. 操作控制显示

3D 打印机的移动、打印、加热等操作需要由人或计算机下达命令，通常机器会有按键 + 显示屏、旋钮 + 显示屏、触摸屏等对机器进行操作并对状态进行显示。也有一些 3D 打印机没有显示和控制，采用 USB 接口或无线方式进行控制操作。

7. SD 卡

SD 卡通常用于脱机打印，将需要打印的文件分层处理后存储到 SD 卡，然后将 SD 卡插入 3D 打印机进行打印，这样能避免计算机长时间开机或者与计算机通信中断导致打印失败。

常用的存储介质有 SD 卡、U 盘、TF 卡、硬盘等，SD 卡和 TF 卡存储容量大、价格便宜、性能可靠、传输稳定，还带有写入保护开关。TF 卡尺寸比 SD 卡更小。U 盘小巧便于携带、存储容量大、价格便宜、性能可靠。硬盘通常容量大，但体积也较大。

8. 挤出机

挤出机又称打印头。通常 PLA 耗材打印时需要加热到 210 ℃，将其加热变成熔融状态后挤出堆积成型。挤出后的耗材需要冷却，以避免出现打印模型塌陷等问题，因此挤出机通常包括加热棒和测温元件，加热后的耗材通过挤出电动机的转动带动耗材将耗材挤出。

北京太尔时代 UP BOX 3D 打印机结构如图 3-2-10 至图 3-2-15 所示。

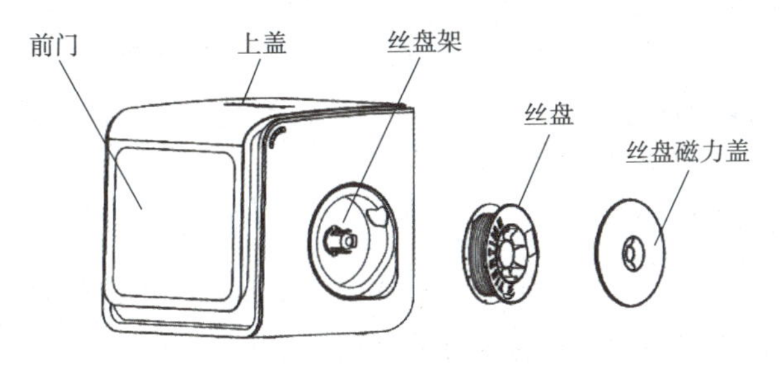

图 3-2-10 外部结构

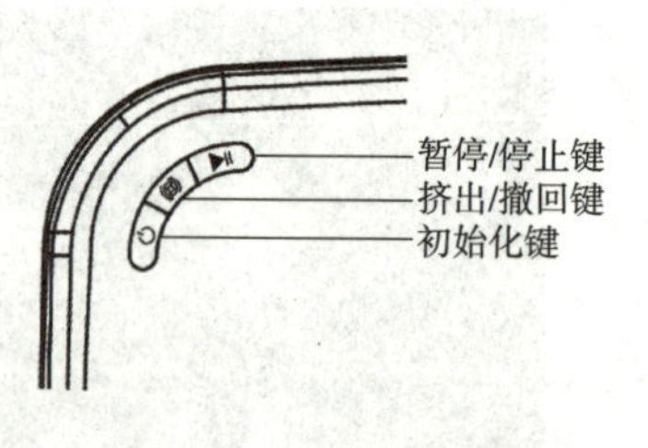

图 3-2-11　侧边按钮

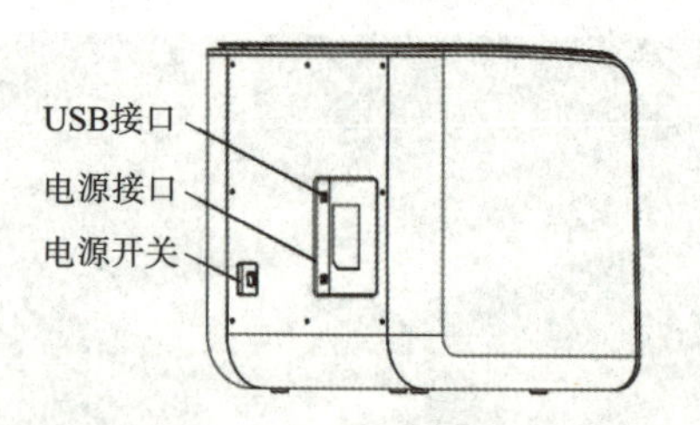

图 3-2-12　背部接口

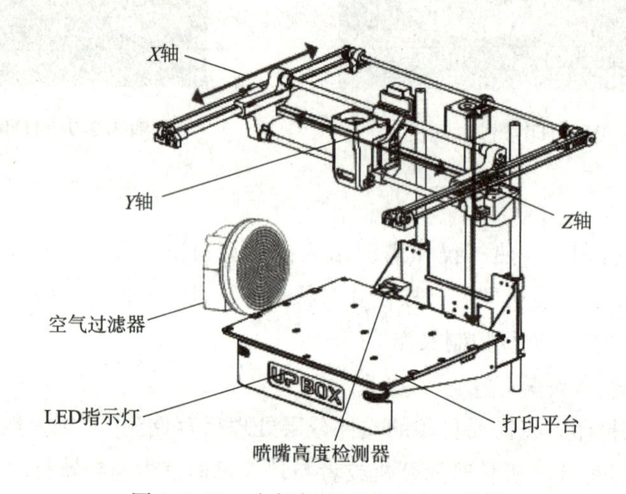

图 3-2-13　内部打印平台和各工作轴

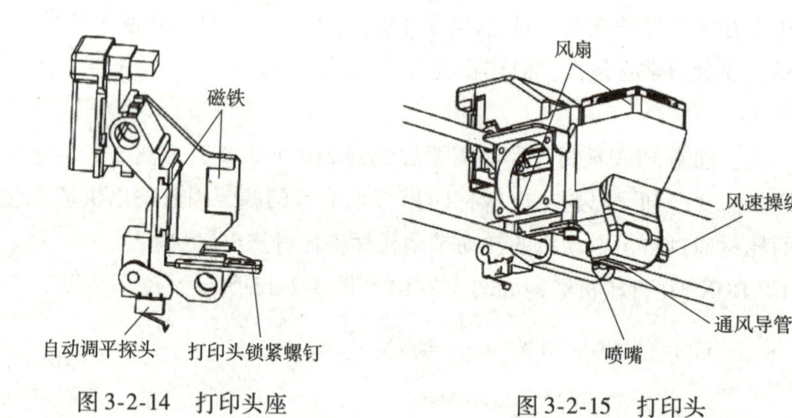

图 3-2-14　打印头座

图 3-2-15　打印头

八、3D 打印零件的后处理方法

很多普通的 3D 打印机打印出的产品都有一定瑕疵，表面通常比较粗糙，达不到理想的结果，同时也有可能造成成本浪费。常用的 3D 打印零件后处理方法如下：

（1）砂纸打磨。砂纸是最普遍的打磨工具，需要注意的是，打磨前要先加一些水避免材料太烫导致起毛。通常比较普遍的有 400/600/800/1000/1200/1500 标号，标号越低的砂纸颗粒越细，打磨次序从低标号开始，但是因为打印物品的表面平整度不一样，不需要完全按固定的次序，主要根据实际情况进行判断。

（2）丙酮抛光。丙酮可以溶解 ABS 材料，因此 ABS 模型可以运用丙酮抛光，主要是利用丙酮的蒸汽熏蒸 3D 模型完成抛光，PLA 材料则不能。需要注意的是丙酮是一种有害化学物质，建议在通风良好的环境中且佩戴好防毒面具等安全设备完成操作。

（3）PLA 抛光液。即加水稀释过的亚克力胶，主要成分是三氯甲烷或氯化烷等混合溶剂。操作步骤是将抛光液放入操作器皿后，将模型用铁丝或绳索固定模型底座放入其中，浸泡时间不适合太长，8 s 左右即可。与丙酮一样，PLA 抛光液也是一种有毒物质，建议慎重使用。

（4）表面喷砂。操作人员手执喷嘴对着模型抛光，其原理是利用压缩空气为动力，将磨料喷射到需要处理的模型表面以达到抛光的效果。不管模型大小，都能够利用喷砂处理表面。

（5）粘合组装。一些超大尺寸和多部件或拆件打印的模型，常常需要粘合。完成粘合最好用小刷子擦抹胶水，随后用橡皮筋固定，使粘合更为紧密。如果粘合过程中碰到模型有空隙或接触处粗糙的状况，还可以用填料使其变平滑。

（6）模型上色。喷漆操作较为简单，比较适合小型模型或模型细致部分的上色。喷漆前应先完成试喷，检查颜料浓度是否合适，可以有效节约时间。手涂法更适合处理复杂的细节，上色时需以“井”字往返平涂两到三遍，可使手绘时造成的笔纹减淡，令色彩匀称饱满。

任务实施

微课
凸台的3D打印加工

以凸台零件为例完成零件的打印构建，零件图如图 3-3-16 所示。

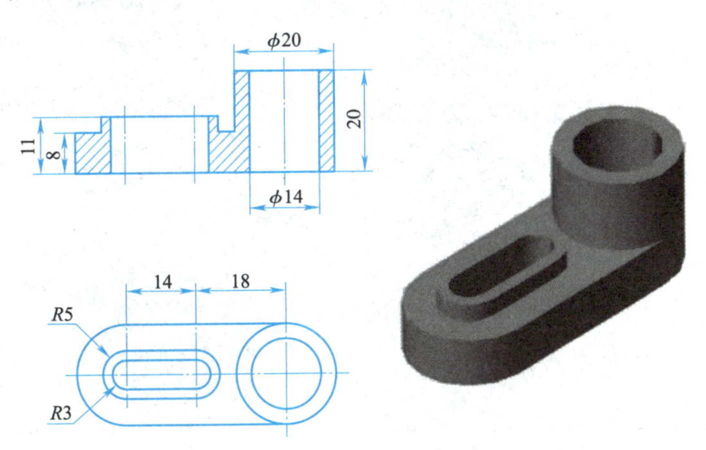

图 3-2-16　凸台零件图

1. 产品三维模型设计

利用 NX 软件创建凸台零件的三维模型。

2. 三维模型 STL 格式化

将三维模型导出为 STL 格式的文件，如图 3-2-17 所示。

3. 三维模型的切片处理

利用切片软件对三维模型进行切片处理，将三维模型转化为 3D 打印机可以识别的 GCODE 语言，如图 3-2-18 所示。

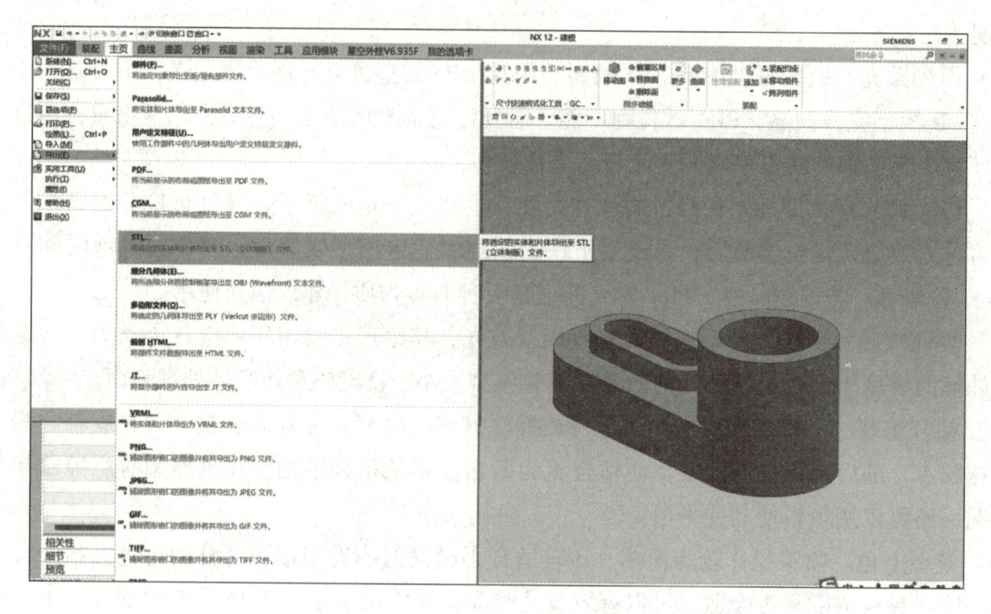

图 3-2-17　凸台零件 STL 格式化

图 3-2-18　凸台的切片处理

4. 打印产品

利用 3D 打印机完成凸台零件的打印，包括以下四个步骤：

（1）3D 打印机调平。

（2）安装耗材。

（3）导入三维模型。

（4）开始打印，最终效果如图 3-2-19 所示。

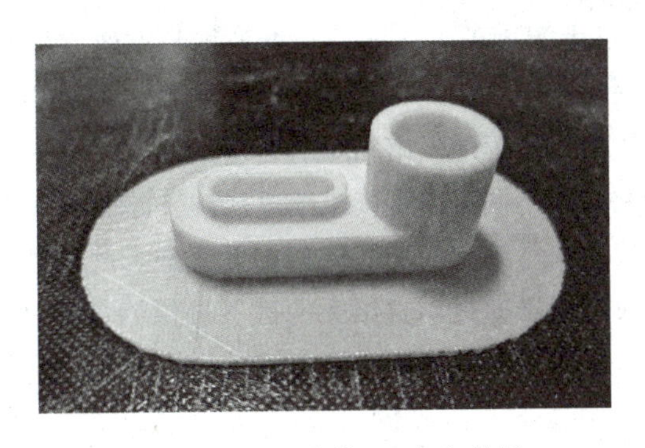

图 3-2-19　凸台的 3D 打印效果

5. 产品的后处理

打印结束后一般需要对打印出的产品进行适当的后处理，如去除产品内外的支撑结构；对产品表面进行修补、打磨、抛光，使表面光洁；进行表面涂覆，以改变表面颜色或提高强度、刚度等性能。

任务3　托盘的射频识别

任务解析

本任务介绍射频识别技术（RFID）相关内容，该技术是自动识别技术的一种，通过无线射频方式进行非接触双向数据通信，利用无线射频方式对记录媒体进行读写，从而达到识别目标和数据交换的目的，被认为是21世纪最具发展潜力的信息技术之一。通过本任务的学习，使学生了解RFID系统的概念、RFID与物联网和自动识别技术的关系、组成及分类、PLC与RFID的通信等内容，在掌握射频识别原理的基础上，完成托盘的自动识别过程分析。

知识链接

一、RFID 技术

射频识别技术（radio frequency identification，RFID）通过无线电波不接触快速信息交换和存储技术及无线通信结合数据访问技术，连接数据库系统，实现非接触式的双向通信，从而达到识别的目的，可用于数据交换，串联起一个极其复杂的系统。在识别系统中，通过电磁波实现电子标签的读写与通信。根据通信距离，可分为近场和远场，为此，读/写设备和电子标签之间的数据交换方式也对应地被分为负载调制和反向散射调制。

1. RFID 工作原理

RFID 技术的基本工作原理并不复杂：标签进入阅读器后，接收阅读器发出的射频信号，凭借感应电流所获得的能量发送出存储在芯片中的产品信息（passive tag，无源标签或被动标签），或者由标签主动发送某一频率的信号（active tag，有源标签或主动标签），阅读器读取信息并解码后，送至中央信息系统进行有关数据处理。

一套完整的 RFID 系统，是由阅读器（reader）、电子标签即应答器及应用软件系统三部分组成的，其工作原理是阅读器发射一特定频率的无线电波能量，用以驱动电路将内部的数据送出，此时阅读器依序接收解读数据，送给应用程序做出相应的处理。

阅读器根据使用的结构和技术不同可以是读或读/写装置，是 RFID 系统的信息控制和处理中心。阅读器通常由耦合模块、收发模块、控制模块和接口单元组成。阅读器和标签之间一般采用半双工通信方式进行信息交换，同时阅读器通过耦合给无源标签提供能量和时序。在实际应用中，可进一步通过 Ethernet（以太网）或 WLAN（局域网）等实现对物体识别信息的采集、处理及远程传送等管理功能，如图 3-3-1 所示。

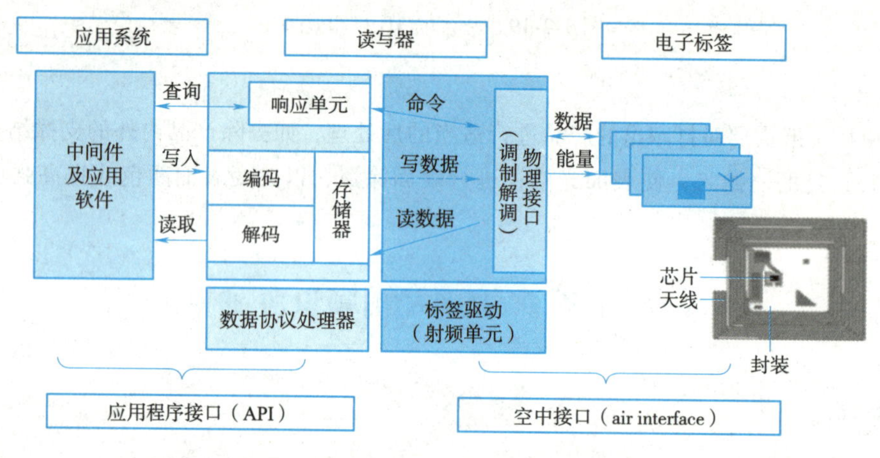

图 3-3-1　RFID 工作原理

RFID 系统以 RFID 卡片阅读器及电子标签之间的通信及能量感应方式区分，大致上可以分成：感应耦合及后向散射耦合两种。一般低频的 RFID 大都采用第一种方式，而较高频的大多采用第二种方式。

2. RFID 分类

射频识别技术根据其标签的供电方式可分为三类：无源 RFID、有源 RFID、半有源 RFID，如图 3-3-2 所示。

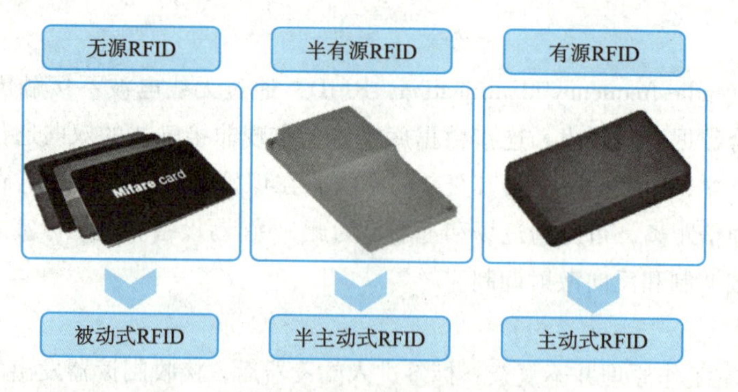

图 3-3-2　RFID 根据标签供电方式分类

（1）无源 RFID。在三类 RFID 产品中，无源 RFID 出现时间最早、最成熟，应用也最为广泛。在无源 RFID 中，电子标签通过接收射频识别阅读器传输的微波信号，并通过电磁感应线圈获取能量对自身短暂供电，从而完成此次信息交换。因为省去了供电系统，所以无源 RFID 产品的体积可以达到厘米量级甚至更小，而且自身结构简单、成本低、故障率低，使用寿命较长。但作为代价，无源 RFID 的有效识别距离通常较短，一般用于近距离的接触式识别。无源 RFID 主要工作在较低频段如 125 kHz、13. 56 kHz 等，其典型应用包括：公交卡、第二代身份证、食堂餐卡等。

（2）有源 RFID。有源 RFID 兴起的时间不长，但已在各个领域，尤其是在高速公路电子不停车收费系统（ETC）中发挥着不可或缺的作用。有源 RFID 通过外接电源供电，主动向射频识别阅读器发送信号。其体积相对较大，但也因此拥有了较长的传输距离与较高的传输速度。一个典型的有源 RFID 标签能在百米之外与射频识别阅读器建立联系，读取率可达 1 700 read/s。有源 RFID 主要工作在900 MHz、2. 45 GHz、5. 8 GHz 等较高频段，且具有可以同时识别多个标签的功能。有源 RFID 的远距性和高效性，使得它在一些需要高性能、大范围射频识别的应用场合中必不可少。

（3）半有源 RFID。无源 RFID 自身不供电，但有效识别距离太短；有源 RFID 识别距离足够长，但需外接电源，体积较大，而半有源 RFID 就是为解决这一矛盾而诞生的产物。半有源 RFID 又称低频激活触发技术。在通常情况下，半有源 RFID 产品处于休眠状态，仅对标签中保持数据的部分进行供电，因此耗电量较小，可维持较长时间。当标签进入射频识别阅读器识别范围后，阅读器先以 125 kHz 低频信号在小范围内精确激活标签使之进入工作状态，再通过 2. 4 GHz 微波与其进行信息传递。也就是说，先利用低频信号精确定位，再利用高频信号快速传输数据。其通常应用场景为：在一个高频信号所能覆盖的较大范围中，在不同位置安置多个低频阅读器用于激活半有源 RFID 产品。这样既完成了定位，又实现了信息的采集与传递。

射频识别技术根据读写器和标签的工作频率可分为四类：低频、高频、超高频、微波 RFID，如图 3-3-3 所示。

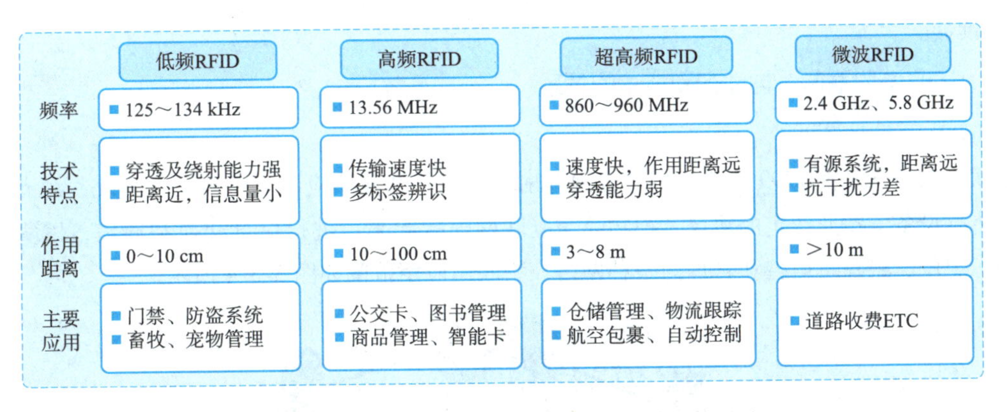

图 3-3-3　RFID 根据读写器和标签的工作频率分类

（1）低频 RFID 典型的工作频率为 125 ~ 134 kHz，由于频率低、波长长，因此低频 RFID 最大的特点是穿透及绕射能力强（能穿透水及绕射金属物质），但其缺点是读取距离短、信息量小且无法同时进行多标签读取，作用距离通常小于 10 cm，主要应用于门禁或防盗系统、畜牧或宠物管理等场景。

（2）高频 RFID 典型工作频率为 13. 56 MHz，和低频相比传输速度较快，且可以进行多标签辨识，是目前最为成熟、使用范围最广的系统，其作用距离通常在 10 ~ 100 cm，正好适用于大部分卡片应用场合，因此广泛应用于公交卡、食堂饭卡、图书管理、商品管理等场景。

（3）超高频 RFID 典型工作频率有 433 MHz、860～960 MHz，超高频虽然在金属与液体的物品上应用较不理想，但由于其读取距离较远，信息传输速度较快，而且可以同时进行大量标签的读写与辨识，所以目前已成为市场主流，但开发技术门槛较高。其典型的读写距离为 3～8 m，这个距离正好符合大部分物流应用，因此广泛应用于仓储管理、物流跟踪、航空包裹、自动控制等领域，是现阶段应大力发展的应用系统。

（4）微波 RFID 典型工作频率为 2.4 GHz 以及 5.8 GHz，由于频率较高的信号衰减较快，因此微波 RFID 系统通常使用有源电源，读写距离较远，但对环境的敏感性较高，抗干扰能力差，典型的工作距离超过 10 m，应用于道路收费 ETC 系统。

随着频率的升高，读写距离逐渐增加，标签读写速度也逐渐加快。系统金属和液体穿透率，即抗环境干扰能力逐渐减弱。另外，由于无线信号收发时要求天线和波长相当，随着频率的升高，标签的尺寸可以逐渐减小。

3. RFID 技术特点

（1）适用性。RFID 技术依靠电磁波，并不需要连接双方的物理接触。这使得它能够无视尘、雾、塑料、纸张、木材以及各种障碍物建立连接，直接完成通信。

（2）高效性。RFID 系统的读写速度极快，一次典型的 RFID 传输过程通常不到 100 ms。高频段的 RFID 阅读器甚至可以同时识别、读取多个标签的内容，极大地提高了信息传输效率。

（3）唯一性。每个 RFID 标签都是独一无二的，通过 RFID 标签与产品的一一对应关系，可以清楚地跟踪每一件产品的后续流通情况。

（4）简易性。RFID 标签结构简单、识别速率高、所需读取设备简单。尤其是随着 NFC（near field communication，近场通信）技术在智能手机上的逐渐普及，每个用户的手机都将成为最简单的 RFID 阅读器。

二、RFID 与物联网、自动识别技术的关系

1. RFID 与物联网

物联网的概念是在 1999 年提出的，指通过射频识别、红外感应器、全球定位系统、激光扫描器等信息传感设备，按照约定的协议，把物品与互联网连接起来，进行信息交换和通信，以实现智能化识别、定位、跟踪、监控和管理的一种网络，物联网应用范围如图 3-3-4 所示。

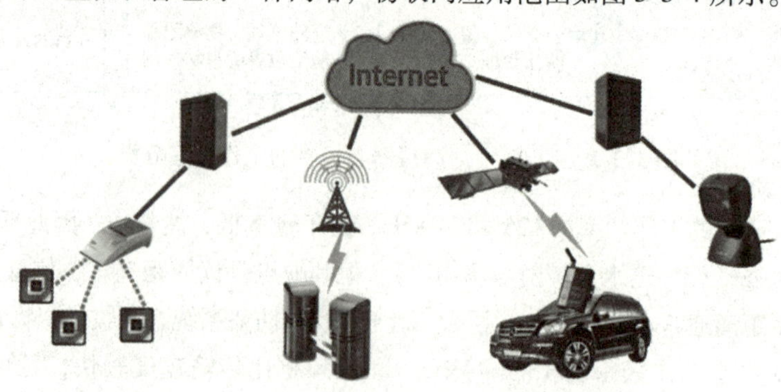

图 3-3-4　物联网应用范围

业界通常把物联网架构分为感知层、网络层和应用层三层架构。

感知层实现对物理世界的智能感知识别、信息采集处理和自动控制，并通过通信模块连接到网络层和应用层，主要包括各种物理传感器、摄像机、RFID 和激光扫描设备。

网络层实现信息的传递、路由和控制，包括通过各种有线或无线通信技术实现的延伸网、接入网和核心网。

应用层包括应用基础设施、中间件和各种物联网应用。

物联网是利用无所不在的网络技术建立起来的，其目的是让任何物品都与网络连接在一起，方便识别和管理，物联网各层技术与应用如图 3-3-5 所示。其中 RFID 电子标签技术是承载物联网应用的一种载体，也是应用最广泛的。RFID 具备自动识别的能力，而且能够应用到任何物体上，所以在物联网应用中采用得最多。从架构上看，RFID 是物联网的感知层技术，从重要性上看，RFID 也是物联网的关键核心技术。

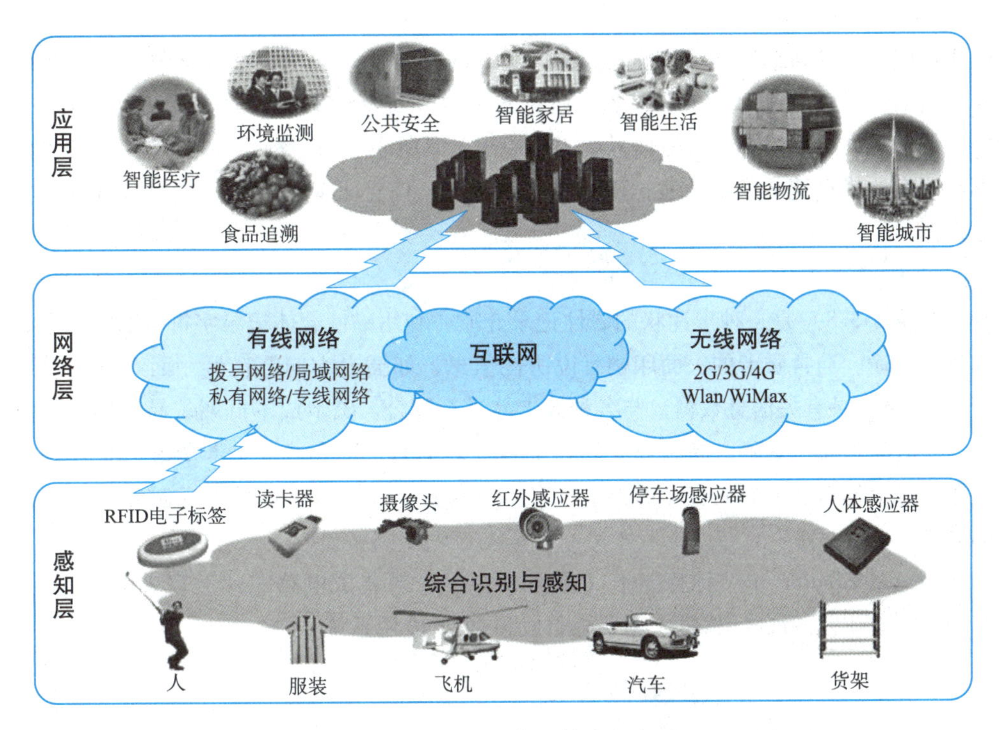

图 3-3-5　物联网各层技术与应用

2. RFID 与自动识别技术

自动识别是用机器识别对象的众多技术的总称，具体来讲，就是应用识别装置，通过被识别物品与识别装置之间的接近活动，自动地获取被识别物体的相关信息。

自动识别技术在日常生活中应用较为广泛，典型的自动识别技术包括条码识别技术、磁卡识别技术、IC 卡识别技术以及 RFID，如图 3-3-6 所示。自动识别的发展过程，由最初的接触式发展为非接触式，安全性、内存容量等都在不断改进。

1）条码技术

条形码是一种信息的图形化表示方法，可以把信息制作成条形码，然后用相应的扫码设备把其中的信息输入到计算机中，条形码分为一维条码和二维条码，如图 3-3-7 所示。

图 3-3-6　自动识别技术　　图 3-3-7　条形码

目前条码已经出现了几十种不同的码制，即码型、编码与应用的标准。例如，一维条码的 EAN 码（如 EAN-8、EAN-13、UPC）、Codabar 码等，堆叠线性条码的 PDF-417 码、Code 16K 等，二维条码的 QR 码、CodeOne、DataMatrix 等。

条码用不同宽度的条（bar）与空（space）组成的符号形式表示数字或字母。读取条码时，条码阅读器发射的光线被黑色的“条”吸收，白色的“空”将阅读器发射的光线发射回来。阅读器将接收到的光线转化为电信号，并将电信号解码还原出条码所表示的字符或数据，然后传送给计算机。

条形码最大的优点就是成本低廉，不足是信息量少、信息无安全保护、读写速度慢、条形码容易受污损。

2）磁卡、IC 卡技术

磁卡（见图 3-3-8）是一种卡片状的磁性记录介质，利用磁性载体记录字符与数字信息，用于识别身份或其他用途。通常磁卡的一面印刷有说明性信息，如插卡方向等；另一面有磁层或磁条，一般用 2～3 个磁道记录有关信息数据，与各种读卡器进行配合。磁卡成本低廉、易于推广，但是在受压、弯折、长时间磕碰、暴晒、高温或受到外部磁场影响时，都会造成磁卡消磁，导致丢失数据甚至不能使用。磁卡相对条形码而言，提供了一定的保密安全性，但是容易出现磁性丢失，或者磁卡被复制的风险。

IC（integrated circuit）卡又称智能卡（见图 3-3-9），对集成电路芯片上写入的数据进行识别，IC 卡、IC 卡读卡器以及后台计算机管理系统组成了 IC 卡应用系统。

图 3-3-8　磁卡

图 3-3-9　IC 卡

IC 卡具有数据存储容量大、安全保密性好、读取方便与使用寿命长的优点，又分为接触式 IC 卡和非接触式IC卡。相比于磁卡，IC卡通过集成电路芯片实现数据存储，大大提高了安全性，但是读卡需要芯片与读卡器的金属接触，当读卡次数过多后，将会出现机械磨损，导致卡片无法识读，同时读写速度也变慢。

3）射频识别技术（RFID）

上述自动识别技术的参数对比见表3-3-1，与条形码、磁卡、IC卡识别技术相比，RFID以其特有的无接触、抗干扰能力强、可同时识别多个物品的优点，逐渐成为自动识别中最优秀和应用领域最广泛的技术之一，是目前最重要的自动识别技术。

表3-3-1　自动识别技术对比

系统参数	条形码	磁卡	IC卡	RFID
典型数据量	1～100 B		16～64 KB	16～64 KB
数据密度	低	低	很高	很高
数据载体	纸塑料或金属表面	磁介质	半导体材料	半导体材料
读取方式	激光扫描	机器识读	电擦写	无线方式
人工读取	受限	不可	不可	不可
遮盖的影响	完全失效	—	—	不影响
方向和位置的影响	很小	单向	单向	不影响
退化和磨损	有限	有（接触）	有（接触）	不影响
购买成本	很低	低	低	中
运行成本	低	有（接触）	有（接触）	无
安全性能	无	低	好	好
读取速度	慢，约4 s	较慢	较慢	快，约0.5 s
阅读器/扫描器和载体间最大距离	0～50 cm	直接接触	直接接触	0～5 m，微波频段更远

三、射频识别技术在制造业中的应用

目前RFID技术在制造业中主要应用于传送带货物分拣、仓库收发货、托盘包装工作站以及过顶识读等领域。

1. 传送带货物分拣

RFID货物自动分拣系统（见图3-3-10）主要是在货物上粘贴RFID电子标签，在分拣点安装RFID读写器设备与传感器，当贴有RFID标签的货品经过RFID读写器设备时，传感器识别到有货物通过，给RFID读写器发送读卡信号，RFID读写器读取货物上的标签信息发送到后台，由后台控制该货物需从哪一个分拣口分拣，从而实现分拣货物自动化，提高了准确性与效率。

对传送带上的货物进行分拣时，可用多天线构成的RFID扫描隧道，以提高识读率。同时RFID识读器接入传送带或其他控制主机，选用可重复使用的RFID标签和识读器，可构成经济、高效的RFID系统。

2. 仓库收发货

仓库管理系统（见图3-3-11）对仓库到货检验、入库、出库、调拨、移库移位、库存盘点等作业环节的数据进行自动化数据采集并扫描，对产品进行出入库管理。每个出库入库的产品上都贴有RFID标签，然后用RFID设备扫描标签，保证仓库管理各个环节数据输入的速度和准确性，确保企业及时准确地掌握库存的真实数据，合理保持和控制企业库存。

图 3-3-10　RFID 货物自动分拣系统

图 3-3-11　仓库管理系统

当货物通过进货口传送带进入仓库时，读写器将经过压缩处理的整个托盘货箱条码信息写入电子标签中，然后通过计算机仓库管理系统运算出货位，并通过网络系统将存货指令发送到叉车车载系统，按照要求存放到相应货位。叉车接到出货指令，到指定货位叉取托盘货物。叉取前叉车读写器再次确认托盘货物准确性，然后将托盘货物送至出货口传送带，出货口传送带读写器读取托盘标签信息是否准确，校验无误出货。

3. 托盘包装工作站

托盘包装工作站（见图 3-3-12）上安装 RFID 识读器，可及时识别和分类托盘上的货物，并将其与 RFID 标识的托盘联系起来。

4. 过顶识读

过顶识读（见图 3-3-13）指通过固定式 RFID 识读器和一组天线组成向下覆盖的扫描网，对贴有向上 RFID 标签的大件物品和托盘进行高效的数据读写。在智能运输尤其是叉车作业中，更为便利和有效。

四、PLC 与 RFID 通信

在大型生产线上，为了实现流水线自动化，PLC 与 RFID 技术相结合的应用不断增加。PLC 作为一种高可靠性的控制装置，与 RFID 进行数据通信，不但可以实现对每一个生产过程的控制与管理，而且可以提高自动化生产流水线的生产效率。

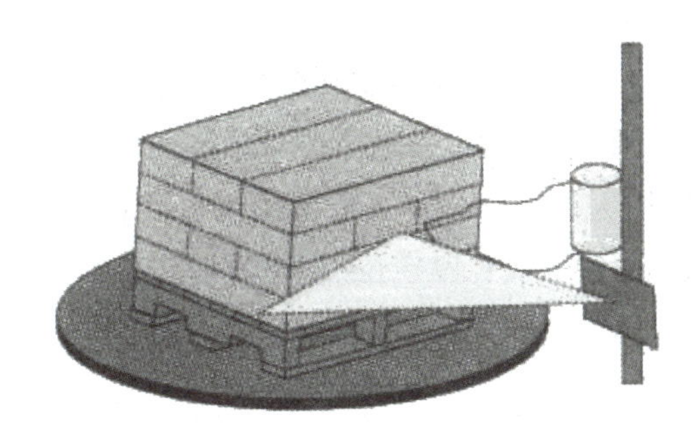

图 3-3-12　托盘包装工作站

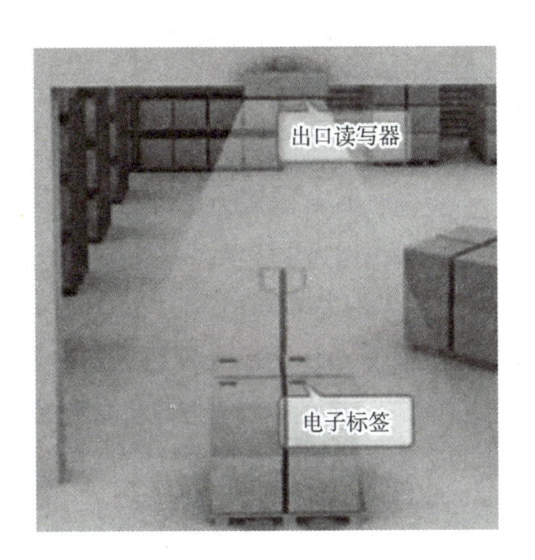

图 3-3-13　过顶识读

利用 TXD（发送数据）和 RXD（接收数据）等指令，通过串行通信端口，使 PLC 与计算机之间、PLC 与 PLC 之间、PLC 与各种通信设备（如变频器、条形码读入器和串行打印机等）之间可以进行数据交换，实现通信。一般 PLC 作为上位机，RFID 控制器作为下位机。

1. 系统结构

上位 PLC 与下位 RFID 控制器之间有 1:1 和 1:*N* 两种连接模式，1 台 PLC 只能连接 32 台 RFID，本书主要介绍 1:1 连接模式。系统中 PLC 与 RFID 控制器之间通过 RS-422 总线连接。上位机与 RFID 控制器通信时，使用专用的 SYSWAY 通信协议，上位机优先发送通信指令，RFID 控制器接收后，首先分析来自主机的命令，然后对 RFID 标签进行读写。通信结束后，RFID 控制器返回一个响应代码到主机。SYSWAY 通信协议支持 1:1 和 1:*N* 通信，当主机与 RFID 控制器是 1 对 1 连接时，采用 1:1 方式通信；当连接主机的 RFID 控制器超过一个时，采用 1:*N* 方式通信。此时，可以通过对 RFID 控制器进行设置以实现主机与 RFID 控制器的 1:1 通信。

以型号为 CP1H 的主机为例，当其作为上位机，由于 PLC 与 RFID 控制器之间选用 RS-422 方式进行通信，所以 CP1H 端口 1 选用插件 CP1W-CIF11，为 RS-422/485 型。RFID（由 V600-CA5D02 RFID 控制器、V600-H07 天线及 V600-D23P66N 无源标签三部分组成）作为下位机，V600-CA5D02 RFID 控制器的机体上分别带有一个 RS-232C 与 RS-422/485 串行通信口，都支持与计算机、PLC 等主机设备之间的通信。

CP1W-CIF11 有一组 DIP（指拨）开关，共有 8 个，SW1 表示是否使用终端电阻；SW2、SW3 表示通信的连接方式：422 或 485；SW4 为空；SW5、SW6 表示通信时有无 RS 控制。在其使用之前，根据通信的要求对 DIP 开关进行设定：SW1 为 ON，使用终端电阻；SW2、SW3 为 OFF，使用 422 连接方式；SW5、SW6 为任意。

2. RFID 控制器参数设置

RFID 控制器通信参数设置应与 PLC 通信端口参数一致：波特率 9 600，偶校验方式，7 位数据位，2 位停止位。DIP 开关 SW6 为 ON，表示使用终端电阻。

微课

托盘的射频识别

任务实施

截止阀自动化生产线选用 FR320 系列工业高频 RFID 中的 FR320Y 型号。

1. 截止阀产品加工线

在截止阀加工线中，托盘经过传送带进入定位点，RFID 读取当前托盘信息，将信息通过 485 协议传输给西门子 s7-1200 型号 PLC，PLC 将数据进行比对，如果数据在当前工位加工范围内，则证明托盘中物品为待加工毛坯料，否则报警。RFID 在此位置用以让设备区分不同料盘，防止加工物料与托盘不符合造成机械碰撞。截止阀加工线托盘定位点 RFID 装置如图 3-3-14 所示，其中画圈部分为 RFID 读卡器，托盘侧边黑色圆片为电子标签，当电子标签在 RFID 识别范围内时，将对当前料盘上的电子标签进行数据读取。

2. 截止阀产品存储

托盘进入立体库的过程中经过 RFID 读卡器，检测当前物料信息并进行存储，将当前托盘存储在某一个位置，当下次系统调用此托盘时，系统会搜索托盘编号，直接定位托盘位置并将托盘取出。截止阀立体库入库口 RFID 装置如图 3-3-15 所示，其中画圈部分为 RFID 读卡器，当料盘通过传送带经过 RFID 读卡器时，读卡器读取托盘侧边的电子标签数据，得到当前托盘所携带物料的信息。

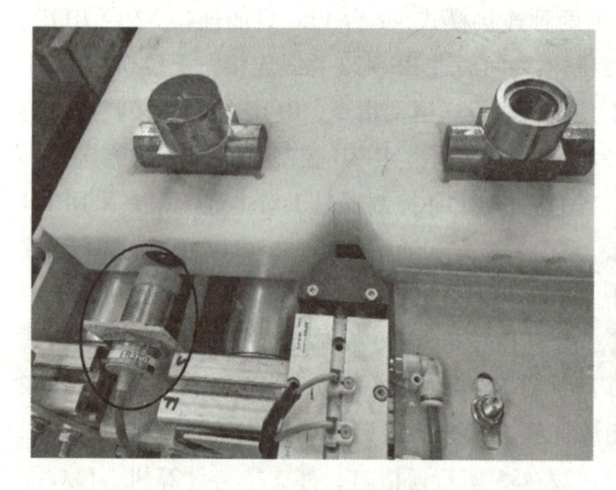

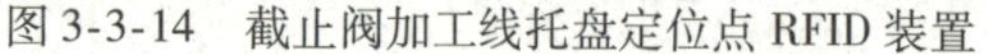

图 3-3-14　截止阀加工线托盘定位点 RFID 装置

图 3-3-15　截止阀入库口立体库 RFID 装置

3. AGV 导航

截止阀自动化生产线配有两台 AGV 小车，AGV 采用磁条导航的工作方式，地标卡为低频 RFID 卡片。

在地面上，地标卡是各个站点的标志，AGV 通过其车体上安装的射频识别装置采集地标卡信号控制自身的运行、停止及加减速变换等，截至阀自动化生产线中的 AGV 小车如图 3-3-16 所示。

图 3-3-16　截至阀自动生产线中的 AGV 小车

任务4　智能仓储装备应用

任务解析

本任务介绍智能仓储装备相关内容，智能仓储装备系统综合利用计算机、云计算、物联网等高科技技术，将高位立体货架、巷道堆垛机、自动出入库输送装备、自动分拣系统装备、AGV 等设备进行系统集成。通过本任务的学习，使学生了解智能仓储装备的应用和自动化立体仓库的功能、特点、组成、分类及设计原则，在掌握立体仓库操作的基础上，完成线边库手动入库操作。

知识链接

一、智能物流仓储装备

智能物流仓储在减少人力成本消耗和空间占用、大幅提高管理效率等方面具有优势，是降低企业仓储物流成本的终极解决方案。智能物流仓储装备主要包括自动化立体仓库、多层穿梭车、巷道堆垛机、自动分拣机、自动引导运输车（AGV）等。

1. 自动化立体仓库

自动化立体仓库（automated storage and retrieval system，AS/RS）又称高层货架仓库、自动存储系统（见图 3-4-1），是现代物流系统的一个重要组成部分，在各行各业都得到了广泛应用。

图 3-4-1　自动化立体仓库

1）自动化立体仓库的优点

自动化立体仓库能充分利用存储空间，通过仓库管理系统实现设备的联机控制，以先进先出的原则，迅速准确地处理货品，合理地进行库存数据管理。

（1）提高空间利用率。该系统充分利用仓库的垂直空间，使单位面积的存储量远大于传统仓库。此外，传统仓库必须将物品归类存放，造成大量空间闲置，自动化立体仓库可以随机存储，货物可存放于任意空仓内，由系统自动记录准确位置，大大提高了空间的利用率。

（2）实现物料先进先出。传统仓库由于空间限制，将物料码放堆砌，常常是先进后出，导致物料积压浪费。自动化立体仓库系统能够自动绑定每一票物料的入库时间，自动实现物料先进先出。

（3）智能作业账实同步。传统仓库的管理涉及大量的单据传递，且很多由手工录入，流程冗杂且容易出错。立体仓库管理系统与 ERP 系统对接后，从生产计划的制订到下达货物的出入库指令，可实现全流程自动化作业，且系统自动过账，保证信息准确及时，避免账实不同步的问题。

（4）满足货物对环境的要求。相较于传统仓库，能较好地满足特殊仓储环境的需要，如避光、低温、有毒等特殊环境。保证货品在整个仓储过程的安全运行，提高了作业质量。

（5）可追溯。通过条码技术等准确跟踪货物的流向，实现货物的可追溯性。

（6）节省人力资源成本。立体仓库内，各类自动化设备代替了大量的人工作业，大大降低人力资源成本。

（7）及时处理呆滞料。部分物料由于技术改进或产品过时变成了呆料，忘记入账则变成了死料，不能及时清理，既占用库存货位，又占用资金。立体仓库系统的物料入库，自动建账，不产生死料，可以搜索一定时期内没有操作的物料，及时处理呆料。

2）自动化立体仓库的功能

自动化立体仓库的功能如图 3-4-2 所示。

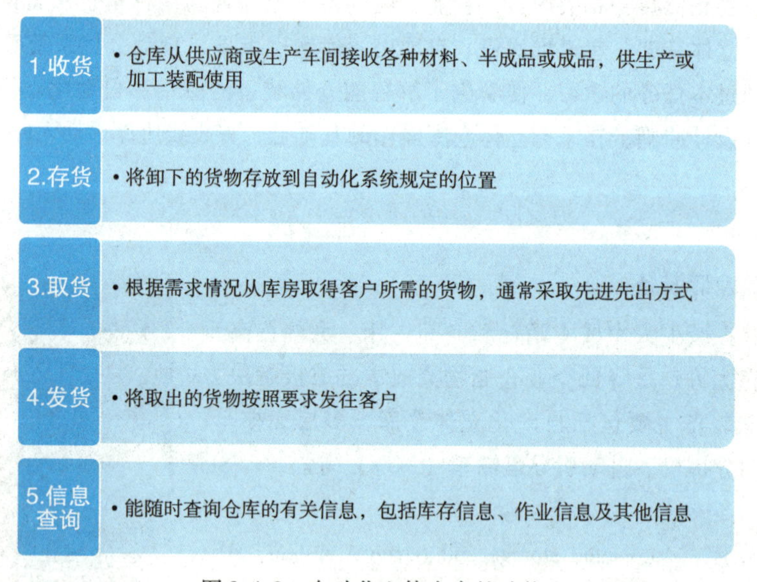

图 3-4-2　自动化立体仓库的功能

3）自动化立体仓库的构成

自动化立体仓库的主体由高层货架、巷道式堆垛机、出入库输送系统、周边设备、自动控制系统以及仓储管理系统组成。

（1）高层货架。通过立体货架实现货物的存储功能，充分利用立体空间，并起到支撑堆垛机的作用。根据货物承载单元的不同，立体货架又分为托盘货架系统和周转箱货架系统，图 3-4-3 所示为托盘货架系统。

（2）巷道式堆垛机。巷道式堆垛机是自动化立体仓库的核心起重及运输设备，在高层货架的巷道内沿着轨道运行，实现取送货物的功能。巷道式堆垛机主要分为单立柱堆垛机和双立柱堆垛机，图 3-4-4 所示为单立柱堆垛机。

图 3-4-3　托盘货架系统

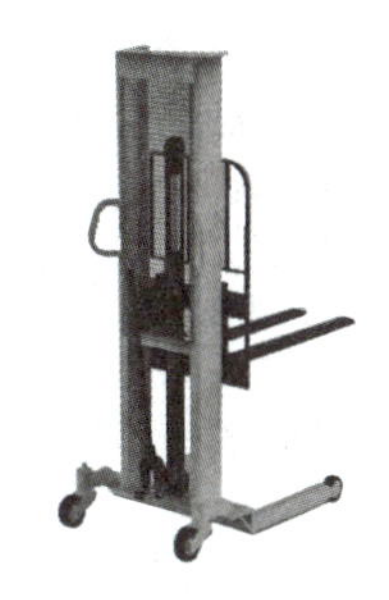

图 3-4-4　单立柱堆垛机

（3）出入库输送系统。巷道式堆垛机只能在巷道内进行作业，而货物存储单元在巷道外的出入库工作需要通过出入库输送系统完成。常见的输送系统有传输带、RGV（rail guided vehicle，有轨制导车辆）、AGV、叉车、拆码垛机器人等，输送系统与巷道式堆垛机对接，配合堆垛机完成货物的搬运、运输等作业。

（4）周边设备。周边辅助设备包括自动识别系统、自动分拣设备等，其作用都是为了扩充自动化立体仓库的功能，如可以扩展到分类、计量、包装、分拣等。

（5）自动控制系统。自动控制系统是整个自动化立体仓库系统设备执行的控制核心，向上连接物流调度系统，接受物料的输送指令；向下连接输送设备实现底层输送设备的驱动、输送物料的检测与识别，完成物料输送及过程控制信息的传递。

（6）仓储管理系统。仓储管理系统是对订单、需求、出入库、货位、不合格品、库存状态等各类仓储管理信息进行分析和管理。该系统是自动化立体仓库系统的核心，是保证立体库更优性能的关键。

4）自动化立体仓库的分类

目前自动化立体仓库的分类方法主要有以下几种：

（1）按照货架高度分类，见表 3-4-1。

表 3-4-1　自动化立体仓库货架高度分类

序号	分类	说明
1	低层立体仓库	低层立体仓库的建设高度在 5 m 以下，一般都是通过老仓库进行改建得到的
2	中层立体仓库	中层立体仓库的建设高度在 5～15 m，这种仓库对于仓储设备的要求并不是很高，造价合理，受到很多用户的青睐
3	高层立体仓库	高层立体仓库的建设高度能够达到 15 m 以上，对仓储机械设备要求较高，建设难度较大

（2）按照货架结构分类，见表3-4-2。

表3-4-2　自动化立体仓库结构分类

序号	分类	说明
1	货格式立体仓库	货格式立体仓库应用范围比较广泛，主要特点是每一层货架都是由同一个尺寸的货格组合而成的，开口面向货架通道，便于堆垛车行驶和存取货物
2	贯通式立体仓库	贯通式立体仓库的货架之间没有间隔，没有通道，整个货架组合是一个整体。货架纵向贯通，存在一定的坡度，每层货架都安装了滑道，能够让货物沿着滑道从高处移动
3	柜式立体仓库	柜式立体仓库主要适合小型仓储规模，可移动，特点是封闭性、智能化、保密性较强
4	条形货架立体仓库	条形货架立体仓库专门用于存放条形货物

（3）按照建筑形式分类，见表3-4-3。

表3-4-3　自动化立体仓库建筑形式分类

序号	分类	说明
1	整体式立体仓库	整体式立体仓库又称一体化立体仓库，高层货架和建筑是一体建设的，不能分开，这样永久性的仓储设施采用钢筋混凝土建造而成，使得高层的货架也具有稳固性
2	分离式立体仓库	分离式仓库与整体式相反，货架单独建设，与建筑物分离

（4）按照货架存取形式分类，见表3-4-4。

表3-4-4　自动化立体仓库货架存取形式分类

序号	分类	说明
1	拣选货架式立体仓库	拣选货架式立体仓库中分拣机构是其核心部分，分为巷道内分拣和巷道外分拣两种方式。“人到货前拣选”是拣选人员乘拣选式堆垛机到货格前，从货格中拣选所需数量的货物出库。“货到人处拣选”是将存有所需货物的托盘或货箱由堆垛机选至拣选区，拣选人员按提货单的要求拣选出所需货物，再将剩余的货物送回原地
2	单元货架式立体仓库	单元货架式立体仓库是常见的仓库形式。货物先放在托盘或集装箱内，再装入单元货架的货位上
3	移动货架式立体仓库	移动货架式立体仓库由电动货架组成，货架可以在轨道上行走，由控制装置控制货架合拢和分离。作业时货架分开，在巷道中可进行作业；不作业时可将货架合拢，只留一条作业巷道，从而提高空间的利用率

（5）按照自动化程度分类，见表3-4-5。

表3-4-5　自动化立体仓库自动化程度分类

序号	分类	说明
1	半自动化立体仓库	半自动化立体仓库是指货物的存取和搬运过程一部分是由人工操作机械完成的，一部分是由自动控制完成的
2	自动化立体仓库	自动化立体仓库是指货物的存取和搬运过程完全是自动控制完成的

（6）按照仓库在物流系统中的作用分类，见表3-4-6。

表3-4-6　仓库在物流系统中的作用分类

序号	分类	说明
1	生产型立体仓库	生产型立体仓库是指工厂内部为了协调工序和工序、车间和车间、外购件和自制件间物流的不平稳而建立的仓库，能够保证各生产工序间进行有节奏的生产

续表

序号	分类	说明
2	流通型立体仓库	流通型立体仓库是一种服务性仓库，是企业为了调节生产厂家和用户间的供需平衡而建立的仓库。这种仓库进出货物比较频繁，吞吐量较大，一般都和销售部门有直接联系

（7）按照与生产联系的紧密程度分类，见表3-4-7。

表3-4-7 自动化立体仓库与生产联系的紧密程度分类

序号	分类	说明
1	独立型立体仓库	独立型立体仓库又称离线仓库，是指从操作流程及经济性等方面来说都相对独立的自动化仓库。这种仓库一般规模和存储量比较大，仓库系统具有自己的计算机管理、监控、调度和控制系统，又可分为存储型和中转型仓库。如配送中心就属于这类仓库
2	半紧密型立体仓库	半紧密型立体仓库是指其操作流程、管理、货物的出入和经济利益与其他厂（或内部、或上级单位）有一定关系，而又未与其他生产系统直接相连
3	紧密型立体仓库	紧密型仓库又称在线仓库，是指那些与工厂内其他部门或生产系统直接相连的自动化仓库，两者间的关系比较紧密

5）自动化立体仓库的设计原则

自动化立体仓库的设计工作并不简单，不仅在空间利用和分配上要合理，同时在设备安装上也要符合需求，才能保证仓储效率。因此，企业在规划设计自动化立体仓库时，应遵循图3-4-5所示的设计原则。

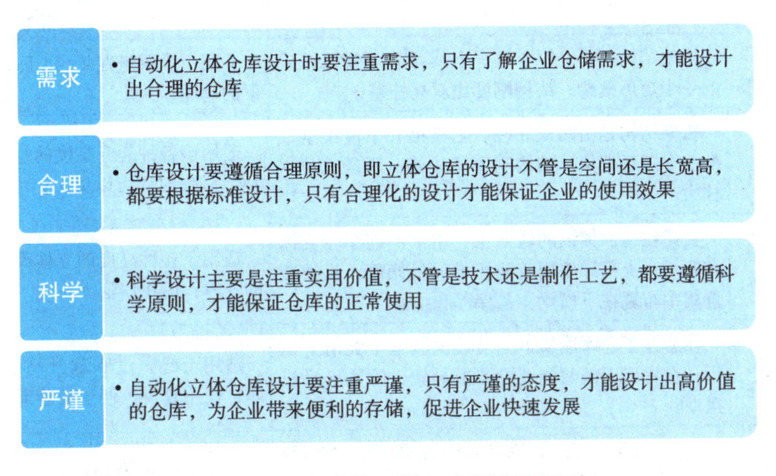

图3-4-5 自动化立体仓库的设计原则

2. 多层穿梭车

多层穿梭车（见图3-4-6）是一个运用范围很广的技术，它可以在较高密度的存储系统中快速、准确、自动化、一气呵成地完成选拣作业，适合品规较多的仓库，可实现一体化流程，包括从装配、产品组装到订单选拣和配送等环节。因此，无论作为补给工作区的高性能解决方案、缓冲库还是在生产和安装过程中按序提供物料产品，多层穿梭车系统都可以高效、精准地帮助企业最大限度发挥最大价值。与其他自动化物流系统相比，多层穿梭车系统拥有毋庸置疑的速度和效率，其吞吐效率大约是传统作业方式的10倍，拣货效率是传统作业方式的5～8倍，可以节省大量的人力成本。

3. 巷道堆垛机

巷道堆垛机由叉车、桥式堆垛机演变而来，如图3-4-7所示。其主要用途是在高层货架的巷道内来回穿梭运行，将位于巷道口的货物存入货格，或取出货格内的货物运送到巷道口。

图3-4-6　多层穿梭车

图3-4-7　巷道堆垛机

巷道堆垛机的分类、特点和用途见表3-4-8。

表3-4-8　巷道堆垛机的分类、特点和用途

分类方式	类型	特点	用途
按结构分类	单立柱型巷道堆垛机	机架结构是由一根立柱、上横梁和下横梁组成的一个矩形框架；结构刚度比双立柱差	适用于承重量在2 t以下，起升高度在16 m以下的仓库
	双立柱型巷道堆垛机	机架结构是由两根立柱、上横梁和下横梁组成的一个矩形框架；结构刚度比较好；质量比单立柱大	适用于各种起升高度的仓库，一般起重量可达5 t，必要时还可以更大；可用于高速运行
按支撑方式分类	地面支撑型巷道堆垛机	支撑在地面铺设的轨道上，用下部的车轮支撑和驱动；上部导轮用于防止堆垛机倾倒；机械装置集中布置在下横梁，易保养和维修	适用于各种高度的立体库；适用于起重量较大的仓库；应用广泛
	悬挂型巷道堆垛机	在悬挂于仓库屋架下弦装设的轨道下翼沿上运行；在货架下部两侧铺设下部导轨，防止堆垛机摆动	适用于起重量和起升高度较小的小型立体仓库；使用较少；便于转巷道
	货架支撑型巷道堆垛机	支撑在货架顶部铺设的轨道上；在货架下部两侧铺设下部导轨，防止堆垛机摆动；货架应具有较大的强度和刚度	适用于起重量和起升高度较小的小型立体仓库；使用较少
按用途分类	单元型巷道堆垛机	以托盘单元或货箱单元进行出入库；自动控制时，堆垛机上无司机室	适用于各种控制方式，应用最广；用于“货到人处拣选”作业
	拣选型巷道堆垛机	在堆垛机上的操作人员从货架内的托盘单元或货物单元中取少量货物，进行出库作业；堆垛机上装有司机室	一般为手动或半自动控制；用于“人到货前拣选”作业

4. 自动分拣机

自动分拣机一般由输送机械部分、电气自动控制部分和计算机信息系统联网组合而成。它可以

根据用户的要求、场地情况，对药品、货物、物料等，按用户、地名、品名进行自动分拣、装箱、封箱等连续作业。机械输送设备根据输送物品的形态、体积、质量而设计定制。分拣输送机是工厂自动化立体仓库及物流配送中心对物流进行分类、整理的关键设备之一，通过应用分拣系统可实现物流中心准确、快捷工作。

1）自动分拣机的原理

物品接受激光扫描器对其条码的扫描，或通过其他自动识别的方式（如光学文字读取装置、声音识别输入装置等方式）将分拣信息输入计算机的中央处理器中，计算机通过将获得的物品信息与预先设定的信息进行比较，将不同的被拣物品送到特定的分拣道口位置上，完成物品的分拣工作。分拣道口可暂时存放未被取走的物品，当分拣道口满载时，由光电控制，阻止分拣物品不再进入分拣道口。

2）自动分拣机的特点

自动分拣系统之所以能够在现代化物流产业中得到广泛应用，是因为自动分拣机具有以下特点：

（1）能连续、大批量地分拣货物。自动分拣系统不受气候、时间、人类体力等因素的限制，可以连续运行，分拣能力是连续运行 100 h 以上，每小时可分拣 7 000 件包装货物。

（2）分拣误差率极低。自动分拣系统的分拣误差率大小主要取决于输入分拣信息的准确性大小，这又取决于分拣信息的输入机制，如果采用人工键盘或语音识别方式输入，则误差率在 3% 以上；如采用条形码扫描输入，除非条形码的印刷本身有差错，否则不会出错。

（3）分拣作业基本实现无人化。建立自动分拣系统的目的之一就是减少人员使用，减轻员工的劳动强度，提高人员的使用效率，因此自动分拣系统能最大限度地做到无人化作业。

3）自动分拣机的种类

常见的自动分拣机可分为以下几类：

（1）交叉带分拣机（见图 3-4-8）。交叉带分拣机有很多种型式，通常比较普遍的为一车双带式，即一个小车上面有两段垂直的皮带，既可以每段皮带上搬送一个包裹也可以两段皮带合起来搬送一个包裹。在两段皮带合起来搬送一个包裹的情况下，可以通过分拣机两段皮带方向的预动作，使包裹的方向与分拣方向相一致，以减少格口的间距要求。交叉带分拣机的优点是噪声小、可分拣货物的范围广，通过双边供包及格口优化可以实现单台最大分拣能力为约 2 万件每小时。但缺点也是比较明显的，即造价昂贵、维护费用高。

（2）翻盘式分拣机。翻盘式分拣机通过托盘倾翻的方式将包裹分拣出去，在快递行业也有应用，但更多的是应用在机场行李分拣场景。最大分拣能力可以达到 12 000 件每小时。标准翻盘式分拣机由木托盘、倾翻装置、底部框架组成，倾翻分为机械倾翻及电动倾翻两种。

（3）滑块式分拣机。滑块式分拣机（见图 3-4-9）是一种特殊形式的条板输送机，输送机的表面用金属条板或管子构成，类似竹席状，而在每个条板或管子上有一枚用硬质材料制成的导向滑块，能沿条板作横向滑动。平时滑块停止在输送机的侧边，滑块的下部有销子与条板下的导向杆连接，通过计算机控制，当被分拣的货物到达指定道口时，控制器使导向滑块有序地自动向输送机的对面一侧滑动，把货物推入分拣道口，从而使货物被引出主输送机。这种方式可将货物侧向逐渐推出，并不冲击货物，故货物不容易损伤，对分拣货物的形状和大小适用范围较广。

滑块式分拣机是一种非常可靠的分拣机，故障率非常低，一般在大的配送中心，使用大量的滑块式分拣机完成预分拣及最终分拣。滑块式分拣机可以将多台交叉重叠起来使用，以弥补单一滑块式分拣机无法达到能力要求的问题。

图 3-4-8 交叉带分拣机

图 3-4-9 滑块式分拣机

(4) 挡板式分拣机。挡板式分拣机（见图 3-4-10）利用一个挡板（挡杆）挡住在输送机上向前移动的货物，将货物引导到一侧的滑道排出。挡板的另一种形式是挡板一端作为支点，可作旋转。挡板动作时，像一堵墙一样挡住货物向前移动，利用输送机对货物的摩擦力推动，使货物沿着挡板表面移动，从主输送机上排出至滑道。平时挡板处于主输送机一侧，可让货物继续前移；如挡板作横向移动或旋转，则货物会排向滑道。

挡板和输送机上平面不相接触，即使在操作时也只接触货物而不触及输送机的输送表面，因此它对大多数形式的输送机都适用。就挡板本身而言，也有不同形式，如直线型、曲线型，也有的在挡板工作面上装有辊筒或光滑的塑料材料，以减少摩擦阻力。

(5) 胶带浮出式分拣机。这种分拣结构用于辊筒式主输送机上，将由动力驱动的两条或多条胶带或单个链条横向安装在主输送轮筒之间的下方。当分拣机结构接收指令启动时，胶带或链条向上提升，接触货物底部把货物托起，并将其向主输送机一侧移出。

(6) 辊筒浮出式分拣机。辊筒浮出式分拣机（见图 3-4-11）用于辊筒式或链条式的主输送机上，将一个或数十个由动力驱动的斜向轮筒安装在主输送机表面下方，分拣机构启动时，斜向轮筒向上浮起，接触货物底部，将货物斜向移出主输送机。这种上浮式分拣机，其中有一种是采用一排能向左或向右旋转的辊筒，以空气做功提升，可将货物向左或向右排出。

图 3-4-10 挡板式分拣机

图 3-4-11 辊筒浮出式分拣机

(7) 条板倾斜式分拣机。条板倾斜式分拣机（见图3-4-12）是一种特殊型的条板输送机，货物装载在输送机的条板上，当货物运行到需要分拣的位置时，条板的一端自动升起，使条板倾斜，从而将货物移出主输送机。货物占用的条板数随不同货物的长度而定，已经占用的条板数如同一个单元，同时倾斜，因此，这种分拣机对货物的长度在一定范围内并无限制。

5. 自动引导运输车

自动引导运输车（AGV），又称自动导向运输车、自动导向车，是采用自动或人工方式装载货物，按设定的路线自动行驶或牵引载货台车至指定地点，再用自动或人工方式装卸货物的工业车辆。图3-4-13所示为磁导引潜伏式AGV。

图3-4-12　条板倾斜式分拣机

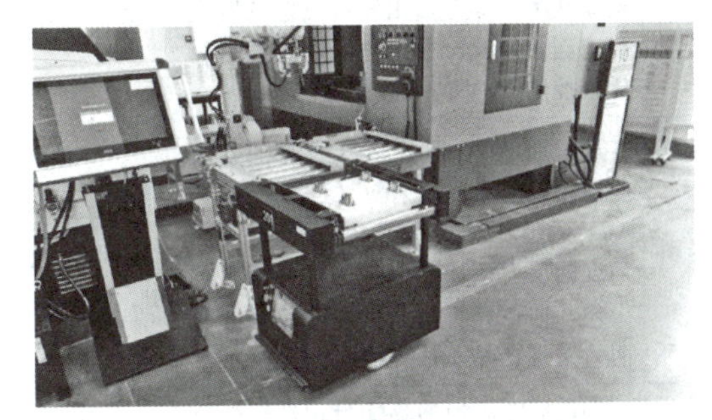

图3-4-13　磁导引潜伏式AGV

1）AGV的功能

AGV用于在生产线、仓库等厂房内部的物料、零部件、半成品和成品的自动化搬运。与AGV系统配合可接入WMS/MES等系统，实现工厂智能化、自动化生产，提高整体生产能力和管理水平。

2）使用AGV的好处

对于企业来说，使用AGV可以带来以下优势：

(1) 使用AGV可替代人类最不愿意干的重复、枯燥、高强度，有时甚至是危险的搬运工作。

(2) 企业不再依赖人工搬运，AGV的搬运成本远比人工低。

(3) 企业不再为监督和管理搬运人员工作而费尽心思，AGV更利于管理。

(4) AGV搬运准确、高效、按需搬运，线边或在途物料可查可控，减少库存成本，提高企业的整体生产效率和水平。

3）AGV的导引方式

AGV由车载控制系统、车体系统、导航系统、行走系统、移载系统和安全与辅助系统组成。AGV之所以能够实现无人驾驶、导航和导引，导引技术起到了至关重要的作用，随着技术的发展，目前能够用于AGV的导引方式见表3-4-9。

表3-4-9　AGV的导引方式

导引方式	工作原理	优点	缺点
电磁导引	通过在AGV行驶的路径上埋置金属线，使AGV上的电磁感应线圈感应磁场的强弱，进行识别和跟踪，是最为古老的导航导引方式之一	技术成熟，控制精度和可靠性较高，金属线隐蔽，不易破坏，成本低	施工时间长，费用高，路径固定不易更改，复杂交叉路径及有刚性地板的情况下难以实现，只适用于环境简单的场合

续表

导引方式	工作原理	优点	缺点
光学导引	采用具有稳定反光率的色带确定行驶路径，通过车体上的光电传感器检测信号以调整车辆的行驶方向	导向线路铺设费用低	要求地面平整，色带保持清洁完整
磁带导引	采用磁带确定行驶路径，通过车体上的磁性传感器检测信号以确定车辆的行驶方向	路径比较容易改变或扩充	易受到环路周围金属物质的干扰，磁带易被污染，导引的可靠性较差
惯性导引	采用陀螺仪检测 AGV 的方位角并根据从某一参考点出发所测定的距离确定当前位置，通过与给定路线进行比较控制 AGV 的行驶方向	技术先进，灵活性强	陀螺仪对振动比较敏感，另外可能需要辅助定位措施
激光导引	通过在 AGV 行驶路径的周围安装位置精确的激光反射板（至少三块），AGV 通过发射激光束，并采集由不同角度的反射板反射回来的信号，根据三角几何运算确定其当前的位置和方向，实现 AGV 的导引	技术先进，定位精度高，地面无须其他设施，行走路径自由，能够适应复杂的工作环境	成本高、易受天气环境影响
超声波导引	利用墙面或类似物体对超声波的反射信号进行定位导航	无须设置反射面镜	当运行环境的反射情况比较复杂时，应用十分困难
视觉导引	通过摄像头获取周边环境图像，然后进行仿生图像识辨确定自身坐标位置，进而导引 AGV。此方式有时还会配合惯性传感器使用，通过修正算法阈值，做误差修正	定位精度高、无须外部辅助装置	价格高、技术不成熟、受天气影响大
GPS 导引	通过全球定位系统对非固定路面系统中的控制对象进行跟踪和导引	适合室外远距离跟踪和导引	精度取决于 GPS 的精度及控制对象周围的环境因素，技术还处于发展完善中，不够成熟

二、工件储运设备选型

1. 工件储运系统组成

工件储运系统是自动化制造系统的重要组成部分，将工件毛坯或半成品及时准确地送到指定加工位置，并将加工好的成品送进仓库或装卸站。工件储运系统由存储设备、运输设备和辅助设备等组成。存储指将工件毛坯、制品或成品在仓库中暂时保存起来，以便根据需要取出，投入制造过程，立体仓库就是典型的自动化仓储设备。运输指工件在制造过程中的流动，如工件在仓库或托盘站与工作站之间的输送，以及在各工作站内直接的输送等。广泛应用的自动输送设备有传送带、运输小车、机器人及机械手等。辅助设备是指立体仓库与运输小车、小车与机床工作站之间的连接或工件托盘交换装置。

2. 工件储运设备

通常工件输送设备主要完成零件在制造系统内部的搬运，零件的毛坯和原材料由外界搬运进系统以及将加工好的成品从系统中搬走。几种常用工件储运设备的特点见表 3-4-10。

表 3-4-10　常用工件储运设备

输送设备	使用范围及特点
步伐式输送带	适用于 FML（flexible manufacturing line，柔性制造线），有方向性的刚性输送，输送节奏固定
空中或地面有轨运输车	适用于由 2～7 个机械加工工作站组成直线布局的小型 FMS（flexible manufacturing system，柔性制造系统），适用于 FMC（flexible manufacturing cell，柔性制造单元），承载能力可达 10 t，运行速度可达 30～60 m/min
自动导向小车	适用于非直线布局的较大规模的 FMS，承载能力一般在 2 t 以下，对车间地面及周围环境要求较高
驱动辊道	适用于加工批量较大的 FML 或 FMS，承载能力大，集运输存储于一体；敞开性差，多为环形布局
地链式有轨车	适用于非直线布局的大型 FMS，灵活性介于有轨运输车与无轨运输车之间，控制简单，但地下工程量较大，早期的 FMS 有应用

3. 输送机主要类型及其特点

输送机是在一定的线路上连续输送物料的物料搬运机械，又称连续输送机。输送机可进行水平、倾斜和垂直输送，也可组成空间输送线路，输送线路一般是固定的。输送机一般包括牵引件、承载构件、驱动装置、张紧装置、改向装置和支承件等。常见的输送机类型有：链板输送机、皮带输送机和辊筒输送机。输送机输送能力大、运距长，还可在输送过程中同时完成若干工艺操作，所以应用十分广泛。

1）链板输送机

链板输送机（见图 3-4-14）又称链板传送机，是一种利用循环往复的链条作为牵引动力，以金属板作为输送承载体的输送机械设备，以单片钢板铰接成环带作为运输机的牵引和承载构件，承载面具有横向隔片置于槽箱中驱动环带借隔片将产品刮运输出，由驱动机构、张紧装置、牵引链、板条、驱动及改向链轮、机架等部分组成。适用于形状不规则物品的重载输送，包括食品、包装、电子、汽车生产等。

图 3-4-14　链板输送机

链板输送机的主要特点有：

（1）链板输送机的输送面平坦光滑、摩擦力小，物料在输送线之间过渡平稳，可输送各类玻璃瓶、PET 瓶、易拉罐等物料，也可输送各类箱包。

（2）链板有不锈钢和工程塑料等材质，规格品种繁多，可根据输送物料和工艺要求选用，能满足各行各业的不同需求。

（3）输送能力大，可承载较大载荷，如用于电动车、摩托车、发电机等行业。

（4）输送速度准确稳定，能保证精确的同步输送。

（5）链板输送机一般都可以用水冲洗或直接浸泡在水中，设备清洁方便，能满足食品、饮料行业对卫生的要求。

（6）设备布局灵活。可以在一条输送线上完成水平、倾斜和转弯输送。

（7）设备结构简单，维护方便。

2）带式输送机

带式输送机（见图 3-4-15）是一种输送量大、运转费低、适用范围广的输送设施。按输送带材料类型分为皮带、帆布、胶带和钢带等。按驱动方式分为辊式、无辊式和直线驱动方式。适合中小型产品的组装或输送，可采用单带、双带、多层带输送。

图 3-4-15 带式输送机

带式输送机主要特点有：

（1）结构简单。

（2）输送物料范围广。

（3）输送量大。

（4）运距长。

（5）对线路适应性强，短则几米，长可达 10 km 以上。

（6）装卸料十分方便。

（7）可靠性高。

（8）营运费用低廉。

（9）基建投资少。

（10）能耗低，效率高。

（11）维修费少。

（12）应用领域广阔，市场巨大。

3）辊筒输送机

辊筒输送机（见图 3-4-16）适用于底部是平面的物品输送，主要由传动辊筒、机架、支架、驱动部等部分组成。结构形式多样，辊筒式输送机按驱动方式可分为动力辊筒线和无动力辊筒线。按布置形式可分为水平输送辊筒线、倾斜输送辊筒线和转弯输送辊筒线。更多应用于电子、饮料、食品、轻工、化工、医药等行业。除此之外，还应用于包装、机械、电子、橡塑、汽摩、物流等行业。

图 3-4-16　辊筒输送机

辊筒输送机的主要特点有：

（1）辊筒输送机适用于各类箱、包、托盘等件货的输送，散料、小件物品或不规则的物品需放在托盘上或周转箱内输送。

（2）辊筒输送机能够输送单件质量很大的物料，或承受较大的冲击载荷。

（3）辊筒线之间易于衔接过渡，可用多条辊筒线及其他输送设备或专机组成复杂的物流输送系统，完成多方面的工艺需要。

（4）可采用积放辊筒实现物料的堆积输送。

（5）结构简单，可靠性高，使用维护方便。

4. 输送机选型

连续输送机械的主要参数包括输送能力、线路布置（如水平运距、提升高度等）、输送速度、主要工作部件的特征尺寸和驱动功率等，这些参数是设计或选用连续输送机械的主要依据。

1）输送能力

输送能力（又称输送量）的单位为 t/h（质量/输送量）、m^3/h（容积/输送量）、件/小时或人/小时表示，是根据生产、工艺及其建设规模而确定的。

2）输送机线路布置

输送机根据生产工艺的要求可以布置成各种不同的线路，其中主要考虑整个线路的水平输送距离和垂直提升高度，单位为 m，可反映不同机型输送线路的特点及同一机型规格不同时，对整机驱动功率计算的影响。

3）输送速度

具有挠性牵引构件的连续输送机械的输送速度指牵引构件的速度，即带速、链速、牵引索运行速度等，单位为 m/s。一般情况下以输送带作为牵引构件的输送速度较高，牵引索作为牵引构件的输送速度次之，而用链条作为牵引构件的输送速度较低。不具有挠性牵引构件的连续输送机械，因其工作原理及机型不同，故输送速度的表示方法也不同，如螺旋输送机以螺旋转速表示，单位为 r/min；气力输送装置以输送风速表示，单位为 m/s。输送速度不仅对输送能力影响极大，而且还直接影响连续输送机械运行的可靠性和经济性。例如，增加带式输送机带速可提高带式输送机的输送能力，或者在同样输送能力的条件下可采用较小的带宽，可减少输送带的成本并减小输送机的尺寸和自重，从而减小功率消耗。由于输送带的价格在带式输送机的总投资中一般占整机成本的40%~50%，因此，提高带速有很大的经济意义。

4）主要工作部件的特征尺寸

主要工作部件的特征尺寸是表征连续输送机械特点和规格大小的参数，通常是指带式输送机的带宽、斗式提升机的斗宽和斗深、埋刮板输送机槽的宽度和高度、螺旋输送机的螺旋直径、气力输送装置输料管的管径等，上述各特征尺寸的单位为mm，一般根据设计输送能力及生产要求进行计算和选定。

5）驱动功率

驱动功率是表示能耗大小的参数，它直接影响连续输送机械驱动装置的尺寸、质量、投资和运营成本，单位为kW。一般以输送量和输送距离平均的功率消耗数值，即单位功率消耗指标作为评价各种连续输送机械的指标之一。驱动功率取决于输送机械的运行阻力。选用合理的输送参数、改进输送机械部件的结构、选用新材料、尽量减小运行阻力可降低所需要的单位功率消耗。

5. AGV及其选型

AGV采用自动或人工方式装载货物，按设定的路线自行行驶或牵引载货台车至指定地点，再用自动或人工方式装卸货物，其行驶路线和停靠位置是可编程的。从20世纪70年代以来，电子技术和计算机技术推动了AGV技术的发展，如具有了磁感应、红外线、激光、语言编程、语音等功能。

在自动化制造系统中使用的AGV大多数是电磁感应式。电磁感应式引导一般是在地面上，沿预先设定的行驶路径埋设电线，当高频电流流经导线时，导线周围产生电磁场，AGV上左右对称安装有两个电磁感应器，它们所接收的电磁信号的强度差异可以反映AGV偏离路径的程度。AGV的自动控制系统根据这种偏差控制车辆的转向，连续的动态闭环控制能够保证AGV对设定路径的稳定自动跟踪。这种电磁感应引导式导航方法目前在绝大多数商业化的AGV上使用，尤其适用于大中型的AGV。AGV小车结构示意图如图3-4-17所示。

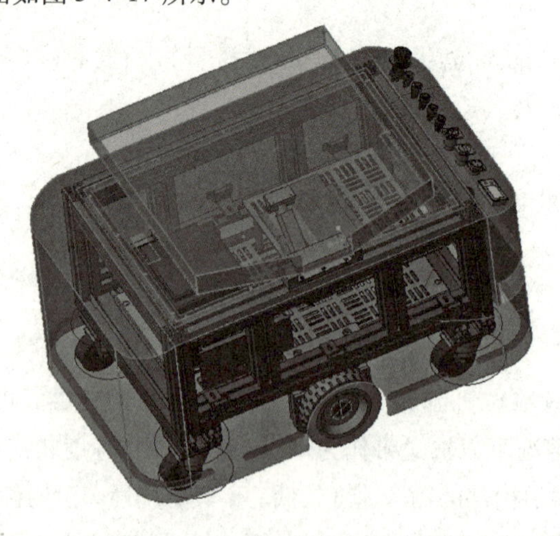

图3-4-17　AGV小车结构示意图

选用AGV时主要考虑以下指标：

（1）外形尺寸（一般长为750～2 500 mm，宽为450～150 mm，高为550～650 mm）。

（2）载重量（50～2 000 kg，选择载重量时除了工件质量外还应考虑托盘和夹具的质量）。

（3）运行速度（10～70 m/min）。

（4）转弯半径。

（5）蓄电池的电压以及每两次充电之间的平均寿命。

（6）安全性（是否有安全杠、警报扬声器及警告灯，全速行驶时的紧急刹车距离）。

（7）载物平台的结构。

（8）控制方式。

（9）定位方式。

（10）兼容的控制计算机类型。

6. 桁架机器人

桁架机器人（见图3-4-18）通过控制系统对各种输入信号的分析处理，对各个输出元件下达执行命令，完成整个运动轨迹，利用机械手的抓取功能实现物流方式自动化，桁架机器人采用模块化设计，每一个模块都是一个独立的系统单元结构，可以进行各种形式的组合，组成多台联机的生产线。可满足机械制造、电子信息、石油化工、汽车生产以及军工业等现代化工业中的多种工艺需求。

桁架机器人可高效替代人工，提高生产效率。桁架机器人因此大受欢迎，越来越多的企业工厂开始购置。不过选购桁架机器人并不那么简单，需要根据客户的需求和具体用途决定，同时需要注意机器人的使用功能、负载重量、加工节奏等因素。

7. 自动仓库（线边库）

自动仓库又称线边库（暂存库）（见图3-4-19），是生产企业的物流仓库，包含了常规仓库和生产线边的暂存库，线边库通常作为方便产线生产的通用性物料存放点。

线边库的作用主要用于支持生产线的不间断生产。由于生产企业的特性（尤其是大型生产企业），没有办法将常规库设立在每一个车间旁边，甚至有些企业是通过第三方物流实现VMI（vendor managed inventory，合作性策略模式）支持生产线的生产。而生产线的生产是一个实时的过程，不允许有任何一点停顿，因此线边库的设立就显得非常必要。

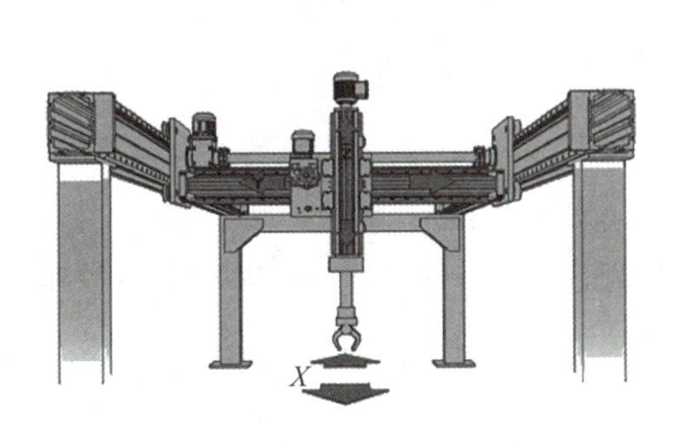

图3-4-18 桁架机器人结构图

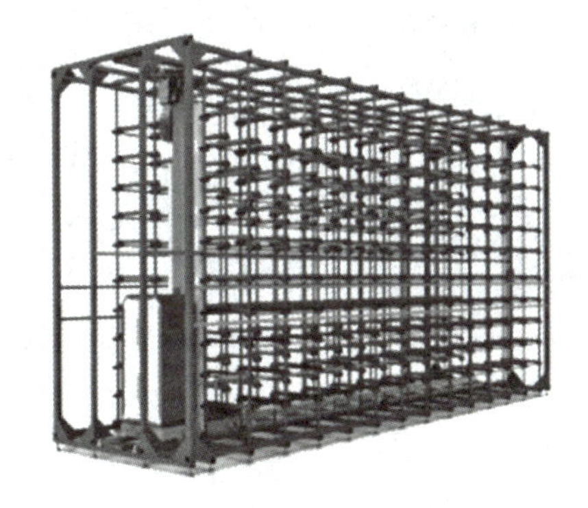

图3-4-19 线边库

任务实施

微课
线边库手动入库操作

线边库由自动可寻址货架、垂直升降机、水平穿梭车、自动出入库平台及线边库物料工装板等部分组成，如图 3-4-20 所示。能够自动完成货物的存取作业，并能对库存的货物进行自动化管理。

图 3-4-20 线边库的组成

线边库手动操作步骤如下：

1. 设备启动准备工作

（1）启动气泵站。

（2）如需 MES 下单或 AGV 送货必须打开柔性生产线总闸，其他情况只需打开图 3-4-21 所示总闸开关。

2. 面板操作

（1）启动线边库总电源，如图 3-4-22 所示。

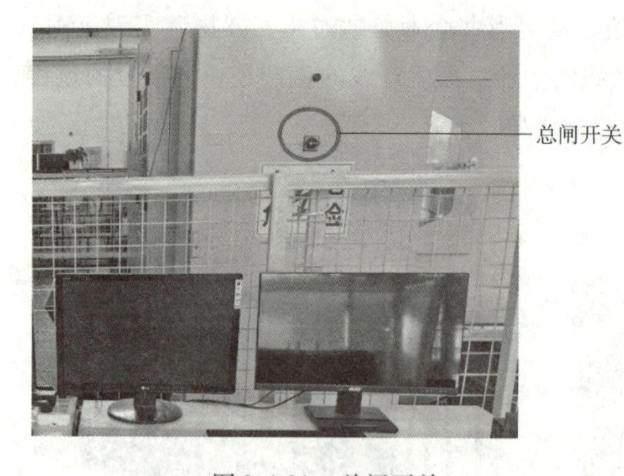

图 3-4-21 总闸开关

图 3-4-22 线边库总电源

（2）智能零部件线边库控制系统主界面介绍如图 3-4-23 所示。

（3）智能零部件线边库控制系统手动操作界面如图 3-4-24 所示。

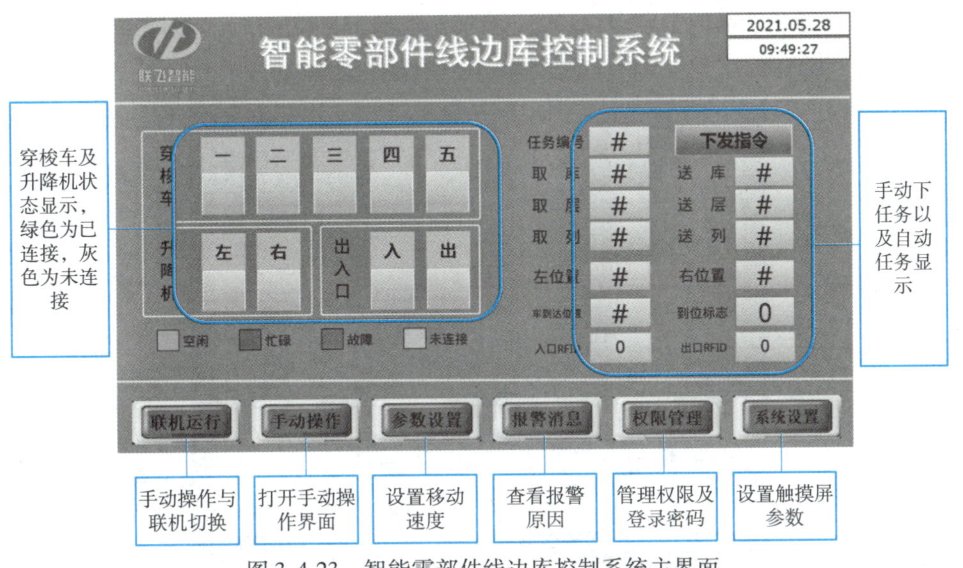

图 3-4-23　智能零部件线边库控制系统主界面

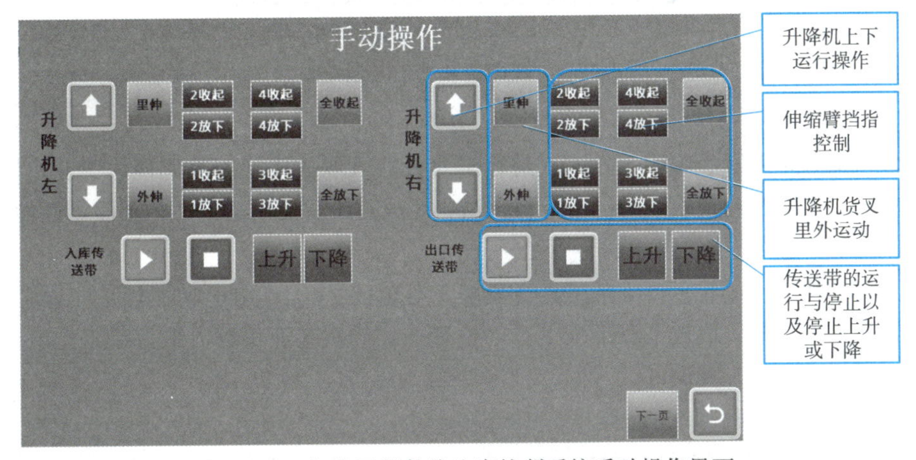

图 3-4-24　智能零部件线边库控制系统手动操作界面

项目总结

本项目内容包括工业机器人编程、凸台的 3D 打印加工、托盘的射频识别及智能仓储装备应用四个任务。通过本项目的学习，学生可以完成工业机器人搬运轨迹的规划和编程、能够根据已有 STL 文件完成凸台零件的 3D 打印、能够完成线边库的手动入库操作，这些内容均为智能制造的关键技术，可使学生对智能制造关键装备的部署与使用有较为全面的了解。

项目实训

实训内容

小王根据学校现有的汇博智能制造平台，完成了智能制造单元的操作与编程及智能制造单元的生产管控工作，实现电机产品的全自动化装配，智能制造加工与装配单元如图 3-4-25 所示。

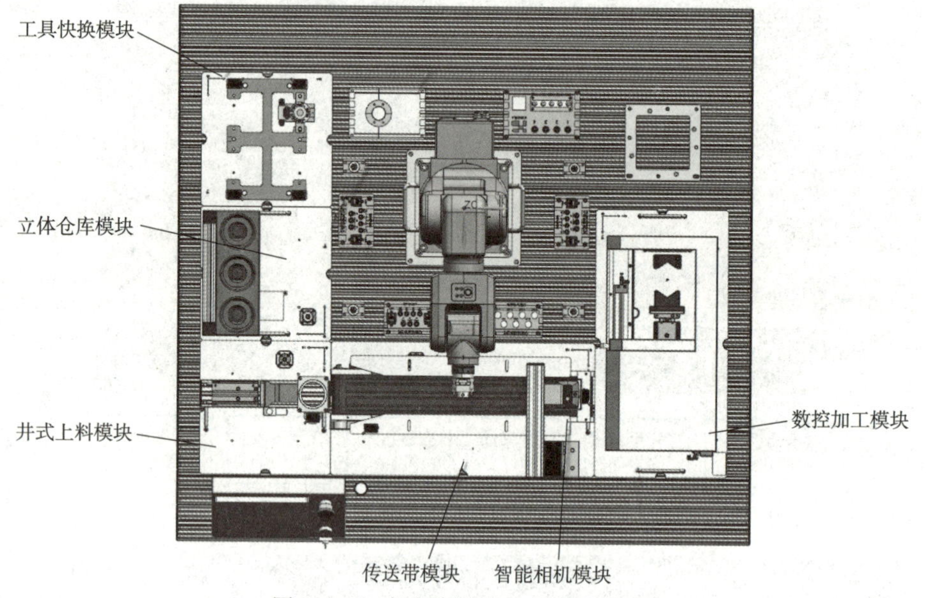

图 3-4-25　智能制造加工与装配单元

1. 智能制造单元操作与编程

操作工业机器人采用示教编程的方式，进行工业机器人取放快换工具调试，工业机器人与立体仓库、加工中心、视觉检测模块之间的上下料调试，完成基于智能制造单元的基座零件加工。

1）工业机器人取放快换工具调试

在快换工具模块中，放有平口手爪工具（见图 3-4-26），该工具用于取放电机外壳零件。操作工业机器人，示教工业机器人取放平口手爪工具的位置点，调试工业机器人取放手爪工具程序，完成工业机器人取放平口手爪工具调试。

2）工业机器人与立体仓库之间的上下料调试

操作工业机器人，示教工业机器人与立体仓库的取放电机外壳毛坯的位置点，立体仓库仓位号定义如图 3-4-27 所示。示教工业机器人取放立体仓库中①号仓位和②号仓位电机外壳零件毛坯的位置点，调试工业机器人与立体仓库之间的上下料程序，完成工业机器人与立体仓库之间的上下料调试。

图 3-4-26　平口手爪工具

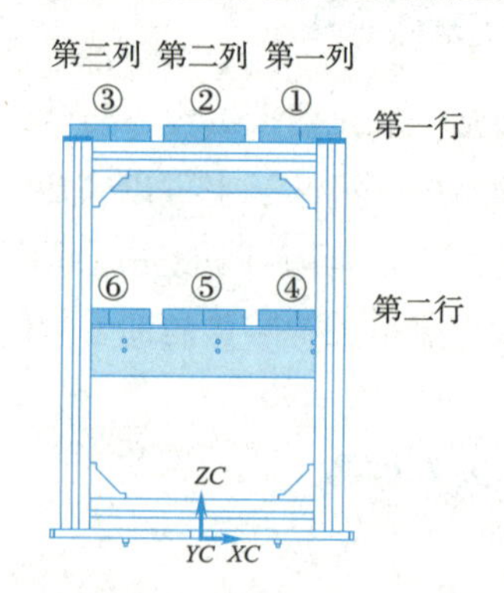

图 3-4-27　立体仓库仓位号定义

3）工业机器人与 CNC 之间的上下料调试

运行加工中心“O6001”复位程序，让加工中心处于机器人上下料的位置（－325，0，0）。操作工业机器人、示教工业机器人与加工中心之间的取放料位置点，调试工业机器人与加工中心之间的上下料程序，完成工业机器人从加工中心取料和到加工中心放料的工作。

2. 智能制造单元生产管控

操作 MES 进行设备管理，使 MES 中配置的设备与平台中用到的硬件设备保持一致。操作 MES 软件实时对工业机器人、加工中心、立体仓库等设备进行数据采集，并在 MES 软件看板上实时显示。操作 MES 软件进行产品及其零件创建、零件加工工艺创建、生产订单创建、料仓盘点、排产和工单下发，完成电机外壳零件加工生产管控。

1）智能制造执行系统 MES 软件实现设备管理

本任务使用工业机器人、加工中心和立体仓库三种设备，在 MES 系统中进行设备管理，配置的设备与平台中的设备保持一致。

2）智能制造执行系统 MES 软件实现看板管理

（1）看板显示工业机器人数据。

（2）看板显示加工中心数据。

3）电机外壳零件加工生产管控

操作 MES 软件，创建电机产品及其零件、创建电机外壳零件加工工艺、创建电机产品生产订单、料仓盘点、自动排产、工单下发，完成电机外壳零件的加工。

实训评价

评分项目	评分标准	自我评价			教师评价		
		优秀（25 分）	良好（15 分）	一般（10 分）	优秀（25 分）	良好（15 分）	一般（10 分）
知识掌握	1. 能够说明 3D 打印的原理和 3D 打印的技术特点； 2. 能够阐述 RFID 系统的概念、组成及分类； 3. 能够说明工业机器人的结构组成、种类以及应用特点						
实践操作	1. 能够完成工业机器人搬运轨迹的规划和编程； 2. 能够根据已有 STL 文件完成凸台零件的 3D 打印； 3. 能够完成线边库的手动入库操作						
职业素养	1. 能够查阅手册或相关资料，准确找到所需信息； 2. 能够与他人交流或介绍相关内容； 3. 在工作组内服从分配，担当责任并能协同工作						
工作规范	1. 清理及整理工量具，保持实训场地整洁； 2. 维持安全操作环境； 3. 废物回收与环保处理						
总评	满分 100 分						

项目四 智能制造控制系统选型与应用

项目导入

小王同学作为机电一体化专业的实习生，将要参与截止阀自动化生产线控制系统的选型工作。控制系统是整条生产线的神经中枢，主要用于保证线内的机床、工件传送系统以及辅助设备按照规定的工作循环和要求正常工作。小王同学需要确定生产线各个位置所用传感器的类型、选用适当的PLC系统并编制程序，以及选配合适的变频器达到变频调速要求。

学习目标

知识目标

1. 掌握传感器的工作原理；
2. 掌握PLC主流品牌及特点；
3. 掌握传感器的定义与分类、结构与符号；
4. 掌握PLC程序设计基本步骤；
5. 掌握变频调速原理与变频器组成。

能力目标

1. 能够根据传感器的类型和工作原理，选用适当的传感器；
2. 能够通过博图软件，编写加工单元PLC控制程序；
3. 能够根据应用场合，正确进行变频器选型。

素质目标

1. 培养学生独立学习能力；
2. 培养学生具备理论指导和实践探索辩证统一的思维。

项目实施

任务1　工业传感器应用

任务解析

本任务介绍传感器相关内容，传感器是现代信息产业的源头，也是信息社会赖以生存和发展的物质与技术基础。通过本任务的学习，使学生了解传感器的定义与分类、传感器的结构以及根据用途不同选用并使用适当传感器等内容，在掌握传感器工作原理的基础上，完成自动化生产线中工业传感器的应用。

知识链接

一、传感器的定义与分类

1. 传感器的定义

传感器的定义为：能感受被测量并按照一定规律转换成可用输出信号的器件或装置，通常由敏感元件和转换元件组成。

在工业自动化应用中，传感器是一种检测装置，能感受到被测量的信息，并能将感受到的信息按一定规律变换成电信号，或其他需要的信号进行输出，以满足信息的传输、记录、控制、显示等处理要求。

2. 传感器的组成

传感器的组成如图 4-1-1 所示。

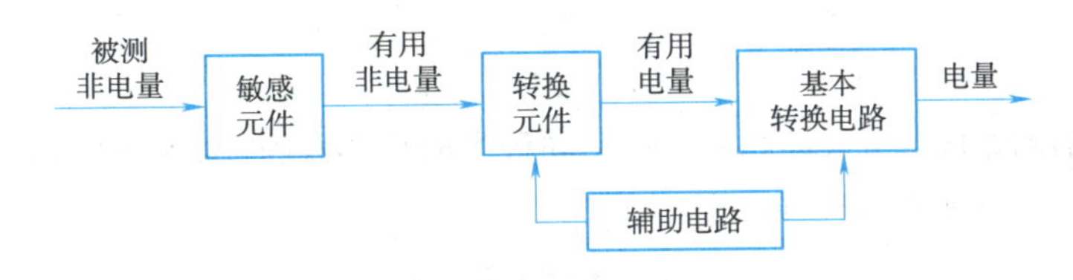

图 4-1-1　传感器的组成

（1）敏感元件。直接感受被测量（非电量）并按一定规律转换成与被测量有确定关系的某一物理量的元件。

（2）转换元件。又称变换器，一般情况下不直接感受被测量，而是将敏感元件的输出量转换为电量输出。

（3）基本转换电路。能把转换元件输出的电量转换为便于处理、传输、记录、显示和控制的有用电信号的电路。不同种类的转换元件有不同种类的基本转换电路与之相适应，在研究传感技术时，应把二者作为一个统一体进行考虑。

（4）辅助电路。通常包含电源等部分。

3. 传感器的分类

传感器的种类繁多，功能各异。由于同一被测量物体可用不同转换原理实现探测，利用同一种物理法则、化学反应或生物效应可设计制作出检测不同被测量物体的传感器，而功能大同小异的同一类传感器可用于不同的技术领域，因此传感器有不同的分类方法。具体分类见表 4-1-1。

表 4-1-1 传感器的分类

分类方法	传感器的种类	说明
按根据的效应分类	物理传感器	基于物理效应
	化学传感器	基于化学效应
	生物传感器	基于生物效应
按输入量分类	速度传感器、位移传感器、温度传感器、压力传感器、气体成分传感器和浓度传感器等	传感器以被测量的物理量命名
按工作原理分类	应变传感器、电容传感器、电感传感器、电磁传感器、压电传感器、热电传感器等	传感器以工作原理命名
按输出信号分类	模拟式传感器	输出为模拟量
	数字式传感器	输出为数字量
按能量关系分类	能量转换型传感器	直接将被测量的能量转换为输出量的能量
	能量控制型传感器	由外部供给传感器能量，由被测量的能量控制输出量的能量
按是否依靠外加能源分类	有源传感器	传感器工作时需要外加电源
	无源传感器	传感器工作时不需要外加电源
按使用的敏感材料分类	半导体传感器、陶瓷传感器、金属传感器、光纤传感器等	传感器以使用的敏感材料命名

二、传感器的外部结构与符号

1. 传感器的外部结构

尽管各种传感器的组成部分大体相同，但不同种类的传感器的外部结构都不尽相同，一些机电一体化设备的常用传感器如图 4-1-2 所示。

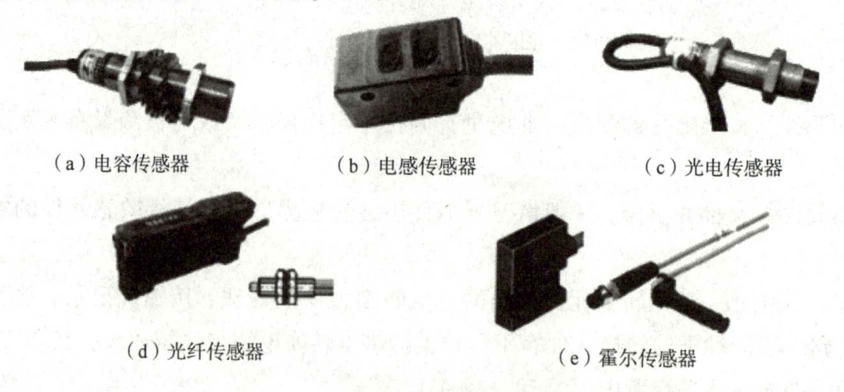

（a）电容传感器　（b）电感传感器　（c）光电传感器

（d）光纤传感器　（e）霍尔传感器

图 4-1-2 常用传感器的外部结构

2. 传感器的图形符号

不同种类传感器的图形符号也有一定差别，根据其结构和使用电源种类的不同，有直流两线制、直流三线制、直流四线制、交流两线制和交流三线制传感器。部分传感器的图形符号见表 4-1-2。

表 4-1-2　部分传感器的图形符号

名称	图形符号	名称	图形符号
传感器的一般符号	*	空气流量传感器	AF
温度表传感器	θ	氧传感器	λ
空气温度传感器	θa	爆燃传感器	K
冷却液温度传感器	θw	转速传感器	n
燃油表传感器	Q	速度传感器	v
油压表传感器	OP	空气压力传感器	AP
空气质量传感器	m	制动压力传感器	BP

三、传感器的工作原理

1. 电容传感器的工作原理

电容传感器的感应面由两个同轴金属电极构成，这两个电极构成一个电容，串联在 RC 振荡回路内。电源接通，当电极附近没有物体时，电容器容量小，不能满足振荡条件，RC 振荡器不振荡；当有物体朝着电容器的电极靠近，电容器的容量增加，振荡器开始振荡。通过后级电路的处理，将不振荡和振荡两种信号转换成开关信号，从而起到了检测有无物体接近的目的。这种传感器既能检测金属物体，又能检测非金属物体，它对金属物体可以获得最大的动作距离，而对非金属物体，动作距离的决定因素之一是材料的介电常数。材料的介电常数越大，可获得的动作距离越大，同时材料的面积对动作距离也有一定影响，大多数电容传感器的动作距离都可通过其内部的电位器进行调节、设定。

2. 光电传感器（光电开关）

光电传感器是一种从发射器发射可视光线、红外线等“光线”，并通过接收器检测物体反射的光，或遮光量的变化，从而获取输出信号的仪器。光电传感器一般情况下由发射器、接收器和检测电路三部分构成。发射器对准物体发射光束，发出的光束一般来源于发光二极管和激光二极管等半导体光源。光束不间断地发射，或改变脉冲宽度。接收器由光电二极管或光电三极管组成，用于接收发射器发出的光线。检测电路用于滤出有效信号。常用的光电传感器又可分为反射型（漫反射式）、回归反射型（反射式）和透过型（对射式）三种，如图 4-1-3 所示。

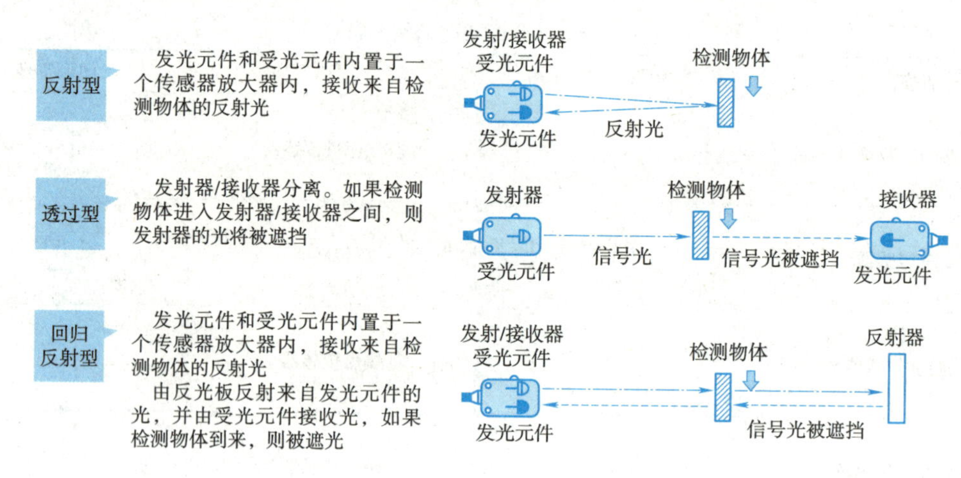

图 4-1-3　光电传感器分类

反射型光电传感器集发射器与接收器于一体，前方无物体时，发射器发出的光不会被接收器接收到，开关不动作。前方有物体时，接收器就能接收到物体反射回来的部分光线，通过检测电路产生电信号输出使开关动作。反射型光电传感器有效作用距离由目标的反射能力，即目标的表面性质和颜色决定。

回归反射型光电传感器也是集发射器与接收器于一体，与反射型光电传感器不同的是其前方装有一块反射板。反射板与发射器之间没有物体遮挡时，接收器可以接收到光线，开关不动作；当被测物体遮挡住反射板时，接收器无法接收到发射器发出的光线，传感器产生输出，开关动作。这种光电传感器可以辨别不透明的物体，借助反射镜部件，形成较大的有效距离范围，且不易受干扰，可以可靠地用于野外或粉尘污染较严重的环境中。

透过型光电传感器的发射器和接收器是分离的。在发射器与接收器之间如果没有物体遮挡，发射器发出的光线能被接收器接收到，开关不动作；当有物体遮挡时，接收器接收不到发射器发出的光线，传感器产生输出信号，开关动作。这种光电传感器能辨别不透明的反光物体，有效距离大。因为发射器发出的光束只跨越感应距离一次，所以不易受干扰，可以可靠地用于野外或者粉尘污染较严重的环境中。

3. 光纤式光电传感器

光纤式光电传感器又称光电传感器（见图 4-1-4），它利用光导纤维进行信号传输。光导纤维是利用光的完全内反射原理传输光波的一种介质，由高折射率的纤芯和包层组成。包层的折射率小于纤芯的折射率，直径为 0.1～0.2 mm。当光线通过端面透入纤芯，在到达与包层的交界面时，由于光线的完全内反射，光线反射回纤芯层。这样经过不断的反射，光线就能沿着纤芯向前传播且只有很小的衰减。光纤式光电传感器就是把发射器发出的光线用光导纤维引导到检测点，再把检测到的光信号用光纤引导到接收器实现检测。按动作方式的不同，光纤传感器也可分为对射式、漫反射式等类型。光纤传感器可以实现被检测物体在较远区域的检测。由于光纤损耗和光纤色散的存在，在长距离光纤传输系统中，必须在线路适当位置设立中级放大器，以对衰减和失真的光脉冲信号进行处理及放大。

图 4-1-4　光纤式光电传感器

4. 磁感应式传感器

磁感应式传感器利用磁性物体的磁场作用实现对物体的感应，主要有霍尔传感器和磁性传感器两种。

（1）霍尔传感器。霍尔元件是一种磁敏元件，用霍尔元件做成的传感器称为霍尔传感器，又称霍尔开关。当磁性物体移近霍尔开关时，开关检测面上的霍尔元件因产生霍尔效应而使开关内部电路状态发生变化，由此识别附近有磁性物体的存在，并输出信号。这种接近开关的检测对象必须是磁性物体。

（2）磁性传感器。磁性传感器又称磁性开关，是液压与气动系统中常用的传感器。磁性开关可以直接安装在气缸缸体上，当带有磁环的活塞移动到磁性开关所在位置时，磁性开关内的两个金属簧片在磁环磁场的作用下吸合，并发出信号。当活塞移开，磁场离开金属簧片，触点自动断开，信号切断。通过这种方式可以很方便地实现对气缸活塞位置的检测。

四、传感器的使用与选用

1. 传感器的使用

1）传感器的电路连接

传感器的输出方式不同，电路连接也有一定差异，但输出方式相同的传感器的电路连接方式相同。例如，SX-815Q 机电一体化综合实训考核装置使用的传感器有直流两线制和直流三线制两种，其中光电传感器、电感传感器、电容传感器、光纤传感器均为直流三线制传感器，磁性传感器为直流两线制传感器。

直流三线制传感器有棕色、蓝色和黑色三根连接线，其中棕色线接直流电源“+”极，蓝色线接直流电源“-”极，黑色线为信号线，接 PLC 输入端。直流两线制传感器有蓝色和棕色两根连接线，其中蓝色线接直流电源“-”极，棕色线为信号线，接 PLC 输入端。具体的电路连接方式如图 4-1-5所示。

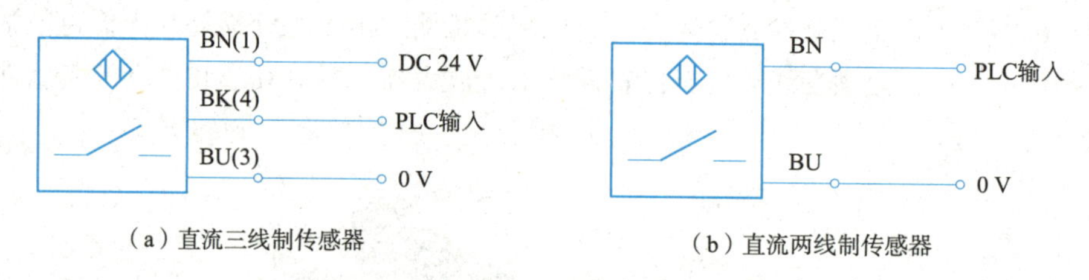

（a）直流三线制传感器　（b）直流两线制传感器

图 4-1-5　传感器电路连接方式

2）NPN 与 PNP 传感器

根据电流流入方式不同，直流三线制传感器又分为 NPN 型和 PNP 型，它们的接线方式是不同的。NPN 和 PNP 型传感器内部输出电路连接方式如图 4-1-6 所示。

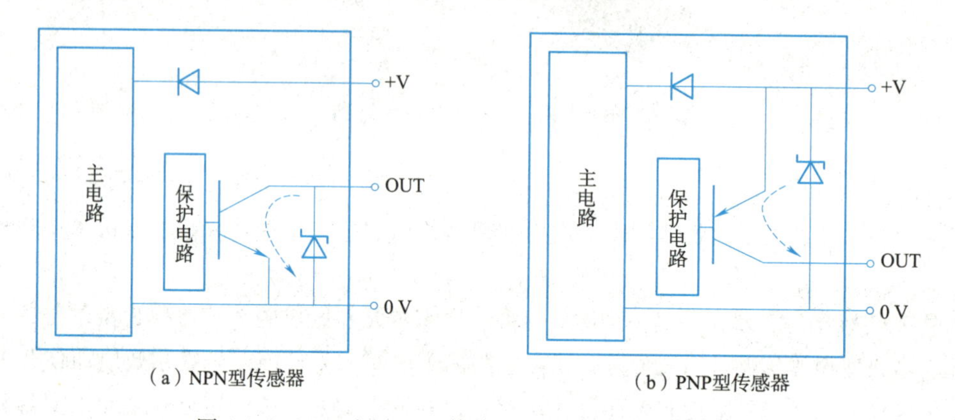

（a）NPN型传感器　（b）PNP型传感器

图 4-1-6　NPN 和 PNP 型传感器内部输出电路连接方式

一般在使用传感器时，应事先通过说明书了解它是 NPN 还是 PNP 输出型的，如果传感器说明书丢失，也找不到对应的线路图，可以简单用万用表进行判断。

以判断 NPN 型为例，由于 NPN 型传感器采集时是信号线（OUT）与电源正（+V）之间的电压，所以把万用表调到直流电压挡，万用表正负表笔分别接传感器信号线与电源正极。传感器通电，并通过操作使其产生动作信号，此时观察万用表电压变化，如果在传感器动作前后电压发生明显变化，则此传感器是 NPN 型的，反之则不是。判断传感器是否为 PNP 型时，万用表正负表笔分别接到传感器信号线与电源负极，其他步骤与 NPN 型判断一样。

2. 传感器的选用

1）根据测量对象、测量环境选择

在进行测量工作之前，需要先对测量物体、测量环境等因素进行了解。一般情况下，即使是测量的同一物体，也会有多种传感器选择，使用不同原理的传感器会导致结果产生变化。一般来说，近距离检测金属使用电感传感器，非金属使用电容传感器；远距离检测使用漫反射型，更远的使用反射板型、对射型。测量前应具体考虑：量程的大小；被测位置对传感器体积的要求；测量方式为接触式还是非接触式；信号的引出方法是有线或非接触测量；传感器的来源是国产还是进口，价格能否承受，又或者自行研制。考虑好之后，再对传感器的一些性能进行选择。

2）根据传感器灵敏度选择

通常，在传感器的线性范围内，希望传感器的灵敏度越高越好。因为只有灵敏度高时，与被测量变化对应的输出信号的值才比较大，有利于信号处理。但要注意的是，传感器的灵敏度高，与被测量无关的外界噪声也容易混入，也会被放大系统放大，影响测量精度。因此，要求传感器本身应具有较高的信噪比，尽量减少从外界引入的干扰信号。传感器的灵敏度是有方向性的，当被测量是单向量，而且对其方向性要求较高，则应选择其他方向灵敏度小的传感器；如果被测量是多维向量，则要求传感器的交叉灵敏度越小越好。

3）判断频率响应特性

传感器的频率响应特性决定了被测量的频率范围，必须在允许频率范围内保持不失真。实际上传感器的响应总有一定延迟，希望延迟时间越短越好。传感器的频率响应越高，可测的信号频率范围就越宽。

在动态测量中，应根据信号的特点（如稳态、瞬态、随机等）响应特性，以免产生过大的误差。

4）根据传感器的线性范围选择

传感器的线性范围是指输出与输入成正比的范围。从理论上讲，在此范围内，灵敏度保持定值。传感器的线性范围越大，则其量程越大，并且能保证一定的测量精度。在选择传感器时，当传感器种类确定后首先要看其量程是否满足要求。

但实际上，任何传感器都不能保证绝对的线性，其线性度也是相对的。当所要求的测量精度比较低时，在一定范围内，可将非线性误差较小的传感器近似看作线性的，这会给测量带来极大的方便。

5）根据传感器的稳定性选择

传感器使用一段时间后，其性能保持不变的能力称为稳定性。影响传感器长期稳定性的因素除传感器本身结构外，主要是传感器的使用环境。因此，要使传感器具有良好的稳定性，传感器必须要有较强的环境适应能力。

在选择传感器前，应对其使用环境进行调查，并根据具体的使用环境选择合适的传感器，或采取适当的措施以减小环境的影响。

6）传感器的精度选择

精度是传感器的一个重要的性能指标，是关系整个测量系统测量精度的重要环节。传感器的精度越高，其价格越昂贵，因此，传感器的精度只要满足整个测量系统的精度要求即可，不必选得过高。这样就可以在满足同一测量目的的诸多传感器中选择比较便宜和简单的传感器。

如果测量目的是定性分析的，选用重复精度高的传感器即可，不宜选用绝对量值精度高的；如果是为了定量分析，必须获得精确的测量值，就需选用精度等级能满足要求的传感器。

当然，如果外围设备中有多种传感器，那么在选型时应保证传感器的类型必须一致（都是 PNP 型或都是 NPN 型），才能更好地与 PLC 匹配。

五、智能传感器

智能传感器是具有信息处理功能的传感器。智能传感器带有微处理机，具有采集、处理、交换信息的能力，是传感器集成化与微处理机相结合的产物。与一般传感器相比，智能传感器具有以下三个优点：通过软件技术可实现高精度的信息采集，而且成本低；具有一定的编程自动化能力；功能多样化。

1）智能传感器的特点

智能传感器是一个以微处理器为内核，扩展了外围部件的计算机检测系统。相比一般传感器，智能传感器以下显著特点：

（1）提高了传感器的精度。智能传感器具有信息处理功能，通过软件不仅可以修正各种确定性系统误差（如传感器输入输出的非线性误差、温度误差、零点误差、正反行程误差等），而且还可以适当补偿随机误差，并降低噪声，大大提高了传感器精度。

（2）提高了传感器的可靠性。集成传感器系统的小型化，消除了传统结构的某些不可靠因素，改善整个系统的抗干扰性能；同时还具有诊断、校准和数据存储功能（对于智能结构系统还有自适应功能），具有良好的稳定性。

（3）提高了传感器的性价比。在相同精度的需求下，多功能智能传感器与单一功能的普通传感器相比，性价比明显提高，尤其是在采用较便宜的 PLC 后更为明显。

（4）促成了传感器的多功能化。智能传感器可以实现多传感器多参数综合测量，通过编程扩大测量与使用范围；有一定的自适应能力，根据检测对象或条件的改变，相应地改变量程及输出数据的形式；具有数字通信接口功能，直接输入远地计算机进行处理；具有多种数据输出形式（如 RS-232 串行输出、PIO 并行输出、IEEE-488 总线输出以及经 DIA 转换后的模拟量输出等），适配各种应用系统。

2）智能传感器的功能

智能传感器通过模拟人类感官和大脑的协调动作，结合长期以来测试技术的研究和实际经验而提出，是一个相对独立的智能单元，它的出现对原来硬件性能的苛刻要求有所减轻，仅靠软件帮助就可以使传感器的性能大幅度提高。

（1）信息存储和传输。随着全智能集散控制系统的飞速发展，对智能单元要求具备通信功能，用通信网络以数字形式进行双向通信，这也是智能传感器的关键标志之一。智能传感器通过测试数据传输或接收指令实现各项功能。如增益设置、补偿参数设置、内检参数设置、测试数据输出等。

（2）自补偿和计算功能。多年来从事传感器研制的工程技术人员一直为传感器的温度漂移和输出非线性做大量的补偿工作，但都没有从根本上解决问题。而智能传感器的自补偿和计算功能为传感器的温度漂移和非线性补偿开辟了新的道路。这样可放宽传感器加工精密度的要求，只要能保证传感器的重复性好，利用微处理器对测试信号通过软件计算，采用多次拟合和差值计算方法对漂移和非线性进行补偿，从而获得较精确的测量结果。

（3）自检、自校、自诊断功能。普通传感器需要定期检验和标定，以保证它在正常使用时足够的准确度，这些工作一般要求将传感器从使用现场拆卸送到实验室或检验部门进行检验和标定，对于在线测量传感器出现异常则不能及时诊断。智能传感器的自诊断功能可在电源接通时进行自检、诊断测试以确定组件有无故障，还可以根据使用时间在线进行校正，微处理器利用存储在 EPROM 内的计量特性数据进行对比校对。

（4）复合敏感功能。观察周围的自然现象，常见的信号有声、光、电、热、力等。敏感元件测量一般通过两种方式：直接和间接的测量。而智能传感器具有复合功能，能够同时测量多种物理量和化学量，给出能够较全面反映物质运动规律的信息。如美国加利福尼亚大学研制的复合液体传感器，可同时测量介质的温度、流速、压力和密度。复合力学传感器可同时测量物体某一点的三维振动加速度（加速度传感器）、速度（速度传感器）、位移（位移传感器）等。

（5）智能传感器的集成化。由于大规模集成电路的发展使得传感器与相应的电路都集成到同一芯片上，而这种具有某些智能功能的传感器称为集成智能传感器，其优点包括较高信噪比：传感器的弱信号先经集成电路信号放大后再远距离传送，即可大大改进信噪比。改善性能：由于传感器与电路集成于同一芯片上，对于传感器的零漂、温漂和零位可以通过自校单元定期自动校准，并采用适当的反馈方式改善传感器的频响。信号规一化：传感器的模拟信号通过程控放大器进行规一化，又通过模数转换为数字信号，微处理器按数字传输的几种形式进行数字规一化，如串行、并行、频率、相位和脉冲等。

3）智能传感器的重要性

如果把智能工厂比作一个人的话，那么传感器就是他的耳鼻口，承载着一个人的所有感官，是数据的收集者，有些还是命令的执行者，如图 4-1-7 所示。

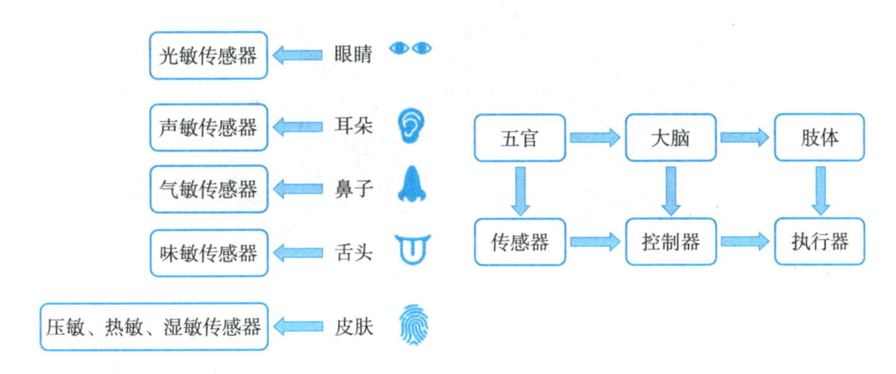

图 4-1-7　智能传感器示意图

传感器在工业智能化的生产过程中，具有举足轻重的作用。在智能化生产中，需要各种传感器监控生产过程中的各个环节，使设备工作在正常或最佳状态，传感器技术的发展对工业智能化起到很大的推动作用。

信息化与工业化的深度融合，使得工业智能化进入一个全新的发展阶段。信息化首先要解决的就是制造数据的采集、传输及分析，数据采集主要是将生产现场所有装备的制造数据进行采集，将其存储到数据中心，并按照需求进行显示，实现监控，成为信息化的一个基础信息平台，再就是进行生产信息的数据集成，从而实现完整的制造业信息化。

现代工厂智能化系统的信息数据传递越来越依赖于智能传感器，随着传感器变得更加智能，它们可以更好地对其所检测的工作进行评估，并能按时完成工作任务。越来越多的智能技术被用在传感器上，网络技术也已经开始与传感器紧密结合，形成新一代的智能传感器。智能传感器的应用必须让生产线保持健康运行，通过降低网络延迟和实现实时通信，提高设备的运行性能。

微课

自动化生产线传感器的应用

列举出截止阀自动化生产线中传感器的应用。

1. 接近传感器

接近传感器又称接近开关，是一种无须与运动部件进行机械接触操作的位置开关，当物体靠近接近开关的感应面时，不需要机械接触或施加任何压力即可使开关动作，从而驱动直流电器或给计算机装置提供控制指令。接近开关是一种开关型传感器（即无触点开关），既有行程开关、微动开关的特性，同时也具有传感性能，且动作可靠、性能稳定、频率响应快、应用寿命长、抗干扰能力强，并具有防水、防振、耐腐蚀等特点。产品包括电感式、电容式、霍尔式、交直流型等。

电感式接近传感器主要应用在柔性加工区域中的滑台定位，以及阀体装配线的装配泄压螺钉站中，检测螺钉是否到位以及螺钉数量是否足够，如图 4-1-8 所示。

图 4-1-8　电感式接近传感器

2. 光电传感器

光电传感器又称光电开关，通过把光强度的变化转换成电信号的变化实现控制。一般情况下光电传感器由三部分构成，即发送器、接收器和检测电路。发送器对准目标发射光束，发射的光束一般来源于半导体光源、发光二极管（LED）和激光二极管。光束不间断地发射，或者改变脉冲宽度。接收器由光电二极管或光电三极管组成。在接收器的前面装有光学元件，如透镜和光圈等。在其后面是检测电路，能过滤出有效信号并应用该信号。

（1）远距离激光对射开关。主要用于托盘到位检测，图 4-1-9（a）所示为接收器，图 4-1-9（b）所示为发射器，中间有遮挡物就会触发传感器输出信号。

（a）接收器

（b）发射器

图 4-1-9　远距离激光对射开关

（2）近距离光电对射开关（见图 4-1-10）。与远距离激光对射开关原理相同，都是由发射器发射光源，另一端接收器接收光源，不同的是近距离光电对射开关的光源为 LED 光源，而非激光，所以工作距离较短，一般用于狭小空间。

图 4-1-10 近距离光电对射开关

在本项目中，近距离光电对射开关在线边库中用于货叉伸出与收回的到位检测以及线边库升降机的升降层定位。

3. 编码器

增量式编码器将位移转换成周期性的电信号，再把这个电信号转换成计数脉冲，用脉冲的个数表示位移的大小。

编码器是把角位移或直线位移转换成电信号的一种装置，前者称为码盘，后者称为码尺。按照读出方式的不同，编码器可以分为接触式和非接触式两种：接触式采用电刷输出，以电刷接触导电区或绝缘区表示代码的状态是“1”还是“0”；非接触式的接受敏感元件是光敏元件或磁敏元件，采用光敏元件时以透光区和不透光区表示代码的状态是“1”还是“0”。

产线中装配线的伺服电动机、柔性加工区域滑台小车以及机床的主轴均采用增量式编码器，由于增量式编码器在重新上电后无法知道自身位置，所以每次上电之前需要回原点操作，让设备知道自身位置，数控车床以及加工中心自身带有记录数据的电池，所以再次上电后不需要回原点。

伺服电动机末端编码器［见图 4-1-11（a）］在本项目中用于定位作用，在其他场合也可用作测速。机床内主轴编码器［见图 4-1-11（b）］用于计算机床主轴转速以及主轴定位。

（a）伺服电动机末端编码器

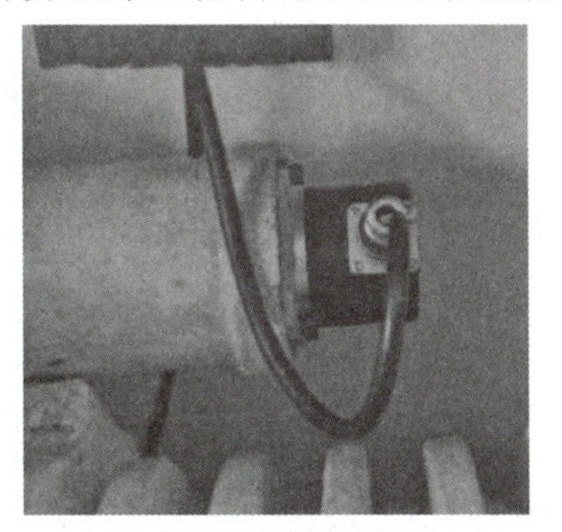

（b）机床内主轴编码器

图 4-1-11 编码器

任务2　加工单元PLC选型与编程

任务解析

本任务介绍PLC相关内容，PLC是在继电器顺序控制基础上发展起来的，以微处理器为核心的通用自动控制装置，综合了计算机技术、自动控制技术和通信技术，使用面向控制过程和面向用户的编程语言，提供简单易懂、操作方便、可靠性高的新一代通用工业控制装置。通过本任务的学习，使学生了解PLC的定义与分类、PLC的结构以及根据用途不同选用并使用适当PLC等内容，在掌握PLC工作原理的基础上，完成加工单元PLC的选型与编程。

知识链接

一、PLC概述

1. PLC发展历史

1968年，美国GM（通用汽车）公司提出取代继电器控制装置的要求，称为GM十条。具体包括：工作特性比继电-接触器控制系统更可靠；占比空间比继电-接触器控制系统小；易于编程；易于现场变更程序；能直接驱动接触器、电磁阀等执行机构；价格能够与继电-接触器控制系统竞争等。第二年美国数字公司研制出了第一台可编程控制器PDP-14，并在美国GM公司生产线上试用成功。

20世纪70年代初微处理器技术引入可编程控制器（programmable logic controller，PLC），使PLC除了传统的逻辑控制和顺序控制外，增加了运算、数据传送及处理等功能，成为真正具有计算机特征的工业控制装置。此时的PLC严格意义上应该称为可编程控制器（programmable controller，PC）。但为了与发展迅速的个人计算机（person computer，PC）进行区分，反映可编程控制器的主要功能特点，突出常规逻辑控制概念，仍称其为PLC。

20世纪70年代中末期，可编程控制器进入实用化发展阶段，计算机技术已全面引入可编程控制器中，使其功能发生飞跃。更高的运算速度、超小型体积、更可靠的工业抗干扰设计、模拟量运算、PID（proportional integral derivative control，比例积分微分控制）功能及极高的性价比奠定了它在现代工业中的地位。

20世纪80年代初，可编程控制器步入成熟阶段，在先进工业国家中已获得广泛应用。世界上生产可编程控制器的国家日益增多，产量日益上升。1987年，国际电工委员会（International Electrical Committee，IEC）颁布的PLC标准草案中对PLC做出如下定义：PLC是一种专门为在工业环境下应用而设计的数字运算操作电子装置，采用可以编制程序的存储器，用于在其内部存储可执行逻辑运算、顺序运算、计时、计数和算术运算等操作的指令，并能通过数字式或模拟式的输入和输出，控制各种类型的机械或生产过程。PLC及其有关的外围设备都应该按易于与工业控制系统形成一个整体，易于扩展其功能的原则而设计。

20世纪80年代中期至20世纪90年代中期，是PLC发展最快的时期，在此阶段，PLC在处理模拟量能力、数字运算能力、人机接口能力和网络能力上得到大幅度提高，逐渐进入过程控制领域，在某些应用上取代了当时在过程控制领域处于统治地位的 DCS（distributed control system，集散控制系统）。

20 世纪末期，出现大型机和超小型机、各种各样的特殊功能单元、各种人机界面单元、通信单元，使应用可编程控制器的工业控制设备的配套更加容易。

目前全球共生产 300 多种 PLC 产品，主要应用在汽车（23%）、粮食加工（16.4%）、化学/制药（14.6%）、金属/矿山（11.5%）、纸浆/造纸（11.3%）等行业。

2. 主流 PLC 生产厂家

全球拥有众多的 PLC 厂商，按地域可分为欧洲、日本和美国三个流派的产品，各具特色。其中较为知名的主要有德国西门子公司（Siemens）、法国施耐德公司（Telemecanique）；日本三菱电机公司（Mitsubishi Electric）、欧姆龙公司（Omron）和松下公司（Panasonic），多以小型 PLC 著称；美国罗克韦尔公司（ROK）和通用电气公司（GE）等，与欧洲公司同以中大型 PLC 闻名。图 4-2-1 所示为罗克韦尔公司（AB 品牌）大型 PLC。

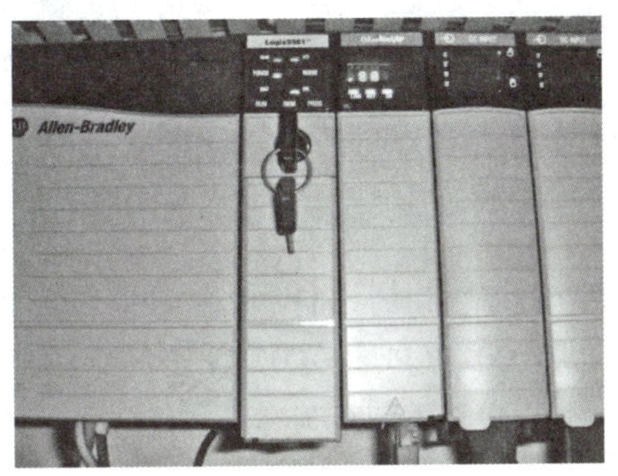

图 4-2-1　罗克韦尔公司（AB 品牌）大型 PLC

西门子是目前全球市场占有率第一的 PLC 制造商，现在主要的型号有 200smart、1200、1500，如图 4-2-2 和图 4-2-3 所示。

图 4-2-2　西门子 200smart

图 4-2-3　西门子 1200 系列

日本的 PLC 品牌三菱和欧姆龙，市场占有率紧随西门子之后。

三菱目前主推的 PLC 产品有 FX-PLC、Q-PLC 两个系列。其中 FX 系列以小型机为主，如图 4-2-4 所示。

Q 系列主要面向中高端应用，如图 4-2-5 所示。左侧分别为电源和 CPU 模块，此后可根据不同的需要扩展更多模块，如接开关传感器按钮指示灯的数字量输入输出模块，支持温度、压力、液位等传感器的模拟量模块，支持 RS-485 或以太网的通信模块，以及控制步进伺服的运控控制模块等。

图 4-2-4　三菱 FX 系列 PLC

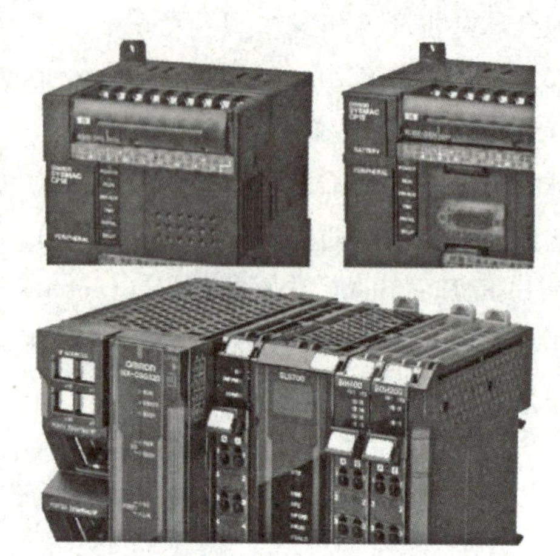

图 4-2-5　三菱 Q 系列 PLC

目前国内应用最广的 PLC 是西门子公司的 SIMATIC S7-400/300/200/1500/1200 系列产品，三菱电机公司的 FX2N/FX3U/FX5U 以及 Q02HCPU、QJ71E71-100 系列产品等。近几年，我国的 PLC 研制、生产和应用也发展迅速，尤其在应用方面更为突出。目前国产 PLC 厂商众多，如台达、永宏、丰炜、和利时、信捷、海为和汇川等。

当前国产 PLC 在本地化、技术支持等方面做得更好。大多数国产 PLC 初期都是做兼容国外品牌的小型类 PLC，如汇川兼容三菱 PLC，合信兼容西门子 PLC，然后根据本地客户的需求增加定制化功能，经过多年发展逐步形成自己的产权和特色。

二、PLC 程序构成

广义上的 PLC 程序由三部分构成，即用户程序、数据块和参数块。

1. 用户程序

用户程序是必选项。用户程序在存储器空间中又称组织块（organization bloch，OB），它处于最高层次，可以管理其他块，可采用各种语言（如 STL、LAD、FBD 等）编制。不同机型的 CPU，其程序空间容量也不同。用户程序的结构比较简单，一个完整的用户控制程序应当包含一个主程序（OB1）、若干个子程序和若干个中断程序三大部分。不同的编程设备对各程序块的安排方法也不同，其程序结构如图 4-2-6 所示。

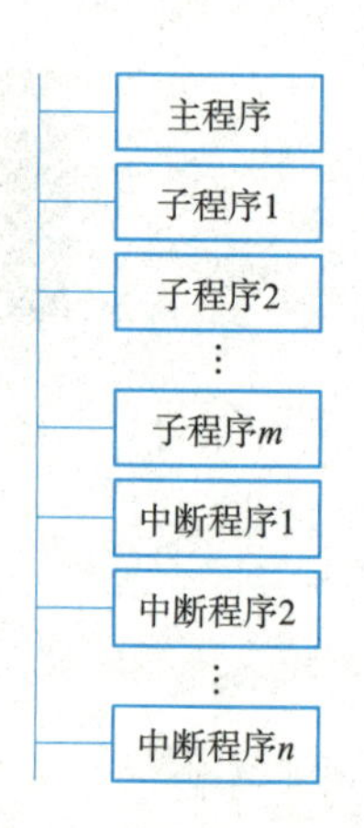

图 4-2-6　用户程序结构

（1）主程序。用户程序的主体，CPU 在每个扫描周期都要执行一次主程序指令，确保设备正常工作。

（2）子程序。程序的可选部分，只有当主程序调用时，才能够执行。合理使用子程序，可以优化程序结构，减少扫描时间。子程序一般为设备执行的不同工艺（工序），供主程序调用。一些重复多次使用的代码可以编写为子程序调用。

（3）中断程序。程序的可选部分，只有当中断事件发生时，才能够执行。中断程序可在扫描周期的任意点执行。

有时 PLC 用户程序还包括初始化程序。初始化程序一般是上电时调用一次，用于初始化设备，简单化的初始化程序需要在初始化时复位整个工艺设备到零位，复杂化的初始化程序需要调用设备之前的执行信息，即延续上次停机时的执行过程。一般使用 SM0.0 指令（上电时保持一个周期 ON）使能初始化程序。

2. 数据块

数据块（data block，DB）为可选部分，它主要存放控制程序运行所需要的数据，在数据块中允许的数据类型有：①布尔型，表示编程元件的状态；②二进制、十进制或十六进制数；③字母、数字和字符型。

3. 参数块

参数块也是可选部分，它存放的是 CPU 的组态数据，如果在编程软件和其他编程工具上未进行 CPU 的组态，则系统以默认值进行自动配置。用户可为数据地址创建符号名称或变量，作为与存储器地址和 I/O 点相关的 PLC 变量或在代码块中使用的局部变量。要在用户程序中使用这些变量，只需输入指令参数的变量名称。以西门子公司的编程软件 STEP 7 为例，该软件提供了以下几个选项，用于在执行用户程序期间存储数据：

（1）全局存储器。CPU 提供了各种专用存储区，其中包括输入（I）、输出（Q）和位存储器（M），所有代码块可以无限制地访问该存储器。

（2）PLC 变量表。在 STEP 7 PLC 变量表中，可以输入特定存储单元的符号名称。这些变量在 STEP 7 程序中为全局变量，并允许用户使用应用程序中有具体含义的名称进行命名。

（3）数据块。可在用户程序中加入 DB 以存储代码块的数据。从相关代码块开始执行一直到结束，存储的数据始终存在。全局 DB 存储所有代码块均可使用的数据，而背景 DB 存储特定 FB（function block，功能块）的数据并且由 FB 的参数进行构造。

（4）临时存储器。只要调用代码块，CPU 的操作系统就会分配要在执行块期间使用的临时或本地存储器（L）。代码块执行完成后，CPU 将重新分配本地存储器，以用于执行其他代码块。每个存储单元都有唯一的地址，用户程序可利用这些地址访问存储单元中的信息。绝对地址由以下元素组成：

①存储区标识符（如 I、Q 或 M）。

②要访问的数据大小（B 表示 BYTE、W 表示 WORD 或 D 表示 DWORD）。

③数据的起始地址（如字节 3 或字 3）。

STEP 7 的基本数据类型有：

（1）位（bit）。数据类型为 BOOL（布尔型），在编程软件中 BOOL 变量的值是 1 和 0，用 TRUE（真）和 FALSE（假）表示。位存储单元的地址由字节地址和位地址组成，如 I3.2 中区域标识符 I 表示输入字节地址为 3、位地址为 2。

（2）字节（BYTE）。由8位二进制数组成1个字节，其中第0位为最低位（LSB），第7位为最高位（MSB）。

（3）字（WORD）。由相邻的2个字节组成1个字，字用于表示无符号数。MW10是由MB10和MB11组成的1个字。用组成字的最小的字节MB10的编号作为字MW10的编号，最小字节MB10为字的高位字节，最大的字节MB11为字的低位字节。

（4）双字（DWORD）。由2个字（或4个字节）组成1个双字，双字用于表示无符号数。双字MD10由MB10至MB13组成。

（5）16位整数（INT）。有符号数，整数的最高位为符号位，最高位为0时为正数，为1时为负数，取值范围为-32 768～32 767。

（6）32位整数（DINT）。最高位为符号位，取值范围为-2 147 483 648～2 147 483 647。

（7）32位浮点数（REAL）。实数，浮点数的优点是用很小的存储空间（4 B）可以表示非常大或非常小的数。在编程软件中，一般并不直接使用二进制或十六进制格式的浮点数，而是用十进制小数输入或显示浮点数。例如，在编程软件中，10是整数，而10.0为浮点数。

PLC数据类型总结见表4-2-1。

表4-2-1 PLC数据类型

寻址格式	数据位长度	数据类型	取值范围	PLC中存储格式
BOOL（位）	1（位）	布尔数	0或1	
BYTE（字节） WORD（字） DWORD（双字）	8（位） 16（位） 32（位）	无符号整数	0～255 0～65 535 0～4 294 967 295	
INT（整数） DINT（双整数）	16（位） 32（位）	有符号整数	-32 768～32 767 -2 147 483 648～2 147 483 647	
REAL（实数）	32（位）	单精度浮点数	-3.402823E+38～-1.175495E-38（负数） 1.175495E-383～3.402823E+38（正数）	

三、PLC选型要点

工程设计选型和估算时，应详细分析工艺过程的特点、控制要求，明确控制任务和范围，确定所需的操作和动作，然后根据控制要求，估算输入输出点数和所需存储器容量、确定PLC的功能和外围设备特性等，最后选择有较高性价比的PLC。

1. 输入输出（I/O）点数的估算

I/O点数估算时应考虑适当的余量，通常根据统计的输入输出点数，再增加10%～20%的可扩展余量，作为输入输出点数估算数据。实际订货时，还需根据制造厂商PLC的产品特点，对输入输出点数进行圆整。输入输出点数对价格有直接影响，每增加一块输入输出卡件就需增加一定的费用。当点数增加到某一数值后，相应的存储器容量、机架、母板等也要相应增加。因此，点数的增减对CPU选用、存储器容量、控制功能范围等选择都有影响。在估算和选用时应进行充分考虑，使整个控制系统有较合理的性价比。

2. 存储器容量的估算

存储器容量是PLC本身能提供的硬件存储单元的大小，程序容量是存储器中用户应用项目使用的存储单元的大小，因此程序容量小于存储器容量。在设计阶段，由于用户应用程序还未编制，因此，程序容量在设计阶段是未知的，需在程序调试之后才知道。为了设计选型时能对程序容量有一定估算，通常采用存储器容量的估算替代。

存储器内存容量的估算没有固定的公式，许多文献资料中给出了不同公式，大体上都是按数字量 I/O 点数的 10～15 倍，加上模拟 I/O 点数的 100 倍，以此数为内存的总字数（16 位为 1 个字），另外再按此数的 25% 考虑余量。

3. 控制功能的选择

该选择包括运算功能、通信功能、诊断功能和处理速度等特性的选择。简单 PLC 的运算功能包括逻辑运算、计时和计数功能；普通 PLC 的运算功能还包括数据移位、比较等运算功能；较复杂运算功能有代数运算、数据传送等；大型 PLC 中还有模拟量的 PID 运算和其他高级运算功能。设计选型时应从实际应用的要求出发，合理选用所需的运算功能。大多数应用场合，只需要逻辑运算和计时计数功能，有些应用需要数据传送和比较，当用于模拟量检测和控制时，才使用代数运算、数值转换和 PID 运算等。在显示数据时需要译码和编码等运算工作。

大中型 PLC 系统应支持多种现场总线和标准通信协议（如 TCP/IP），需要时应能与工厂管理网（TCP/IP）相连接。通信协议应符合 ISO/IEEE 通信标准，且是开放的通信网络。PLC 系统的通信接口应包括串行和并行通信接口（RS-232C/422A/423/485）、RIO 通信接口、工业以太网、常用 DCS 接口等。大中型 PLC 通信总线（含接口设备和电缆）应 1:1 冗余配置，通信总线应符合国际标准，通信距离应满足装置实际要求。

PLC 系统的通信网络中，上级的网络通信速率应大于 1 Mbit/s，通信负荷不大于 60%。PLC 系统的通信网络主要有下列几种形式：①PC 为主站，多台同型号 PLC 为从站，组成简易 PLC 网络；②1 台 PLC 为主站，其他同型号 PLC 为从站，构成主从式 PLC 网络；③PLC 网络通过特定网络接口连接到大型 DCS 中作为 DCS 的子网；④专用 PLC 网络（各厂商的专用 PLC 通信网络）。为减轻 CPU 通信任务，根据网络组成的实际需要，应选择具有不同通信功能（如点对点、现场总线、工业以太网）的通信处理器。

PLC 的诊断功能包括硬件和软件的诊断。硬件诊断通过硬件的逻辑判断确定硬件的故障位置，软件诊断分为内诊断和外诊断。通过软件对 PLC 内部的性能和功能进行诊断为内诊断，通过软件对 PLC 的 CPU 与外部输入输出等部件信息交换功能进行诊断为外诊断。PLC 诊断功能的强弱，直接影响对操作和维护人员技术能力的要求，并影响平均维修时间。

PLC 采用扫描方式工作。从实时性要求来看，处理速度应越快越好，如果信号持续时间小于扫描时间，则 PLC 将扫描不到该信号，造成信号数据的丢失。处理速度与用户程序的长度、CPU 处理速度、软件质量等因素有关。

4. 机型的选择

1）PLC 类型

PLC 按结构分为整体型和模块型两类，按应用环境分为现场安装和控制室安装两类。从应用角度出发，通常可按控制功能或输入输出点数选型。

整体型 PLC 的 I/O 点数固定，因此用户选择的余地较小，用于小型控制系统；模块型 PLC 提供多种 I/O 卡件或插卡，因此用户可较合理地选择和配置控制系统的 I/O 点数，功能扩展方便灵活，一般用于大中型控制系统。

2）输入输出模块的选择

输入输出模块的选择应考虑与应用要求的统一。例如，对输入模块，应考虑信号电平、信号传输距离、信号隔离、信号供电方式等应用要求；对输出模块，应考虑选用的输出模块类型，通常继电器输出模块具有价格低、使用电压范围广、寿命短、响应时间较长等特点。例如，可控硅输出模块适用于开关频繁、电感性低功率因数负荷场景，但价格较贵，过载能力较差。输出模块还包括直流输出、交流输出和模拟量输出等，应与应用要求一致。

根据应用要求，合理选用智能型输入输出模块，以便提高控制水平并降低应用成本，考虑是否需要扩展机架或远程 I/O 机架等。

5. 经济性考虑

选择 PLC 时，应考虑性价比。考虑经济性时，应同时考虑应用的可扩展性、可操作性、投入产出比等因素，进行比较和兼顾，最终选出较满意的产品。

四、PLC 控制系统设计步骤

图 4-2-7 所示为 PLC 控制系统设计步骤的流程图。

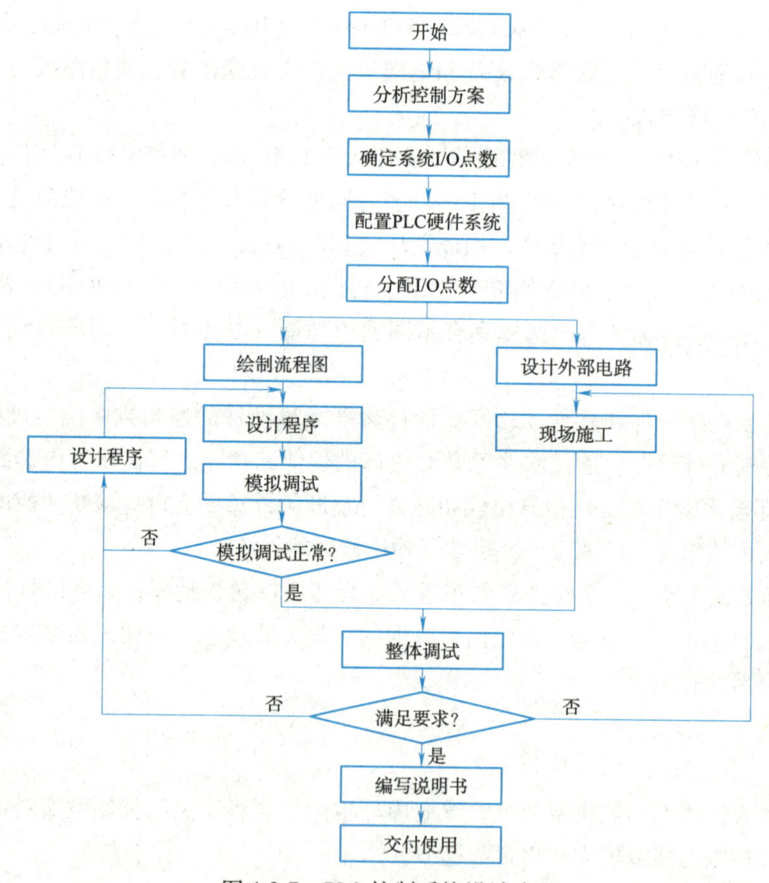

图 4-2-7　PLC 控制系统设计步骤

PLC 控制系统详细设计步骤如下：

（1）了解和分析被控对象的控制要求，确定输入、输出设备的类型和数量。

（2）根据输入、输出设备的类型和数量，确定 PLC 的 I/O 点数，并选择相应点数的 PLC 机型。

（3）合理分配 I/O 点数，绘制 PLC 控制系统输入、输出端子接线图。

（4）根据控制要求绘制工作循环图或状态流程图。

（5）根据工作循环图或状态流程图编写梯形图、指令语句、汇编语言或计算机高级语言等形式的用户程序。

（6）将用户程序输入到 PLC 内部存储器中，进行程序调试。

（7）程序调试。先进行模拟调试，再进行现场联机调试；先进行局部、分段调试，再进行整体、系统调试。

（8）编写程序说明书。在说明书中通常对程序的控制要求、结构、流程图等予以必要的说明，并且给出程序的安装、操作、使用步骤等。

五、西门子博途软件简介

TIA 博途是全集成自动化软件 TIA Portal 的简称，是西门子工业自动化集团发布的一款全集成自动化软件。它是业内首个采用统一工程组态和软件项目环境的自动化软件，几乎适用于所有自动化任务。借助该工程技术软件平台，用户能够快速、直观地开发和调试自动化系统。

博途软件可对西门子全集成自动化中涉及的所有自动化和驱动产品进行组态、编程和调试。可用于 SIMATIC 控制器的新型 SIMATIC STEP 7 V15 自动化软件或 SIMATIC 人机界面和过程可视化应用的 SIMATIC WinCC V15。作为西门子所有软件工程组态包的一个集成组件，博途平台在所有组态界面间提供高级共享服务，向用户提供统一的导航并确保系统操作的一致性。例如，自动化系统中的所有设备和网络可在一个共享编辑器内进行组态。在此共享软件平台中，项目导航、库概念、数据管理、项目存储、诊断和在线功能等作为标准配置提供给用户。统一的软件开发环境由可编程控制器、人机界面和驱动装置组成，有利于提高整个自动化项目的效率。此外，博途软件在控制参数、程序块、变量、消息等数据管理方面，所有数据只需输入一次，大大减少了自动化项目的软件工程组态时间，并降低成本。博途软件的设计基于面向对象和集中数据管理，避免了数据输入错误，实现了无缝的数据一致性。使用项目范围的交叉索引系统，用户可在整个自动化项目内轻松查找数据和程序块，极大地缩短了软件项目的故障诊断和调试时间。

博途软件采用新型、统一软件框架，可在同一开发环境中组态西门子品牌的所有可编程控制器、人机界面和驱动装置。在控制器、驱动装置和人机界面之间建立通信时的共享任务，可大大降低连接和组态成本。例如，用户可方便地将变量从可编程控制器拖放到人机界面设备的画面中，然后在人机界面内即时分配变量，并在后台自动建立控制器与人机界面的连接，无须手动组态。

微课

截止阀自动化生产线PLC技术与应用

任务实施

完成阀体翻转站 PLC 的选型与编程。

1. PLC 选型

当前在工业现场控制领域，普遍采用的控制方法是以 PLC 作为下位机直接输入输出数字量或模拟量，对现场设备进行控制；采用触摸屏作为人机交互界面，在控制现场实现简单操作控制、参数修改设置以及信息显示等功能；采用总线及以太网通信实现系统间的数据交换。

考虑到教学需要的典型性要求，优先选用使用最广的三菱和西门子品牌。生产线站点较多，需要考虑通信问题，相对而言，西门子通信功能更强大。另外，每个站点需要考虑变频器的模拟控制问题，需要 2 个点的模拟输入点和 1 个点的模拟输出点。西门子 1200 CPU 附带有一定数量的模拟输入输出点，而选用三菱 PLC，就必须选配模拟模块，且三菱模拟模块一般较贵，所以选择西门子品牌 PLC。

进一步考虑西门子 PLC 型号，由于控制精度要求不是很高，选用目前主流的紧凑型 PLC S7-1200 系列即可。每个站点需要有高速脉冲输出，控制三轴机械手进行定位控制，PLC 输出接口类型选择晶体管型输出。

再考虑到每个 CPU 需提供至少 2 个模拟输入口和 1 个模拟输出口，因此选择 1215（1200 系列 PLC 中的一种）系列，所以最终 PLC CPU 选择型号为 1215 DC/DC/DC。

第一个 DC 表示电源为直流 24 V 电源。

第二个 DC 表示输入类型为直流 24 V 输入。

第三个 DC 表示输出类型为直流 24 V 输出，即晶体管输出。

以泄压螺钉工作站为例，其中包含按钮、传感器等数字输入点位 79 个，模拟输入点位 2 个；包含电磁阀、指示灯、脉冲信号等数字输出信号共 68 个，模拟输出点位 1 个。除了 CPU 1215 自带的 14 个输入点位和 10 个数字输出点位外，还需另配输入输出模块。选配包含 16 个输入输出的模块 SM 1223 DI16/DQ16 ×24VDC 4 个，包含 16 个输入的模块 SM 1221 DI16 ×24VDC 1 个。

每个单元需要与 RFID 进行通信，选配通信单元 CM 1241（RS-422/485），整体硬件布局如图 4-2-8 所示。

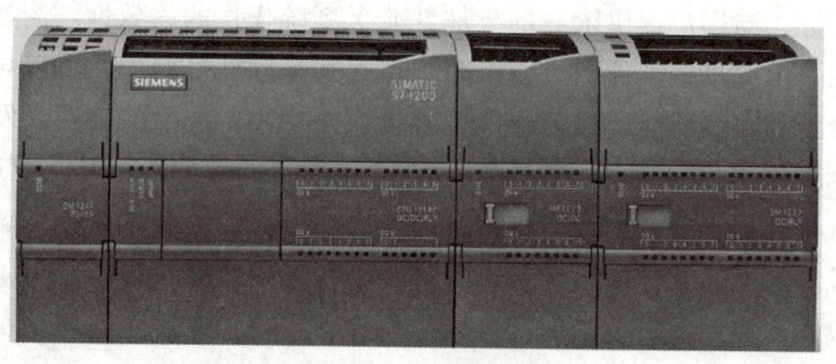

图 4-2-8　硬件布局

触摸屏没有特别的要求，选配能够与西门子通信的触摸屏即可，本任务选择台达公司的触摸屏，型号为 DOP-110WS。

2. PLC I/O 端口分配

根据控制系统设计，确定输入/输出元件，并进行 I/O 分配。拿到图纸，如果是 eplan 设计，可直接导出变量表，以便于导入博图软件变量表。

3. 编写 PLC 程序流程图

单站程序首先进行初始化，初始化完成并判断上一站运行信号是否到达，条件满足，则按下本站启动按钮，等待 MES 订单信息，根据 MES 订单已知截止阀的两种型号 DN20 或 DN30 分别执行 DN20 和 DN30 的分支程序，具体流程图如图 4-2-9 所示。

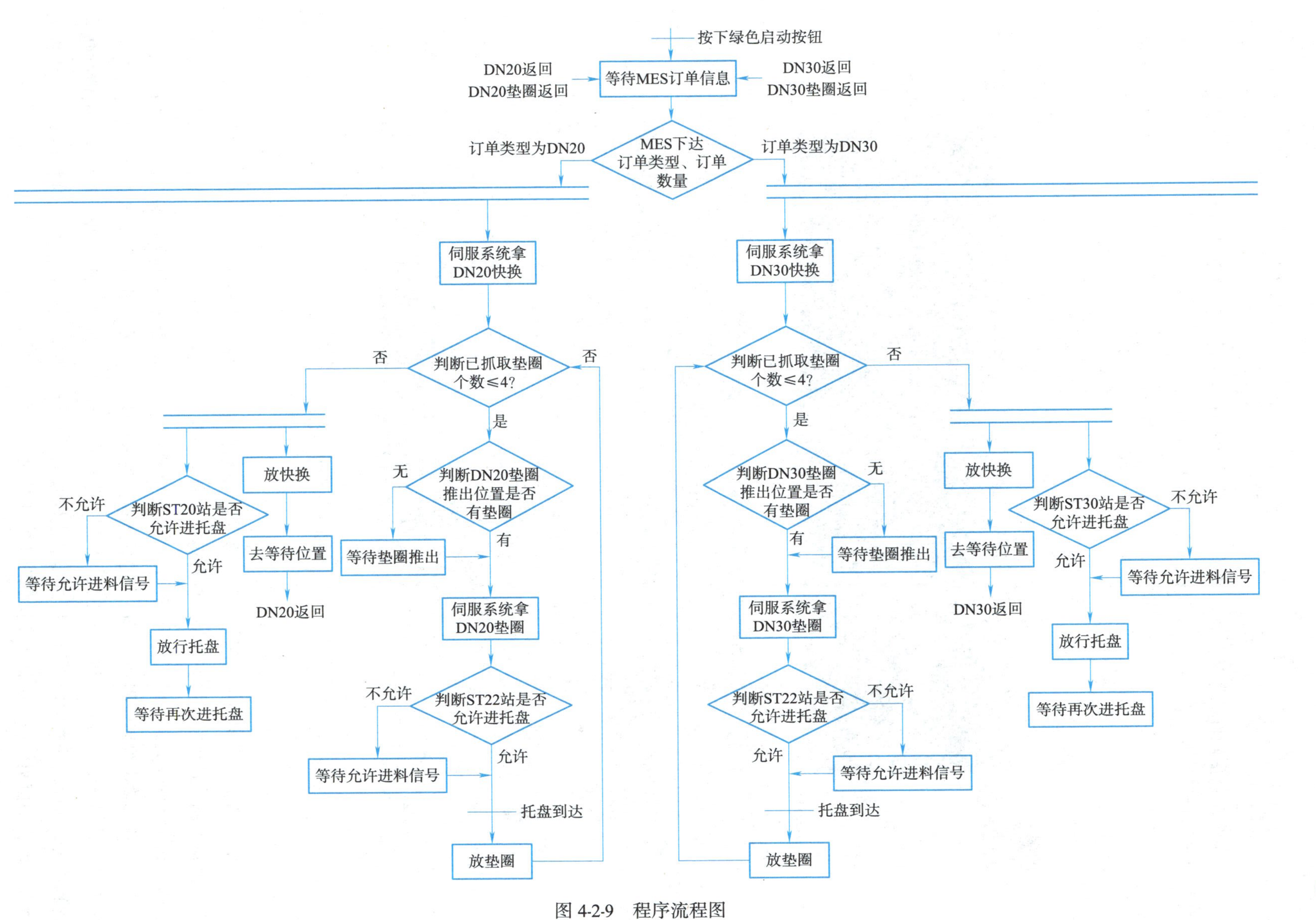

按下绿色启动按钮
DN20返回
DN20垫圈返回
等待MES订单信息
DN30返回
DN30垫圈返回
订单类型为DN20
MES下达订单类型、订单数量
订单类型为DN30
伺服系统拿DN20快换
伺服系统拿DN30快换
判断已抓取垫圈个数≤4?
否
是
放快换
去等待位置
DN20返回
判断ST20站是否允许进托盘
不允许
允许
等待允许进料信号
放行托盘
等待再次进托盘
判断DN20垫圈推出位置是否有垫圈
无
有
等待垫圈推出
伺服系统拿DN20垫圈
判断ST22站是否允许进托盘
不允许
允许
等待允许进料信号
托盘到达
放垫圈
判断已抓取垫圈个数≤4?
是
否
判断DN30垫圈推出位置是否有垫圈
无
有
等待垫圈推出
伺服系统拿DN30垫圈
判断ST22站是否允许进托盘
不允许
允许
等待允许进料信号
托盘到达
放垫圈
放快换
去等待位置
DN30返回
判断ST30站是否允许进托盘
不允许
允许
等待允许进料信号
放行托盘
等待再次进托盘

图 4-2-9 程序流程图

4. 设备组态

设备组态包括硬件的连接、硬件设备的 IP 地址和 I/O 分配等。注意硬件组态时，一定要与实际硬件设备订货号一致，软件版本号也要注意，如图 4-2-10 所示。

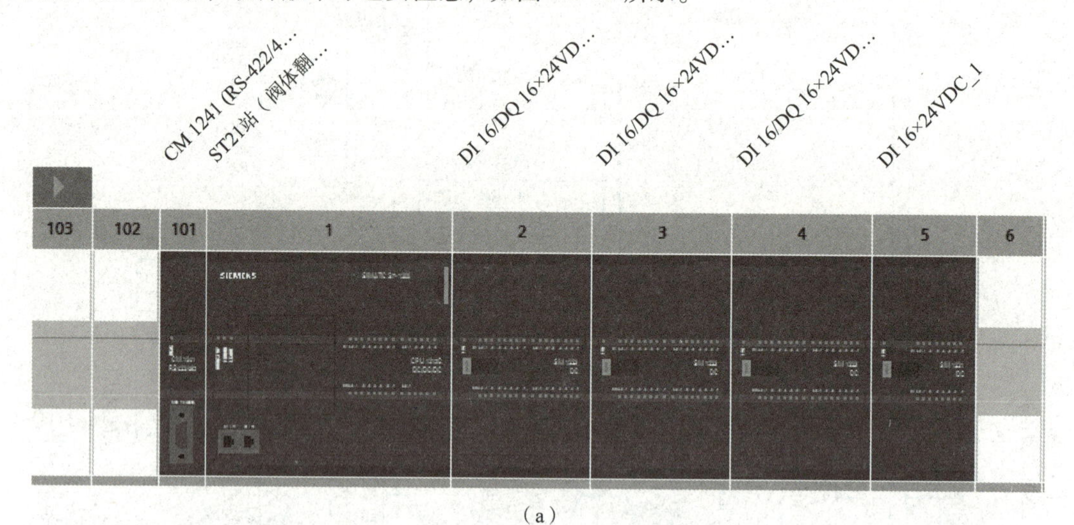

（a）

	102					
	101					
▼ ST22-垫圈组装站	1			CPU 1215C DC/DC/DC	6ES7 215-1AG40-0XB0	V4.4
DI 14/DQ 10_1	1 1	0...1	0...1	DI 14/DQ 10		
AI 2/AQ 2_1	1 2	64...67	64...67	AI 2/AQ 2		
	1 3					
HSC_1	1 16	1000...10...		HSC		
HSC_2	1 17	1004...10...		HSC		
HSC_3	1 18	1008...10...		HSC		
HSC_4	1 19	1012...10...		HSC		
HSC_5	1 20	1016...10...		HSC		
HSC_6	1 21	1020...10...		HSC		
Pulse_1	1 32			脉冲发生器 (PTO/PWM)		
Pulse_2	1 33			脉冲发生器 (PTO/PWM)		
Pulse_3	1 34			脉冲发生器 (PTO/PWM)		
Pulse_4	1 35		1006...10...	脉冲发生器 (PTO/PWM)		
OPC UA	1 254			OPC UA		
▸ PROFINET接口_1	1 X1			PROFINET接口		
DI 16/DQ 16x24VDC_1	2	2...3	2...3	SM 1223 DI16/DQ16 x ...	6ES7 223-1BL32-0XB0	V2.0
DI 16/DQ 16x24VDC_2	3	4...5	4...5	SM 1223 DI16/DQ16 x ...	6ES7 223-1BL32-0XB0	V2.0
DI 16/DQ 16x24VDC_3	4	6...7	6...7	SM 1223 DI16/DQ16 x ...	6ES7 223-1BL32-0XB0	V2.0
DI 16x24VDC_1	5	8...9		SM 1221 DI16 x 24VDC	6ES7 221-1BH32-0XB0	V2.0

（b）

图 4-2-10　设备组态

5. 程序块总体安排

程序采用主程序调用子程序方式，主要子程序包含安全条件、初始化、气缸控制、输入输出映射、通信控制、轴控制、报警控制和自动运行控制等。安全条件主要包含气缸动作和轴动作的前提要求；初始化确保夹具、气缸等都处于正确的复位状态；气缸子程序控制气缸的伸出、缩回、报警等功能；输入输出映射子程序将程序中的输入输出中间量映射到最终的输入输出点位；通信模块实现与其他站的通信，常利用 PROFINET，通信协议可采用 STEP 7 协议、MODBUS TCP 等。轴控制包含轴配置、轴控制函数的使用等，控制步进或伺服轴的运行；自动运行控制则是对放垫圈、放快换等控制流程的控制。程序块总体安排如图 4-2-11 所示。

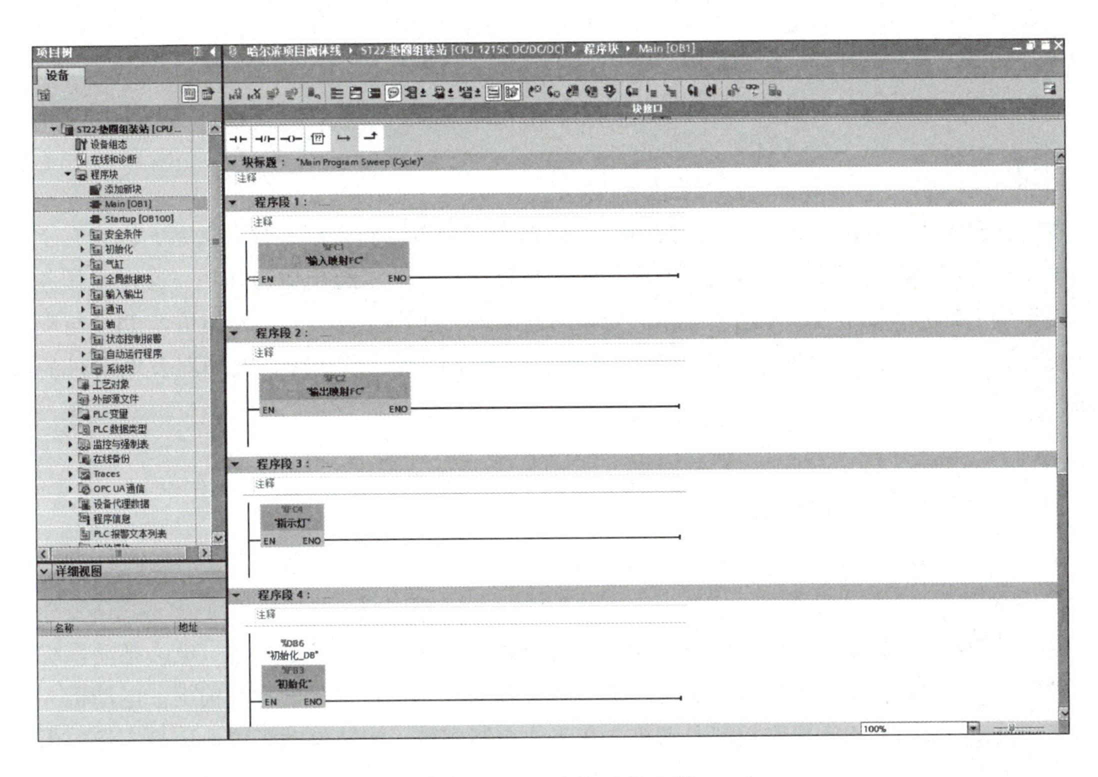

图 4-2-11　程序块总体安排

6. 通信子程序

本任务采用 PROFINET 标准，通信协议采用 MODBUS TCP 通信，分为写和读程序。程序示例如图 4-2-12 所示。

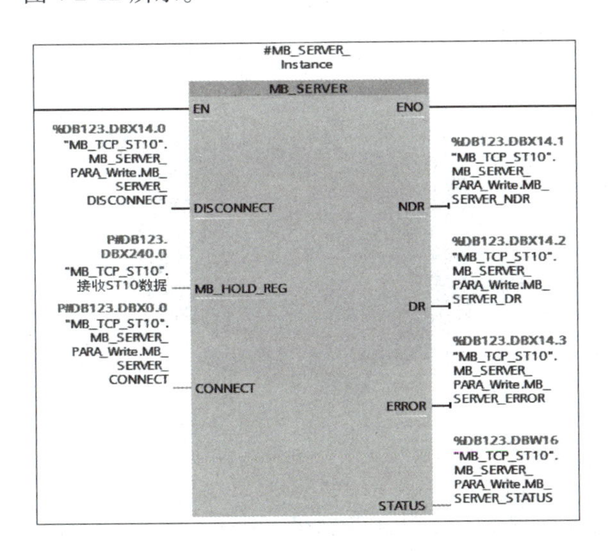

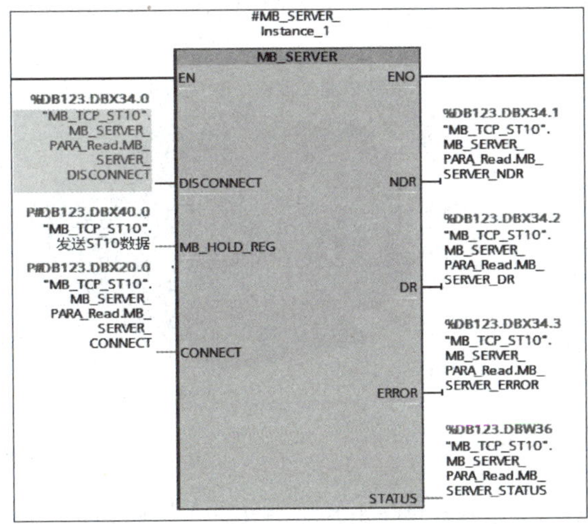

图 4-2-12　程序示例

任务3 变频调速控制技术应用

任务解析

本任务介绍变频调速控制技术相关内容，变频器和电动机之间不只是控制关系，因为有了变频器，电动机工作更稳定高效，而且安全节能，所以变频器对电动机起到促进作用。通过本任务的学习，使学生了解电动机型号、电动机选型、变频调速原理、通用变频器的基本组成及 PLC 与变频器的连接等问题，在掌握变频调速工作原理的基础上，完成自动化生产线中变频器及电动机的应用分析。

知识链接

一、电动机型号概述

1. 电动机及电力拖动系统

电动机是生产、传输、分配及应用电能的主要设备。在现代化生产过程中，电力拖动系统是实现各种生产工艺过程必不可少的传动系统，是生产过程电气化、自动化的重要前提。电动机一般可分为旋转电动机、直线电动机和控制电动机。在工业控制领域，旋转电动机中使用最广泛的为三相异步电动机和直流电动机；控制电动机中使用最广泛的为步进电动机和伺服电动机；直线电动机是未来电动机技术发展的方向之一，但现在应用较少。

2. 三相交流异步电动机

三相交流异步电动机（见图 4-3-1）是一种将电能转化为机械能的电力拖动装置，主要由定子、转子和它们之间的气隙构成。三相交流异步电动机具有结构简单、运行可靠、价格便宜、过载能力强及使用、安装、维护方便等优点，被广泛应用于各个领域。

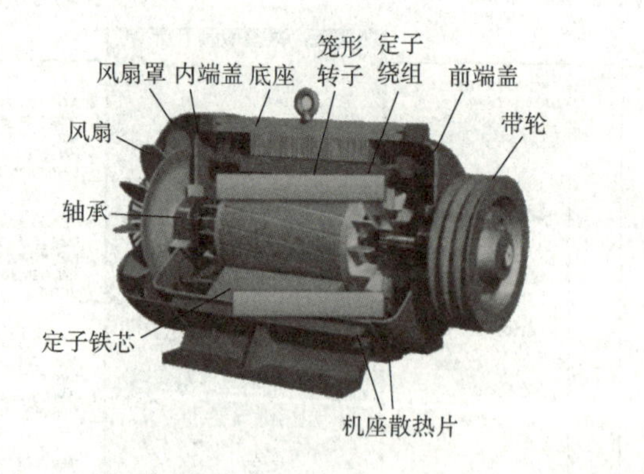

图 4-3-1 三相交流异步电动机

三相交流异步电动机的基本工作原理为：电动机三相定子绕组（各相差 120°），通入三相对称交流电后，将产生一个旋转磁场，该旋转磁场切割转子绕组，从而在转子绕组中产生感应电流，载流的转子导体在定子旋转磁场的作用下将产生电磁力，从而在电动机转轴上形成电磁转矩，驱动电动机旋转，并且电动机旋转方向与旋转磁场方向相同。工业界通常通过改变异步电动机的供电频率达到改变并控制三相交流异步电动机转速的目的。

电动机选型主要根据额定功率、额定电压、额定转速、种类和型式确定。选择电动机时，应满足生产机械负载的要求，且在经济上合理。电动机功率选得过大不经济，功率选得过小容易因过载而损坏。一般遵循如下原则：

（1）对于连续运行的电动机，所选功率应等于或略大于生产机械的功率。

（2）对于短时工作的电动机，允许在运行中有短暂的过载，故所选功率可等于或略小于生产机械的功率。

三相交流异步电动机选型时，一般应用场合应尽可能选用笼形电动机。只有在需要调速、不能采用笼形电动机的场合才选用绕线电动机。

根据工作环境条件选择不同的结构型式，如开启式、防护式、封闭式电动机。

根据电动机的类型、功率以及使用地点的电源电压决定。Y 系列笼形电动机的额定电压只有 380 V 一个等级，大功率电动机才采用 3 000 V 与 6 000 V。

3. 直流电机

直流电机（direct current machine）是指能将直流电能转换成机械能（直流电动机）或将机械能转换成直流电能（直流发电机）的旋转电动机。

直流电动机中固定有环状永磁体，电流通过转子上的线圈产生安培力，当转子上的线圈与磁场平行时，继续转动受到的磁场方向将改变，因此此时转子末端的电刷与转换片交替接触，从而线圈上的电流方向发生改变，产生的洛伦兹力方向不变，所以电动机能保持一个方向转动，如图 4-3-2 所示。

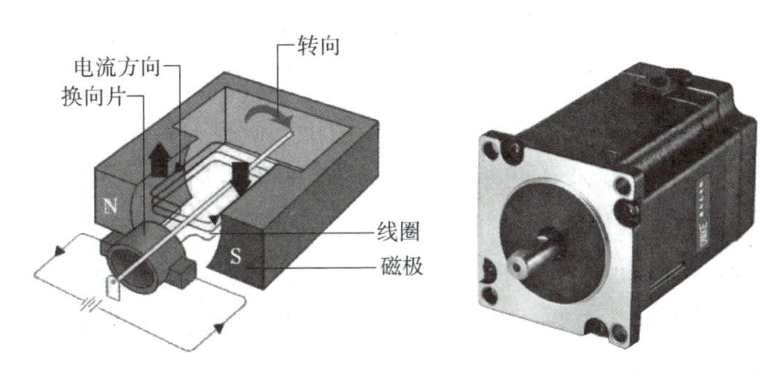

图 4-3-2　直流电动机

直流发电机的工作原理就是把电枢线圈中感应的交变电动势，靠换向器配合电刷的换向作用，使之从电刷端引出时变为直流电动势。

直流电机的主要优点是调速性能好，起动、制动转矩大，易于快速起动和停车，过载能力大，易于控制等。主要缺点是结构复杂、维护困难、生产成本高、具有换向问题，因此限制了它的极限容量，运行可靠性差。

4. 步进电动机

步进电动机是将电脉冲信号转换为相应角位移或直线位移的一种特殊电动机，每输入一个电脉冲信号电动机就转动一个角度，其运动是步进式的，所以称为步进电动机。步进电动机输出角位移量与其输入的脉冲数成正比，而转速或线速度与脉冲的频率成正比。步进电动机在不需要变换的情况下能直接将数字脉冲信号转换成角位移或线位移，因此它很适合作为数字控制系统的伺服元件。

步进电动机的工作原理实际上是电磁铁的作用原理。图 4-3-3 所示为一种最简单的反应式步进电动机，其工作原理为：*A* 相绕组通以直流电流时，便会在 *AA* 方向上产生一磁场，在磁场电磁力的作用下，吸引转子，使转子的齿与定子 *AA* 磁极上的齿对齐。若 *A* 相断电，*B* 相通电，这时新的磁场产生的电磁力又吸引转子的两极与 *BB* 磁极齿对齐，转子沿顺时针转过 60°。通常，步进电动机绕组的通断电状态每改变一次，其转子转过的角度 α 称为步距角。如果控制线路不停地按 $A \to B \to C \to A \cdots$ 的顺序控制步进电动机绕组的通断电，步进电动机的转子便不停地顺时针转动；若通电顺序改为 $A \to C \to B \to A \cdots$，同理，步进电动机的转子将逆时针不停地转动。

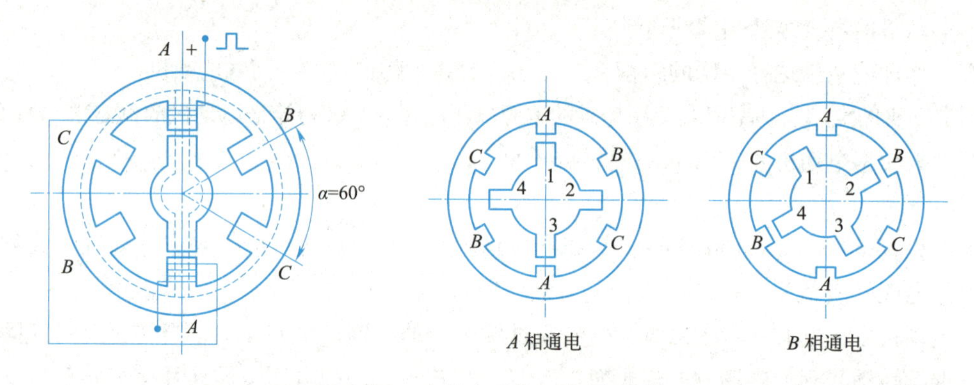

图 4-3-3　步进电动机工作原理图

上述通电方式称为三相三拍。还有一种三相六拍的通电方式，它的通电顺序是：顺时针为 $A \to AB \to B \to BC \to C \to CA \to A \cdots$；逆时针为 $A \to AC \to C \to CB \to B \to BA \to A \cdots$。

若以三相六拍通电方式工作，当 *A* 相通电转为 *A* 和 *B* 同时通电时，转子的磁极将同时受到 *A* 相绕组产生的磁场和 *B* 相绕组产生的磁场的共同吸引，转子的磁极只能停在 *A* 和 *B* 两相磁极之间，这时它的步距角 α 等于 30°。当由 *A* 和 *B* 两相同时通电转为 *B* 相通电时，转子磁极再沿顺时针旋转 30°，与 *B* 相磁极对齐。因此，采用三相六拍通电方式，可使步距角 α 缩小一半。

例如，图 4-3-3 中的步进电动机，定子仍是 *A*、*B*、*C* 三相，每相两极，但转子不是两个磁极而是四个。当 *A* 相通电时，是 1 和 3 极与 *A* 相的两极对齐；当 *A* 相断电、*B* 相通电时，2 和 4 极将与 *B* 相两极对齐。这样，在三相三拍通电方式中，步距角 α 等于 30°，在三相六拍通电方式中，步距角 α 则为 15°。

在选择步进电动机时，首先要保证步进电动机的输出功率大于负载所需的功率，同时应使步距角和机械系统匹配，这样可以得到机床所需的脉冲当量。最后，应当估算机械负载的负载惯量和机床要求的启动频率，使二者与步进电动机的惯性频率特性相匹配且还有一定的余量，使电动机的最高速连续工作频率能满足机床快速移动的需要。选择步进电动机需要进行以下计算：

（1）计算齿轮的减速比。

（2）计算工作台、丝杠以及齿轮折算至电动机轴上的惯量 J_t。

（3）计算电动机输出的总力矩 M。

（4）负载起动频率估算。

（5）运行的最高频率与升速时间的计算。由于电动机的输出力矩随着频率的升高而下降，因此在最高频率时，由矩频特性的输出力矩应能驱动负载，并留有足够的余量。

（6）负载力矩和最大静力矩 M_{max}。

5. 伺服电动机

伺服电动机（见图 4-3-4）又称执行电动机，它将输入的电压信号转换为电动机轴上的角位移或角速度等机械信号输出。伺服主要靠脉冲定位，伺服电动机接收到 1 个脉冲，就会旋转 1 个脉冲对应的角度，从而实现位移。其主要特点是，当信号电压为零时无自转现象，转速随着转矩的增加而匀速下降。

图 4-3-4　伺服电动机

根据使用电源性质的不同，伺服电动机分为直流和交流两大类。直流伺服电动机输出功率较大，一般用于功率较大的控制系统。交流伺服电动机输出功率小，电源频率有 50 Hz、400 Hz 等，一般用于功率较小的控制系统。直流伺服电动机实质上就是一台他励式直流电动机。随着集成电路、电力电子技术和交流可变速驱动技术的发展，永磁交流伺服驱动技术有了飞速的发展，各国著名电气厂商相继推出各自的交流伺服电动机和伺服驱动器系列产品。

选用伺服电动机的基本步骤如下：

（1）计算负载转矩，负载转矩的计算需要计算负载力，负载力可能是摩擦力，也可能是切削力，都需要根据机械系统进行大致计算。负载转矩的单位是 N · m，所以还需要已知工件的转动直径（半径）。

（2）根据工件的转动速度及负载质量计算出工件的转动惯量。

（3）将工件的负载转矩和转动惯量转换成主轴的转动惯量和负载转矩。

（4）已知以上信息后，基本可以初步选定电动机，在选用对应伺服电动机规格时需要关注以下六个方面（这些信息通常会出现在电动机的铭牌上，当然选型手册上会有更加全面和细致的信息）：电动机容量、电动机额定转速、额定扭矩及最大扭矩、转子惯量、抱闸（制动器）（根据动作机构的设计，考虑在停电或静止状态下，是否会造成对电动机的转动趋势。如果有转动趋势，就需要选择带抱闸的伺服电动机）、体积/质量/尺寸等外观参数。

（5）最后根据负载数据判断电动机选型是否满足要求：①等效到电动机端的负载转速小于电动机的额定转速；②等效到电动机端的有效转矩小于电动机的额定转矩；③等效到电动机端的瞬时最

大转矩小于电动机的最大转矩；④等效到电动机端的负载惯量小于5倍的电动机转子惯量。

二、电动机选型

可根据需求功能的不同选用不同类型的电动机，例如，只需要拖动负载而不需要控制定位时可选用三相异步电动机或直流电动机；如果需要定位的话，则需选择步进电动机或伺服电动机。相对而言，步进电动机组成开环系统，精度较低，价格便宜，而伺服电动机则可组成半闭环或闭环系统，精度高，但价格更贵。选择步进电动机和伺服电动机必须选择相应的步进驱动器和伺服驱动器，而三相异步电动机一般利用继电器控制即可，如需要调速，则需要选购变频器。

伺服电动机类型和品牌选定后可在其官网找到选型软件，包含测算和完整型号库。按照选型要求输入相关数据，选出一个适用的功率，再通过所选电动机的相关参数：如电动机惯量、客定转矩、最大转矩等选择具体电动机型号。

（1）启动选型软件，界面如图4-3-5所示。

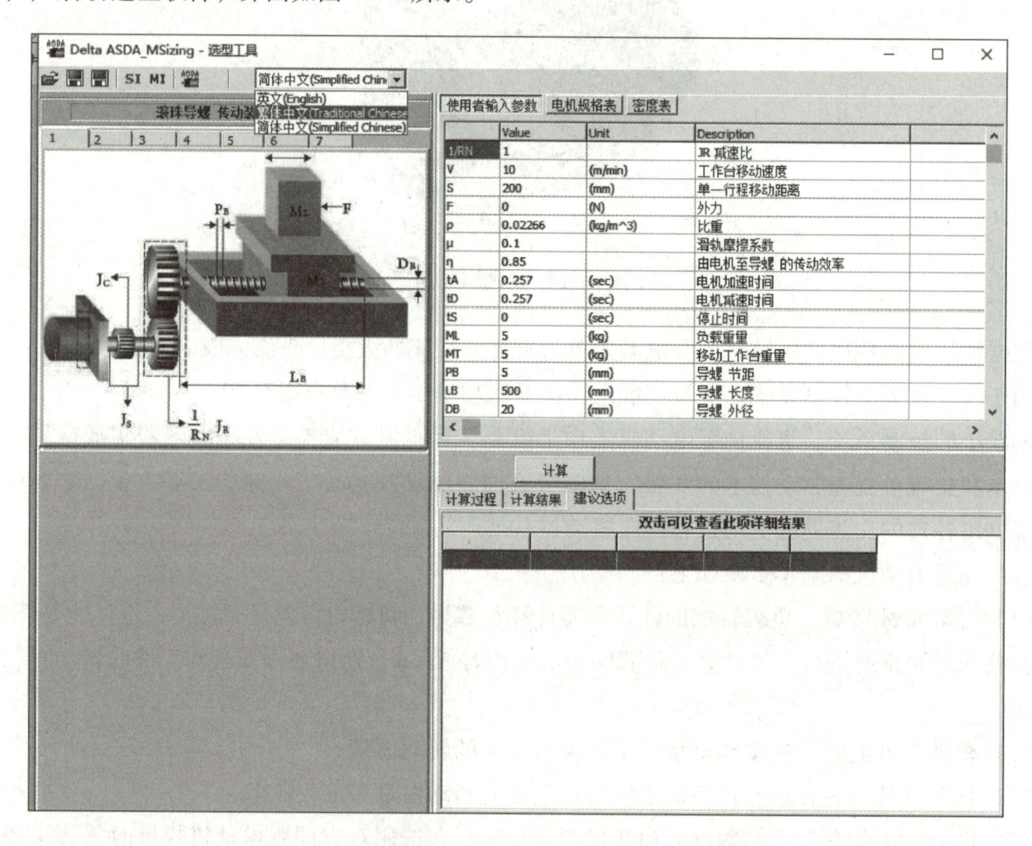

图4-3-5　选型软件界面

（2）根据实际情况，选择传动机构类型，如滚珠导螺传动、齿条传动、滚筒传动、分度传动、传送带传动等，如图4-3-6所示。

（3）根据传动结构特点，输入减速比、工作台移动速度、单一行程移动距离等数据后，单击“计算”按钮，如图4-3-7所示。

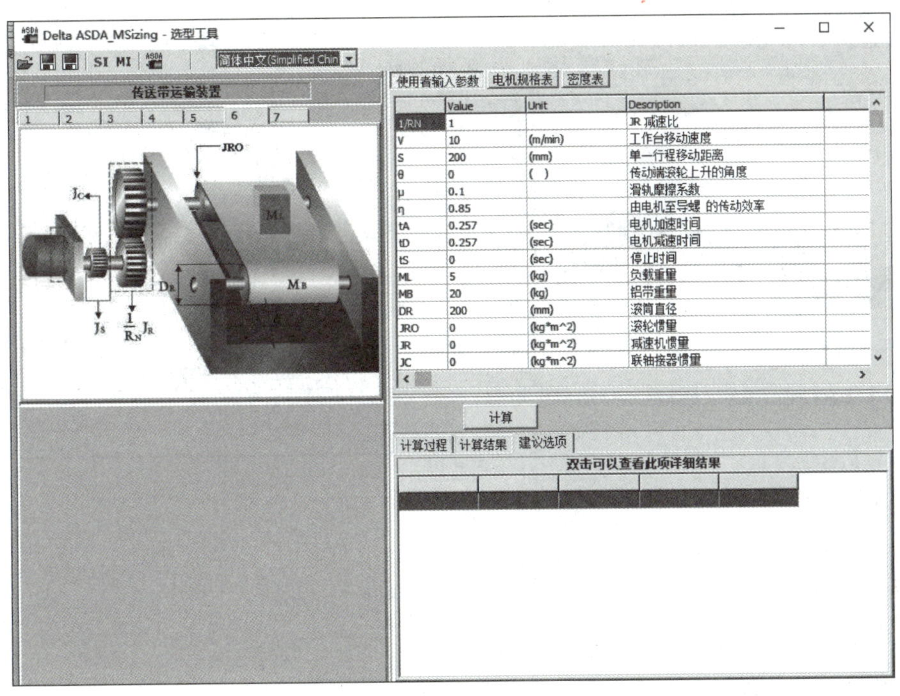

图 4-3-6　选择传动机构类型

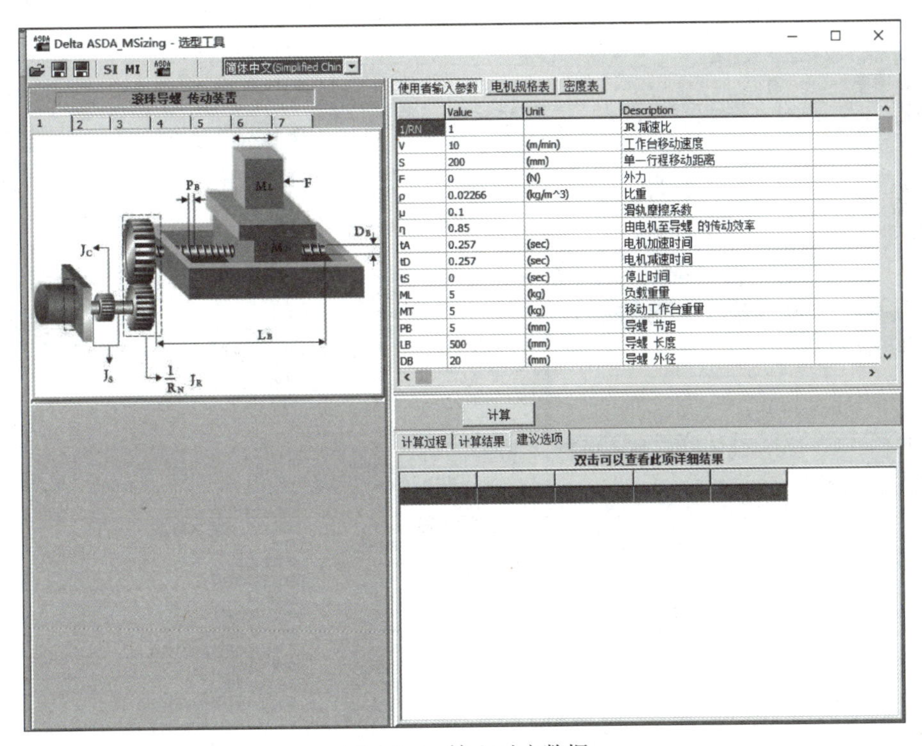

图 4-3-7　输入对应数据

（4）计算完成，可查看计算过程、结果和建议选项，如图 4-3-8 所示。

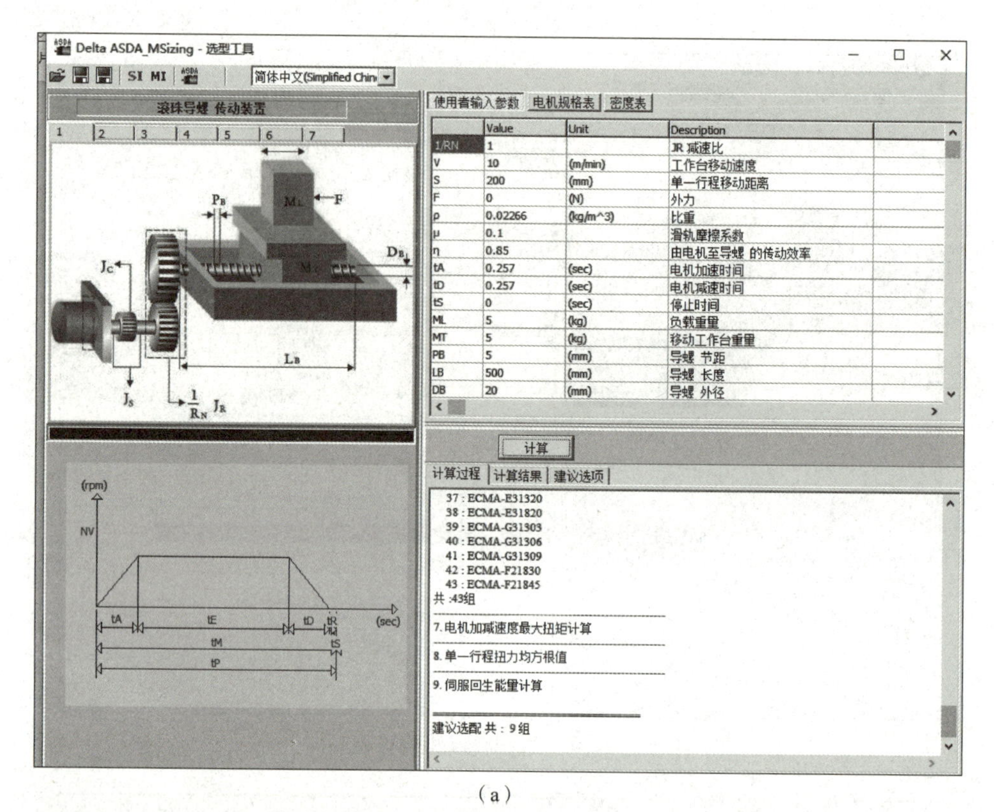

(a)

Delta ASDA_MSizing - 选型工具

简体中文(Simplified Chin

滚珠导螺 传动装置

使用者输入參數 | 电机规格表 | 密度表

	Value	Unit	Description
1/RN	1		JR 减速比
V	10	(m/min)	工作台移动速度
S	200	(mm)	单一行程移动距离
F	0	(N)	外力
ρ	0.02266	(kg/m^3)	比重
μ	0.1		滑轨摩擦系数
η	0.85		由电机至导螺 的传动效率
tA	0.257	(sec)	电机加速时间
tD	0.257	(sec)	电机减速时间
tS	0	(sec)	停止时间
ML	5	(kg)	负载重量
MT	5	(kg)	移动工作台重量
PB	5	(mm)	导螺 节距
LB	500	(mm)	导螺 长度
DB	20	(mm)	导螺 外径

计算

计算过程 | 计算结果 | 建议选项

	Value	Unit	Description
ΔS	0.005	(m/rev)	电机旋转一圈螺 前进距离
ΔP	5E-7	(m/pulse)	精度
NV	2000	(rpm)	电机转速
tE	0.943	(sec)	电机定转速时间
tR	0.04285714285	(sec)	整定时间
tM	1.49985714285	(sec)	定位所需时间
tP	1.49985714285	(sec)	单一行程所需时间
JF	6.3325739776	(kg*m^2)	工作台移动等效於电机惯量
JB	1.7797122382	(kg*m^2)	导螺 惯量
JL	6.3327519488	(kg*m^2)	负载端总惯量
TL	0.0091748143	(N.m)	摩擦力与外力等效於电机力矩

(b)

图 4-3-8　查看计算过程、结果和建议选项

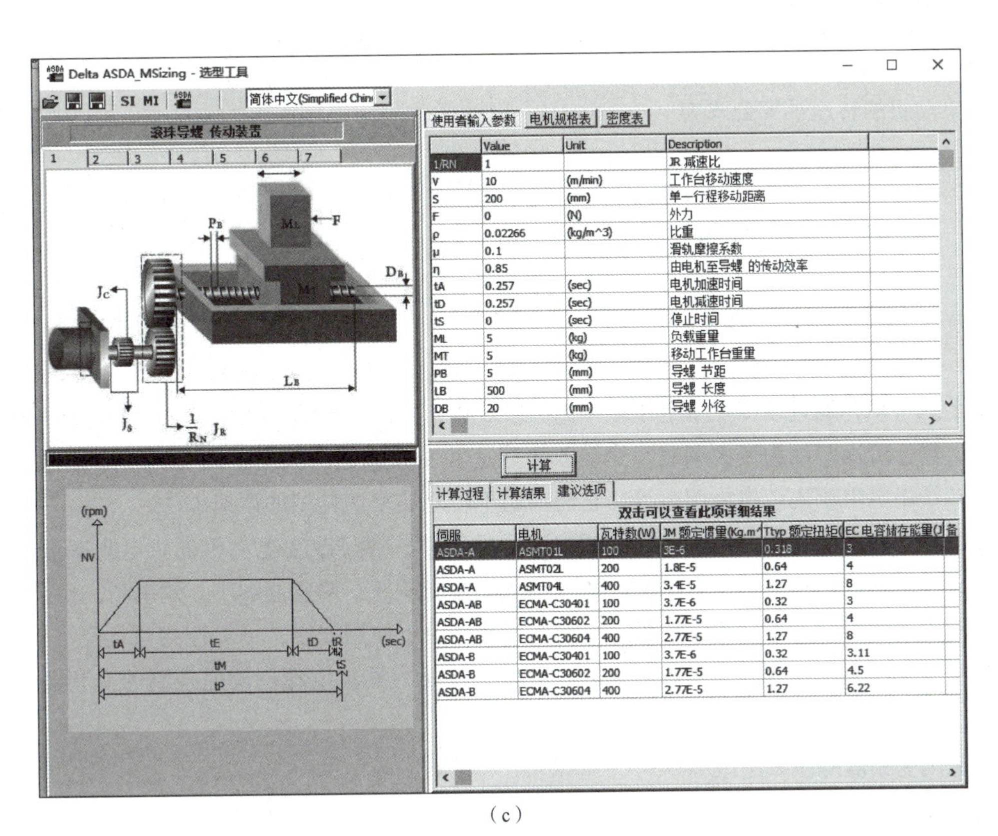

(c)

图 4-3-8　查看计算过程、结果和建议选项（续）

三、变频器调速原理

1. 变频器控制原理

变频器是用于调节、改变工作器械的工作频率大小的装置，利用半导体的导电性能控制电路的通断，从而使得工作电路中用电器的频率随着调速器的工作状态发生改变，对用电器、工作装置起到了非常好的控制作用。变频器工作的电路中，一般的电流性质都是以交流电为主的，而在交流电路中，通过调节变频调速器的工作状态，还能够调节交流电的电压状态，从而对电路起到一定的保护作用。变频器的控制原理图如图 4-3-9 所示。

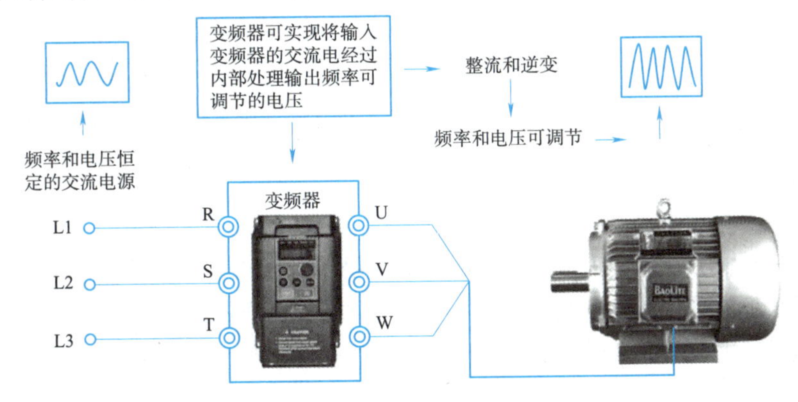

图 4-3-9　变频器控制原理图

2. 三相异步电动机调速原理

交流电动机的转速计算公式为

$$n=\frac{60f_1}{p}(1-s)$$

式中 n——电动机的转速，r/min；

p——电动机极对数；

f_1——供电电源频率，Hz；

s——异步电动机的转差率。

分析上式可知，通过改变定子电压频率f_1、极对数p以及转差率s都可以实现交流异步电动机的速度调节，具体可以归纳为变极调速、变转差率调速和变频调速三大类，而变转差率调速又包括调压调速、转子串电阻调速、串级调速等，它们都属于转差功率消耗型的调速方法。

变频调速是利用电动机的同步转速随频率变化的特性，通过改变电动机的供电频率进行调速的方法。在异步电动机诸多的调速方法中，变频调速的性能最好，调速范围广，效率高，稳定性好。

采用通用变频器对笼形异步电动机进行调速控制，由于使用方便，可靠性高并且经济效益显著，所以逐步得到推广应用。通用变频器是指可以应用于普通的异步电动机调速控制的变频器，其通用性强。

四、通用变频器的基本组成

1. 变频器的分类

从结构上划分，变频器可分为直接变频器和间接变频器。直接变频器将工频交流电一次变换为可控电压、频率的交流电，没有中间直流环节，又称交-交变频器。交-交变频器连续可调的频率范围较窄，主要用于大容量、低速场合。

间接变频器又称交-直-交变频器，又可分为电流型变频器和电压型变频器。电流型变频器中间直流环节采用大电容滤波，输出的交流电流是矩形波；电压型变频器中间直流环节采用大电容滤波，直流电压波形比较平直，输出的交流电压是矩形波。两种变频器的原理图如图 4-3-10所示。

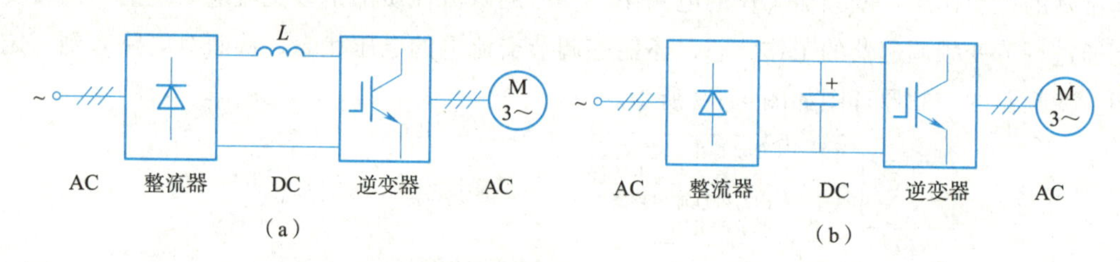

图 4-3-10 电流型变频器和电压型变频器原理图

2. 变频器的基本结构

通用变频器主要由主电路、控制电路、输入输出接线端子和操作面板组成，其中主电路由整流电路、直流中间电路及逆变电路等构成，如图 4-3-11 所示。变频器的控制电路为主电路提供控制信号，其主要任务是完成对逆变器开关元件的开关控制并提供多种保护功能。控制方式有模拟控制和数字控制两种。

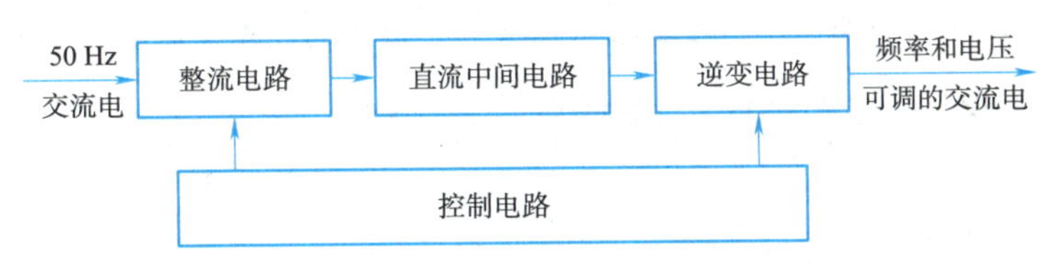

图 4-3-11　通用变频器基本结构

变频器的控制电路主要由主控板、键盘、显示器、电源板、驱动板及外接控制电路等部件构成。

（1）主控板。主控板是变频器运行的控制中心，核心器件是微控制器（单片机）或数字信号处理器。其主要功能如下：

①接收从键盘和外部控制电路输入的各种信号。

②将接收的各种信号进行判断和综合运算，产生相应的调制指令，并分配给各逆变管的驱动电路。

③接收内部的采样信号，如电压与电流、各部分温度及各逆变管工作状态的采样信号等。

④发出保护指令。变频器必须根据各种采样信号随时判断其工作是否正常，一旦发现异常工况，必须发出保护指令进行保护。

（2）键盘与显示板。键盘向主控板发出各种信号或指令，主要向变频器发出运行控制指令或修改运行数据。显示板将主控板提供的各种数据进行显示，大部分变频器配置了液晶或数码管显示屏。显示板上还有 RUN（运行）、STOP（停止）、FWD（正转）、REV（反转）和 FLT（故障）等状态指示灯和单位指示灯（如 Hz、A、V 等）。显示板可以完成以下指示功能：

①在运行监视模式下，显示各种运行数据，如频率、电压和电流等。

②在参数模式下，显示功能码和数据码。

③在故障状态下，显示故障代码。

（3）电源板与动板。变频器的内部电源普遍采用开关稳压电源，电源板主要提供以下直流电源：

①主控反电源。具有极好稳定性和抗干扰能力的一组直流电源。

②驱动电源。逆变电路中，上桥臂的三只逆变管驱动电路的电源是相互隔离的三组独立电源，下桥臂的三只逆变管驱动电源则可共“地”。但驱动电源与主板电源必须可靠绝缘。

③外控电源。为变频器外电路提供稳恒直流电源。

（4）外接控制电路。外接控制电路可实现由电位器、主令电器、继电器及其他自控设备对变频器的运行控制，并输出其运行状态、故障警报和运行数据信号等。外接控制电路一般包括外部给定电路、外接输入控制电路、外接输出电路和报警输出电路等。中小容量通用变频器外接控制电路往往与主控电路设计在同一电路板上，以减小整体体积、降低成本、提高电路的可靠性。

五、变频器主电路原理介绍

变频器主电路主要由整流电路、滤波电路、制动电路、逆变电路等组成，其工作原理图如图 4-3-12所示。

（1）整流电路。整流电路的作用是将输入的交流电（AC）转换为直流电（DC）。在变频器中，整流电路通常采用三相桥式电路，由六个二极管组成，将输入的三相交流电整流为直流电。

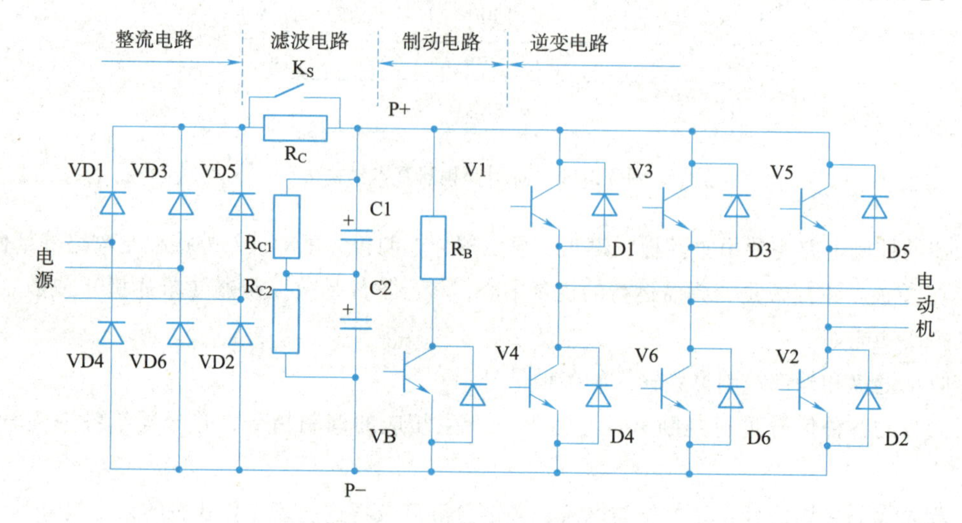

图 4-3-12　变频器主电路工作原理图

（2）滤波电路。滤波电路位于整流电路之后，主要用于消除整流电路输出的脉动直流电压中的高次谐波成分，使直流电压更加平滑。滤波电路通常采用电容滤波或电感滤波的方式，其中电容滤波电路更为常见。滤波电路的设计对于保证变频器后续电路的稳定运行至关重要。

（3）制动电路。制动电路用于在电动机减速或停机时，将电动机的动能转化为电能并回馈到电网中，实现能量的回收利用。制动电路的设计需要考虑电动机的类型、负载情况等因素。

（4）逆变电路。逆变电路是变频器的关键部分，其功能是将整流滤波后的直流电源转换为频率和电压均可调的交流电源，供给电动机使用。逆变电路通常由六个功率开关器件（如 IGBT）组成的三相桥式逆变电路实现。通过有规律地控制逆变器中功率开关器件的导通与关断，可以得到任意频率和电压的三相交流输出。逆变电路的输出波形通常为模拟正弦波或标准正弦波，以满足不同负载的需求。

六、变频器的部件和功能

1. 变频器的组成部件

台达变频器的外观如图 4-3-13 所示。

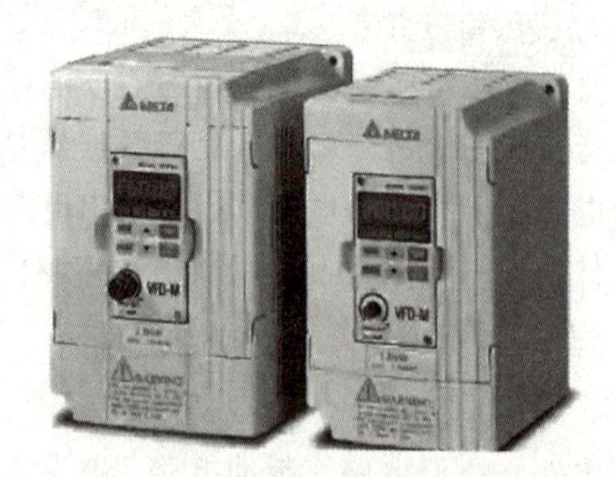

图 4-3-13　变频器外观

2. 变频器的铭牌

台达变频器的铭牌如图 4-3-14 所示。

图 4-3-14 变频器铭牌

3. 变频器功能参数

台达变频器的功能参数如图 4-3-15 所示。

P 00	频率指令来源设定			出场设定值	00
	设定范围	00	主频率输入由数字操作器控制		
		01	主频率输入由模拟数字DC 0~ +10 V控制（AVI）		
		02	主频率输入由模拟数字DC 4~ +20 mA控制（ACI）		
		03	主频率输入由串列通信控制（RS-485）		
		04	数字操作器（LC-M2E）上所附的V.R.控制		

此参数可设定交流电动机驱动器主频率的来源。

P 01	运转指令来源设定			出场设定值	00
	设定范围	00	运转指令由数字操作器控制		
		01	运转指令外部端子控制，键盘STOP有效		
		02	运转指令外部端子控制，键盘STOP无效		
		03	运转指令由通信控制，键盘STOP有效		
		04	运转指令由通信控制，键盘STOP无效		

图 4-3-15 变频器功能参数

七、PLC 与变频器的连接

可编程逻辑控制器是一种专门为在工业环境下自动化控制而设计的数字运算操作电子系统。可编程控制器由内部 CPU、指令及数据存储器、输入输出单元、电源模块、数字模拟等单元模块化组合而成，通过数字式或模拟式的输入输出控制各种类型的机械设备或生产过程。

1. PLC 与变频器如何连接

PLC 与变频器之间通信需要遵循通用的串行接口协议（USS），按照串行总线的主从通信原理确定访问方法。总线上可以连接一个主站和最多 31 个从站，主站根据通信报文中的地址字符选择要传输数据的从站，在主站没有要求它进行通信时，从站本身不能首先发送数据，各个从站之间也不能直接进行信息的传输。

2. PLC 与变频器的连接方式

（1）利用 PLC 的模拟量输出模块控制变频器 PLC 的模拟量输出模块输出 0 ~ 5 V 电压信号或 4 ~ 20 mA 电流信号，作为变频器的模拟量输入信号，控制变频器的输出频率。这种控制方式接线简单，但需要选择与变频器输入阻抗匹配的 PLC 输出模块，且 PLC 的模拟量输出模块价格较为昂贵，此外还需采取分压措施使变频器适应 PLC 的电压信号范围，在连接时注意将布线分开，保证主电路一侧的噪声不传至控制电路。

（2）利用 PLC 的开关量输出控制变频器。PLC 的开关输出量一般可以与变频器的开关量输入端直接相连。这种控制方式的接线简单，抗干扰能力强。利用 PLC 的开关量输出可以控制变频器的启动/停止、正/反转、点动、转速和加减时间等，能实现较为复杂的控制要求，但只能有级调速。

使用继电器触点进行连接时，有时存在因接触不良而误操作现象。使用晶体管进行连接时，则需要考虑晶体管自身的电压、电流容量等因素，保证系统的可靠性。另外，在设计变频器的输入信号电路时，还应该注意到输入信号电路连接不当，有时也会造成变频器的误动作。例如，当输入信号电路采用继电器等感性负载，继电器开闭时，产生的浪涌电流带来的噪声有可能引起变频器的误动作，应尽量避免。

（3）PLC 与 RS-485 通信接口的连接。所有标准西门子变频器都有一个 RS-485 串行接口（有的也提供 RS-232 接口），采用双线连接，其设计标准适用于工业环境的应用对象。单一的 RS-485 链路最多可以连接 30 台变频器，而且根据各变频器的地址或采用广播信息，都可以找到需要通信的变频器。链路中需要有一个主控制器（主站），而各个变频器则是从属的控制对象（从站）。

任务实施

微课

截止阀自动化生产线变频调速技术与应用

根据相关知识内容，指出以下变频器及电动机在截止阀自动化生产线中的应用。

一、变频器

图 4-3-16（a）所示为简易变频器，只能调整 220 V/380 V 电动机的转速，在生产线中主要用作传送带的旋转以及控制传送带的转速，控制精度不高；图 4-3-16（b）所示为英威腾 GD350 系列变频器，功率 1.9 kW，主要用于精确控制电动机旋转速度，可通过修改参数调整电动机缓启动以及缓停；图 4-3-16（c）所示为 220 V/0.75 kW 的变频器，可精确控制电动机旋转速度。

（a）

（b）

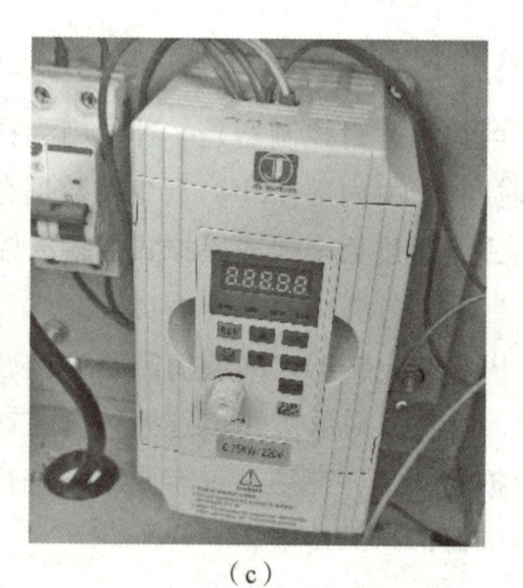

（c）

图 4-3-16　变频器

二、伺服电动机

现场中伺服电动机主要用于装配线中的三坐标，以及柔性生产线的滑台移动，具体参数如图 4-3-17 所示。

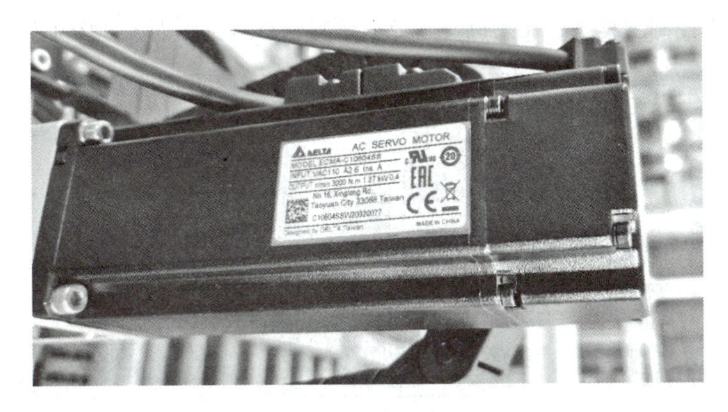

图 4-3-17　伺服电动机

三、三相交流异步电动机

现场中三相交流异步电动机主要应用在传送带滚动、线边库升降机升降、立体库中的堆垛机升降以及前进。图 4-3-18 所示为滚筒式和普通式三相交流异步电动机。

（a）滚筒式

（b）普通式

图 4-3-18　三相交流异步电动机

项目总结 本项目包括工业传感器应用、加工单元 PLC 选型与编程、变频调速控制技术应用三个任务。通过本项目的学习，学生可以完成传感器的选用、PLC 编程、变频器选型。这些内容覆盖了智能制造控制系统的主要方面，可使学生对智能制造控制系统的选型与应用有较全面的了解。

实训内容

1. PLC 与接触屏通信

基于 PLC 与机器人已建立的通信环境，编写程序及触摸屏画面，完成触摸屏对机器人发送动作指令，包括仓库的取放工件、加工中心的取放工件以及相机的取放工件，要求如下：

（1）编写控制机器人从各设备取放工件的 PLC 程序。

（2）编写机器人控制主程序，在人机交互界面编写示教测试界面，如图4-3-19所示。

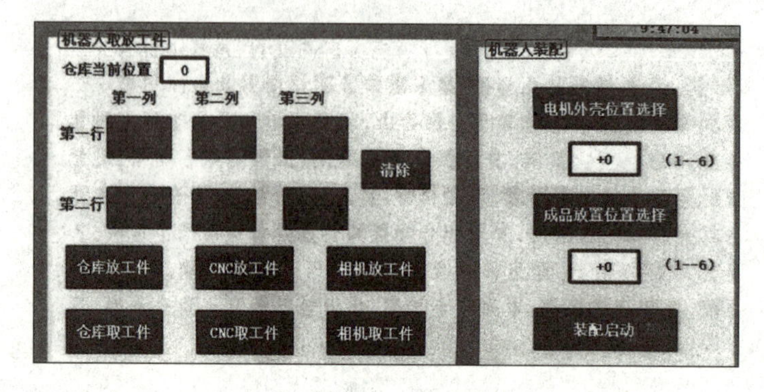

图4-3-19 示教测试界面

（3）手动操作示教测试界面的按钮，完成对机器人从各设备取放工件的任务分配。

2. PLC与MES通信

基于PLC与MES已建立的通信环境，编写程序将MES下发的指令解析并完成对机器人各动作的调用，通过MES绑定工艺完成订单下发，包括工件加工订单、配件装配订单，要求如下：

（1）编写PLC程序，完成对MES指令的解析并发送至相应的执行单元。

（2）操作MES完成对整体设备的调试，包括停止、复位、启动及不同的订单下发。

实训评价

评分项目	评分标准	自我评价			教师评价		
		优秀（25分）	良好（15分）	一般（10分）	优秀（25分）	良好（15分）	一般（10分）
知识掌握	1. 能够阐述传感器的定义、分类、结构与符号； 2. 能够掌握PLC程序设计的基本步骤； 3. 能够分析变频调速原理与变频器的组成						
实践操作	1. 能够根据实际情况选用适当的传感器； 2. 能够编写加工单元PLC控制程序； 3. 能够根据应用场合，正确进行变频器选型						
职业素养	1. 能够查阅手册或相关资料，准确找到所需信息； 2. 能够与他人交流或介绍相关内容； 3. 在工作组内服从分配，担当责任并能协同工作						
工作规范	1. 清理及整理工量具，保持实训场地整洁； 2. 维持安全操作环境； 3. 废物回收与环保处理						
总评	满分100分						

参考文献

[1] 卜昆. 计算机辅助制造 [M]. 北京：科学出版社，2015.
[2] 卜昆，张定华. 计算机辅助制造 [M]. 西安：西北工业大学出版社，2015.
[3] 孙文焕. 计算机辅助设计和制造技术 [M]. 西安：西北工业大学出版社，2014.
[4] 刘少岗，金秋. 3D 打印先进技术及应用 [M]. 北京：机械工业出版社，2020.
[5] 王晓燕，朱琳. 3D 打印与工业制造 [M]. 北京：机械工业出版社，2019.
[6] 徐元昌. 数控技术 [M]. 北京：中国轻工业出版社，2014.
[7] 李体仁. 数控加工与编程技术 [M]. 北京：北京大学出版社，2011.
[8] 王怀明，程广振. 数控技术及应用 [M]. 北京：电子工业出版社，2011.
[9] 周保牛，黄俊桂. 数控编程与加工技术 [M]. 北京：机械工业出版社，2019.
[10] 孟超平，康俐. 数控编程与操作 [M]. 北京：机械工业出版社，2019.
[11] 孟庆波. 生产线数字化设计与仿真 NX MCD [M]. 北京：机械工业出版社，2020.
[12] 郑维明. 智能制造数字孪生机电一体化工程与虚拟调试 [M]. 北京：机械工业出版社，2020.
[13] 郑晓峰，李庆. 数控加工实训 [M]. 北京：机械工业出版社，2020.
[14] 关雄飞. 数控加工工艺与编程 [M]. 北京：机械工业出版社，2019.
[15] 何彩颖. 工业机器人离线编程 [M]. 北京：机械工业出版社，2020.
[16] 叶晖. 工业机器人实操与应用技巧 [M]. 北京：机械工业出版社，2017.
[17] 叶晖. 工业机器人工程应用虚拟仿真教程 [M]. 北京：机械工业出版社，2014.
[18] 龚仲华. ABB 工业机器人从入门到精通 [M]. 北京：化学工业出版社，2020.
[19] 陈琪，鲁庆东. 工业机器人编程与调试 [M]. 北京：中国轻工业出版社，2021.
[20] 周祖德，娄平，萧筝. 数字孪生与智能制造 [M]. 武汉：武汉理工大学出版社，2020.
[21] 李国琛. 数字孪生技术与应用 [M]. 长沙：湖南大学出版社，2020.